全国高等院校土建类应用型规划教材
住房和城乡建设领域关键岗位技术人员培训教材

建 筑 结 构

主　　编：孟远远　　陈　哲
副 主 编：阿布都热依木江·库尔班　　陈　年
组编单位：住房和城乡建设部干部学院
　　　　　北京土木建筑学会

中国林业出版社

图书在版编目（CIP）数据

建筑结构/《住房和城乡建设领域关键岗位技术人员培训教材》编写委员会编. — 北京：中国林业出版社，2017.7

住房和城乡建设领域关键岗位技术人员培训教材

ISBN 978-7-5038-9177-9

Ⅰ.①建… Ⅱ.①住… Ⅲ.①建筑结构－技术培训－教材 Ⅳ.①TU3

中国版本图书馆 CIP 数据核字（2017）第 172462 号

本书编写委员会
主　　编：孟远远　陈　哲
副 主 编：阿布都热依木江·库尔班　陈　年
组编单位：住房和城乡建设部干部学院、北京土木建筑学会

国家林业和草原局生态文明教材及林业高校教材建设项目
策　　划：杨长峰　纪　亮
责任编辑：陈　惠　王思源　吴　卉　樊　菲

出版：中国林业出版社
　　　（100009 北京西城区德内大街刘海胡同 7 号）
网站：http://lycb.forestry.gov.cn/
印刷：固安县京平诚乾印刷有限公司
发行：中国林业出版社发行中心
电话：(010)83143610
版次：2017 年 7 月第 1 版
印次：2018 年 12 月第 1 次
开本：1/16
印张：18.75
字数：300 千字
定价：75.00 元

编写指导委员会

组编单位：住房和城乡建设部干部学院　北京土木建筑学会
名誉主任：单德启　骆中钊
主　　任：刘文君
副 主 任：刘增强
委　　员：许　科　陈英杰　项国平　吴　静　李双喜　谢　兵
　　　　　李建华　解振坤　张媛媛　阿布都热依木江·库尔班
　　　　　陈斯亮　梅剑平　朱　琳　陈英杰　王天琪　刘启泓
　　　　　柳献忠　饶　鑫　董　君　杨江妮　陈　哲　林　丽
　　　　　周振辉　孟远远　胡英盛　缪同强　张丹莉　陈　年
参编院校：清华大学建筑学院
　　　　　大连理工大学建筑学院
　　　　　山东工艺美术学院建筑与景观设计学院
　　　　　大连艺术学院
　　　　　南京林业大学
　　　　　西南林业大学
　　　　　新疆农业大学
　　　　　合肥工业大学
　　　　　长安大学建筑学院
　　　　　北京农学院
　　　　　西安思源学院建筑工程设计研究院
　　　　　江苏农林职业技术学院
　　　　　江西环境工程职业学院
　　　　　九州职业技术学院
　　　　　上海市城市科技学校
　　　　　南京高等职业技术学校
　　　　　四川建筑职业技术学院
　　　　　内蒙古职业技术学院
　　　　　山西建筑职业技术学院
　　　　　重庆建筑职业技术学院
策　　划：北京和易空间文化有限公司

前　言

"全国高等院校土建类应用型规划教材"是依据我国现行的规程规范，结合院校学生实际能力和就业特点，根据教学大纲及培养技术应用型人才的总目标来编写。本教材充分总结教学与实践经验，对基本理论的讲授以应用为目的，教学内容以必需、够用为度，突出实训、实例教学，紧跟时代和行业发展步伐，力求体现高职高专、应用型本科教育注重职业能力培养的特点。同时，本套书是结合最新颁布实施的《建筑工程施工质量验收统一标准》（GB50300—2013）对于建筑工程分部分项划分要求，以及国家、行业现行有效的专业技术标准规定，针对各专业应知识、应会和必须掌握的技术知识内容，按照"技术先进、经济适用、结合实际、系统全面、内容简洁、易学易懂"的原则，组织编制而成。

考虑到工程建设技术人员的分散性、流动性以及施工任务繁忙、学习时间少等实际情况，为适应新形势下工程建设领域的技术发展和教育培训的工作特点，一批长期从事建筑专业教育培训的教授、学者和有着丰富的一线施工经验的专业技术人员、专家，根据建筑施工企业最新的技术发展，结合国家及地方对于建筑施工企业和教学需要编制了这套可读性强，技术内容最新，知识系统、全面，适合不同层次、不同岗位技术人员学习，并与其工作需要相结合的教材。

本教材根据国家、行业及地方最新的标准、规范要求，结合了建筑工程技术人员和高校教学的实际，紧扣建筑施工新技术、新材料、新工艺、新产品、新标准的发展步伐，对涉及建筑施工的专业知识，进行了科学、合理的划分，由浅入深，重点突出。

本教材图文并茂，深入浅出，简繁得当，可作为应用型本科院校、高职高专院校土建类建筑工程、工程造价、建设监理、建筑设计技术等专业教材；也可做为面向建筑与市政工程施工现场关键岗位专业技术人员职业技能培训的教材。

目 录

第一章 概述 … 1
- 第一节 建筑结构的定义 … 1
- 第二节 建筑结构的分类 … 1
- 第三节 不同受力和构造特点的建筑结构 … 4
- 第四节 建筑结构设计原则 … 8

第二章 混凝土结构材料及力学性能 … 18
- 第一节 混凝土结构用钢筋 … 18
- 第二节 混凝土的力学性能 … 23
- 第三节 钢筋与混凝土之间的黏结作用 … 30

第三章 钢筋混凝土结构基本构件 … 33
- 第一节 钢筋混凝土结构受弯构件 … 33
- 第二节 钢筋混凝土结构受压构件 … 62
- 第三节 钢筋混凝土结构受扭构件 … 71
- 第四节 钢筋混凝土构件裂缝及变形验算 … 76

第四章 预应力混凝土构件 … 80
- 第一节 预应力混凝土概述 … 80
- 第二节 预应力混凝土构件的构造要求 … 84
- 第三节 张拉控制应力与预应力损失 … 88

第五章 钢筋混凝土楼盖 … 90
- 第一节 钢筋混凝土楼盖概述 … 90
- 第二节 单向板肋形楼盖 … 91
- 第三节 现浇双向板肋梁楼盖 … 103
- 第四节 井式楼盖 … 110

第五节　装配式楼盖……111

第六章　钢筋混凝土排架结构单层厂房……118
第一节　单层厂房结构组成及受力特点……118
第二节　单层厂房的结构布置……121
第三节　几种承重构件的选型……126
第四节　排架柱……131

第七章　多层、高层房屋结构……135
第一节　概述……135
第二节　框架结构……143
第三节　剪力墙结构……155
第四节　框架—剪力墙结构……160

第八章　砌体结构……161
第一节　砌体的材料及分类……161
第二节　砌体结构的力学性能……165
第三节　无筋砌体受压构件承载力计算……172
第四节　砌体的局部受压承载力计算……179
第五节　配筋砌体结构……186
第六节　过梁、挑梁和砌体结构的构造措施……190

第九章　钢结构简介……204
第一节　钢结构的材料……204
第二节　钢结构的连接……215
第三节　轴心受力构件……237
第四节　受弯构件……243
第五节　常见的钢结构形式……255

第十章　建筑结构工程实例……278

第十一章　建筑结构抗震知识……283
第一节　概述……283
第二节　建筑物抗震基本规定……286

第一章 概 述

第一节 建筑结构的定义

在建筑中,由若干构件(如柱、梁、板等)连接而构成的能承受各种外界作用(如荷载、温度变化、地基不均匀沉降等)的体系,叫做建筑结构。建筑结构在建筑中起骨架作用,是建筑的重要组成部分,具体足够的强度、刚度、稳定性和耐久性,能够承受自重、外部荷载作用(活荷载、风荷载、雪荷载、地震作用等)、变形作用(温度变化、地基沉降、材料收缩和徐变等引起的变形)以及环境作用(阳光、大气污染、雷电等),保持结构稳定是建筑结构最基本的功能要求。

建筑结构由水平承重构件、竖向承重构件和建筑基础组成(如图1-1)。其中,水平承重构件包括梁、板、桁架、网架等,竖向承重构件包括柱、墙等,各种构件共同组成了一个稳定的空间体系。

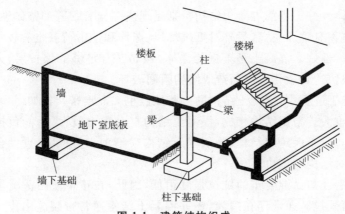

图 1-1 建筑结构组成

第二节 建筑结构的分类

建筑结构可以根据所用材料和受力特点的不同来分类。根据所用材料,建筑结构可分为混凝土结构、砌体结构、钢结构和木结构等。

1. 混凝土结构

混凝土结构是以混凝土材料为主要承重构件组成的一种建筑结构,包括钢筋混凝土结构、预应力混凝土结构、素混凝土结构等。

钢筋混凝土结构是混凝土结构中最常用的一种,也是应用最广泛的建筑结构形式之一。不仅广泛应用于多层与高层住宅、宾馆、写字楼等民用建筑中,发电站、机场、核反应堆等大型结构也多采用钢筋混凝土结构。

钢筋混凝土结构在土木工程中广泛应用,其优点如下:

(1)就地取材。钢筋混凝土的主要材料是砂、石,易于就地取材,水泥和钢筋所占比例较小,水泥和钢材的产地在我国分布也较广,还可有效利用矿渣、粉煤灰等工业废料作为混凝土的骨料。

(2)造价较低。混凝土结构合理利用了钢筋和混凝土两种材料的性能,发挥了两种材料的优势,与钢结构相比能节约大量的钢材并大大降低造价。

(3)耐久性好。在混凝土结构中,混凝土的强度一般随着时间的增加而不断增长,且钢筋被混凝土包裹,不易锈蚀,维修费用也较少,所以混凝土结构具有良好的耐久性。即使在侵蚀环境下,也可采用特殊工艺制成耐腐蚀的混凝土,从而保证了结构的耐久性。

(4)可模性好。新拌合的混凝土是可塑的,可根据工程需要制成各种形状和尺寸的构件。

(5)整体性好。钢筋混凝土结构特别是现浇结构有很好的整体性,这对于地震区的建筑物有重要意义,另外对抵抗暴风、爆炸和冲击荷载也有较强的能力。

(6)耐火性好。混凝土是不良传热体,钢筋又有足够的保护层,火灾发生时钢筋不致很快达到软化程度而造成结构瞬间破坏。

但在施工过程中,混凝土结构的一些缺点也突显出来。比如:

(1)自重大。与钢结构相比,混凝土结构自身重力较大,所能负担的有效荷载相对较小,对于大跨度结构、高层建筑结构很不利。另外,自重大会使结构地震力增大,对结构抗震也不利。

(2)抗裂性差。混凝土的抗拉强度很低,因此,在正常使用情况下钢筋混凝土构件截面受拉区通常存在裂缝,钢筋混凝土结构通常带裂缝工作。如果裂缝过宽,则会影响结构的耐久性和应用范围,也不美观。

(3)施工工艺复杂,工期长。钢筋混凝土结构施工的工序复杂,需要大量的模板和支撑,施工周期长,同时施工受季节的影响也较大。

但随着科学技术的不断发展,这些缺点可以逐渐克服。例如采用轻质、高强的混凝土,可克服自重大的缺点;采用预应力混凝土,可克服容易开裂的缺点;掺入纤维做成纤维混凝土可克服混凝土的脆性;采用预制构件,可减小模板用量,缩短工期。

2. 砌体结构

砌体结构是由块体(砖、石材、砌块)和砂浆砌筑而成的墙、柱作为建筑物主要受力构件的一种结构形式。按块体材料的不同可分为砖砌体结构、石砌体结构和砌块砌体结构等。

砌体结构历史悠久,古代大量的建筑物用砖、石建造,大雁塔、长城、金字塔、罗马斗兽场等都是砌体结构。在当代建筑工程领域中,砌体结构应用也十分广泛,尤其是一些多层民用建筑,大多采用砌体结构。目前,高层砌体结构的最大建筑高度可达10余层。

砌体结构被广泛应用,其优点如下:

(1)取材方便,造价低廉。砖主要用黏土烧制,石材的原料是天然石,砌块可以用工业废料制作,其取材方便,价格低廉。比钢筋混凝土结构更经济,并能节约水泥、钢材和木材。

(2)耐火性和耐久性较好。砖是经烧结而成,本身具有较好的耐高温能力。砖墙的热传导性能较差,在火灾中还能起到防火墙的作用,阻止或延缓火灾的蔓延。砖、石等材料具有良好的化学稳定性及大气稳定性,抗腐蚀性强,这就保证了砌体结构的耐久性。

(3)隔热和保温性能较好。有利于节能和环境保护,是较好的围护结构。

(4)施工简便。砌体砌筑时不需要模板和特殊的施工设备,施工简便,工艺易于掌握。

但在施工过程中,砌体结构也存在诸多缺点,比如:

(1)强度低、自重大。与钢筋混凝土相比,砌体的强度较低,因而构件的截面尺寸较大,材料用量多,自重大,不利于抗震。

(2)施工劳动量大。砌体的施工基本上是手工方式砌筑,机械化程度低,劳动强度大。

(3)生产黏土砖占用农田。黏土砖需用黏土制造,占用农田破坏土壤,影响农业生产,不利于环境保护和可持续发展。

3. 钢结构

由钢材轧制的型材和板材作为基本构件,采用焊接、铆接或螺栓连接等方法,按照一定的结构组成规则连接起来,能承受荷载的结构物叫做钢结构。例如:钢屋架、钢桥、钢梁、钢柱、钢桁架、钢网架、起重机臂架、桅杆和容器等。目前主要用于大跨度屋盖、起重机吨位很大的重工业厂房、高耸结构等。

钢结构在工程中广泛应用,其优点如下:

(1)钢结构自重轻、强度高、塑性和韧性好、抗震性好。钢材和其他建筑材料如混凝土、砖石和木材相比强度高得多。其密度与强度的比值一般比混凝土和木材小得多。机械性能稳定,使得钢构件截面小,自重轻,运输和架设也较方便。钢结构一般不会因超载而突然断裂,适宜在动力荷载下工作。

(2)钢结构计算准确,安全可靠。钢材更接近于均质等向体。弹性模量大,质地优良,结构计算与实际较符合,计算结果精确,保证了结构的安全。

(3)钢结构制造简单,施工方便,具有良好的装配性。由于钢结构的制造是在设备完善、生产率高的专门车间进行,具备成批生产和精度高的特点,提高了工业化的程度。采用钢结构施工,工期短,可提前竣工投产。钢结构是由一些独立部件、梁、柱等组成。这些构件在安装现场可直接用焊接或螺栓连接起来,安装迅速,更换和修配也很方便。

(4)钢结构建筑在使用过程中易于改造。如加固、接高、扩大楼面、内部分割、外部装饰比较容易灵活。钢结构建筑还是环保型建筑,可以重复利用,减少垃圾的产生和矿产资源的开采。

(5)钢结构可以作成大跨度和大空间的建筑。管线布置方便,维修方便。

但在施工过程中,钢结构也存在一些缺点,比如:

(1)耐锈蚀性差。钢材容易腐蚀,隔一定时间需重新刷涂料,保养维修费用较高。

(2)耐火性差。在火灾中,未加防护的钢结构一般只能维持20分钟。因此需要防火时,应采取防护措施。在钢结构的表面包混凝土或其他防火材料,或在表面喷涂防火涂料。

4. 木结构

木结构是指全部或大部分用木材制成的结构。木结构制作简单、自重轻、易加工;其缺点是木材易燃、易腐、易被虫蛀。目前我国木材资源缺乏,木结构仅在山区、林区、农村地区少量采用。

第三节 不同受力和构造特点的建筑结构

根据受力和构造特点,建筑结构可做如下分类。

多层与高层建筑 { 混合结构体系
框架结构体系
剪力墙结构体系(包括框-剪、全剪、筒体结构)

单层大跨度建筑(屋盖结构) { 平面结构体系:排架结构、刚架结构、拱结构
空间结构体系:薄壳结构、网架结构、悬索结构

以下就多、高层建筑和单层大跨度建筑常见结构形式的受力特点、适用范围

进行简单介绍。

一、多、高层建筑结构

1. 混合结构体系

这种结构体系的墙体、基础等竖向构件采用砌体结构;楼盖、屋盖等水平构件采用钢筋混凝土梁板结构。

混合结构房屋有较大的刚度,较好的经济指标,但砌体强度相对较低,抗震性能差,砌筑工程繁重。一般六层或六层以下的楼房,如住宅、宿舍、办公楼、学校、医院等民用建筑以及中小型工业建筑都适宜采用混合结构。

2. 框架结构体系

框架结构是由横梁和柱及基础组成主要承重体系[图 1-2(a)]。框架结构房屋建筑平面布置灵活,可获得较大的使用空间。但其抗侧移刚度小、水平位移大的缺点限制了房屋高度的增加。

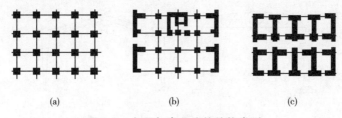

图 1-2　多层与高层建筑结构类型
(a)框架结构;(b)框架－剪力墙结构;(c)剪力墙结构

3. 框架－剪力墙结构体系

随着建筑高度的增加,水平荷载将起主要作用,房屋需要很大的抗侧移能力。剪力墙就是以承受水平荷载为主要目的(同时也承受相应范围内的竖向荷载)而在房屋结构中设置的成片钢筋混凝土墙体。

图 1-2(b)所示即为框架－剪力墙结构。在框架－剪力墙结构中,剪力墙负担绝大部分水平荷载,框架以负担竖向荷载为主。剪力墙在一定程度上限制了建筑平面的灵活性。

4. 剪力墙结构体系

当房屋层数更高时,横向水平荷载已对结构设计起控制作用,为了提高结构的抗侧移刚度,剪力墙数量与厚度均需增加,这时宜采用全剪力墙结构,如图 1-2(c)所示。全剪力墙结构由纵横钢筋混凝土墙体组成承重体系,由于剪力墙结构的房屋平面布置极不灵活,所以一般常用于住宅、旅馆等建筑。

5. 筒体结构

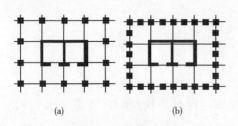

图 1-3 筒体结构类型
(a)框筒结构；(b)筒中筒结构

将房屋的剪力墙集中到房屋的外部或内部组成一个竖向、悬臂的封闭箱体时，可以大大提高房屋的整体空间受力性能和抗侧移能力，这种封闭的箱体称为筒体。筒体和框架结合形成框筒结构[图 1-3(a)]、内筒和外筒结合(两者之间用很强的连系梁连接)形成筒中筒结构[图 1-3(b)]。

二、单层大跨度建筑

1. 排架结构

排架结构是一般钢筋混凝土单层厂房的常用结构形式[图 1-4(a)]。其屋架(或屋面梁)与柱顶铰接，柱下端嵌固于基础顶面。

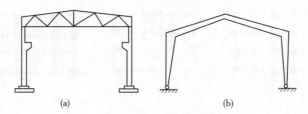

图 1-4 单层厂房的常用结构类型
(a)排架结构；(b)刚架结构

2. 刚架结构

刚架是一种梁柱合一的结构构件，其横梁和立柱整体现浇在一起，交接处形成刚结点。钢筋混凝土刚架结构常用作中小型厂房的主体结构。它可以有三铰、两铰及无铰等几种形式，可以做成单跨或多跨结构，如图 1-4(b)所示。

3. 拱结构

拱是以承受轴压力为主的结构。由于拱的各截面上的内力大致相等，因此拱结构是一种有效的大跨度结构，在桥梁和房屋中都有广泛的应用。拱同样可分为三铰、两铰及无铰等几种形式，如图 1-5 所示。

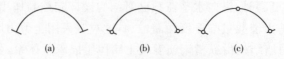

图 1-5 拱的结构形式
(a)无铰拱；(b)双铰拱；(c)三铰拱

4. 薄壳结构

薄壳结构是一种以受压为主的空间受力曲面结构,其曲面很薄(壁厚往往小于曲面主曲率的 1/20),不至于产生明显的弯曲应力,但可以承受曲面内的轴力和剪力。薄壳的形式很多,诸如球面壳、圆柱壳、双曲扁壳等,如图 1-6 所示,都是由曲面变化而创造出的形式。

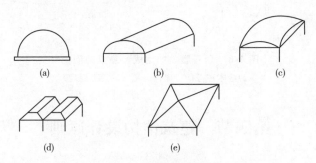

图 1-6 薄壳的形式
(a)球面壳;(b)圆柱壳;(c)双曲扁壳;(d)折结构;(e)幕结构

5. 网架结构

网架是由平面桁架发展起来的一种空间受力结构。在节点荷载作用下,网架杆件主要承受轴力。网架结构的杆件多用钢管或角钢制作,其节点为空心球节点或钢板焊接节点。网架结构按外形划分为平板网架和曲面网架,如图 1-7 所示。

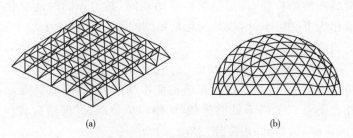

图 1-7 平板网架和曲面网架
(a)平板网架结构;(b)曲面网架结构

6. 悬索结构

悬索结构广泛应用于桥梁结构,在房屋建筑中用于大跨度建筑物,如体育建筑(体育馆、游泳馆、大运动场等)、工业建筑、文化生活建筑(陈列馆、市场等)及特殊构筑物。悬索结构包括索网、侧边构件及下部支承结构,如图 1-8 所示。

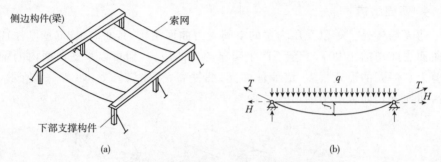

图 1-8 悬索屋盖的组成和悬索的受力
(a)悬索屋盖的组成；(b)悬索的受力原理

第四节　建筑结构设计原则

一、荷载分类及荷载代表值

结构上的作用可分为直接作用和间接作用，其中直接作用即习惯上所说的荷载，它是指施加在结构上的集中力或分布力系。

1. **荷载分类**

按随时间的变异，结构上的荷载可分为以下三类：

（1）永久荷载

永久荷载亦称恒荷载，是指在结构使用期间，其值不随时间变化，或者其变化与平均值相比可忽略不计，或其变化是单调的并能趋于限值的荷载，如结构自重、土压力、预应力等。

（2）可变荷载

可变荷载也称为活荷载，是指在结构使用期间，其值随时间变化，且其变化与平均值相比不可以忽略不计的荷载，如楼面活荷载、屋面活荷载和积灰荷载、吊车荷载、风荷载、雪荷载、温度作用等。

（3）偶然荷载

偶然荷载是指在结构设计使用年限内不一定出现，而一旦出现其量值很大，且持续时间很短的荷载，如爆炸力、撞击力等。

2. **荷载代表值**

荷载是随机变量，任何一种荷载的大小都有一定的变异性。因此，结构设计中用以验算极限状态所采用的荷载量值即荷载代表值。《建筑结构荷载规范》GB 50009—2012(以下简称《荷载规范》)规定，对永久荷载应采用标准值作为代表值；对可变荷载应根据设计要求采用标准值、组合值、频遇值或准永久值作为代表值;对偶然荷载应按建筑结构使用的特点确定其代表值。本书仅介绍永久荷载和可变荷载的代表值。

(1)荷载标准值

作用于结构上荷载的大小具有变异性。例如,对于结构自重等永久荷载,虽可事先根据结构的设计尺寸和材料单位重量计算出来,但由于施工时的尺寸偏差、材料单位重量的变异性等原因,致使结构的实际自重并不完全与计算结果相吻合。至于可变荷载的大小,其不定因素则更多。荷载标准值就是结构在设计基准期内具有一定概率的最大荷载值,它是荷载的基本代表值。这里所说的设计基准期,是为确定可变荷载代表值而选定的时间参数,一般取为50年。

1)永久荷载标准值

永久荷载包括结构构件、围护构件、面层及装饰、固定设备、长期储物的自重,土压力、水压力,以及其他需要按永久荷载考虑的荷载。结构或非承重构件的自重是建筑结构的主要永久荷载,由于其变异性不大,而且多为正态分布,一般以其分布的平均值作为荷载标准值,由此,即可按结构设计规定的尺寸和材料或结构构件单位体积(或单位面积)的自重平均值确定。对于自重变异性较大的材料,如现场制作的保温材料、混凝土薄壁构件等,尤其是制作屋面的轻质材料,考虑到结构的可靠性,在设计中应根据该荷载对结构有利或不利,分别取其自重的下限值或上限值。

常用材料和构件的单位自重见《荷载规范》。现将几种常用材料单位体积的自重(单位为 kN/m^3)摘录如下:素混凝土为22~24,钢筋混凝土为24~25,水泥砂浆为20,石灰砂浆、混合砂浆为17,普通砖为18,普通砖(机器制)为19,浆砌普通砖砌体为18,浆砌机砖砌体为19。

例如,取钢筋混凝土单位体积自重标准值为 $25kN/m^3$,则截面尺寸为 $200mm \times 500mm$ 的钢筋混凝土矩形截面梁的自重标准值为 $(0.2 \times 0.5 \times 25)kN/m = 2.5kN/m$。

2)可变荷载标准值

民用建筑楼面均布活荷载标准值及其组合值系数、频遇值系数和准永久值系数的取值,不应小于表1-1的规定。

表1-1 民用建筑楼面均布活荷载标准值及其组合值、频遇值和永久值系数

项次	类 别	标准值 (kN/m^2)	组合值系数 ψ_c	频遇值系数 ψ_f	准永久值系数 ψ_q
1	(1)住宅、宿舍、旅馆、办公楼、医院病房、托儿所、幼儿园	2.0	0.7	0.5	0.4
	(2)试验室、阅览室、会议室、医院门诊室	2.0	0.7	0.6	0.5

（续）

项次	类别		标准值 (kN/m²)	组合值系数 ψ_c	频遇值系数 ψ_f	准永久值系数 ψ_q
2	教室、食堂、餐厅、一般资料档案室		2.5	0.7	0.6	0.5
3	（1）礼堂、剧场、影院、有固定座位的看台		3.0	0.7	0.5	0.3
	（2）公共洗衣房		3.0	0.7	0.6	0.5
4	（1）商店、展览厅、车站、港口、机场大厅及其旅客等候室		3.5	0.7	0.6	0.5
	（2）无固定座位的看台		3.5	0.7	0.5	0.3
5	（1）健身房、演出舞台		4.0	0.7	0.6	0.5
	（2）运动场、舞厅		4.0	0.7	0.6	0.3
6	（1）书库、档案库、贮藏室		5.0	0.9	0.9	0.8
	（2）密集柜书库		12.0	0.9	0.9	0.8
7	通风机房、电梯机房		7.0	0.9	0.9	0.8
8	汽车通道及客车停车库	（1）单向板楼盖（板跨不小于2m）和双向板楼盖（板跨不小于3m×3m） 客车	4.0	0.7	0.7	0.6
		消防车	35.0	0.7	0.5	0.0
		（2）双向板楼盖（板跨不小于6m×6m）和无梁楼盖（柱网不小于6m×6m） 客车	2.5	0.7	0.7	0.6
		消防车	20.0	0.7	0.5	0.0
9	厨房	（1）餐厅	4.0	0.7	0.7	0.7
		（2）其他	2.0	0.7	0.6	0.5
10	浴室、卫生间、盥洗室		2.5	0.7	0.6	0.5
11	走廊、门厅	（1）宿舍、旅馆、医院病房、托儿所、幼儿园、住宅	2.0	0.7	0.6	0.5
		（2）办公楼、餐厅、医院门诊部	2.5	0.7	0.6	0.5
		（3）教学楼及其他可能出现人员密集的情况	3.5	0.7	0.5	0.3
12	楼梯	（1）多层住宅	2.0	0.7	0.5	0.4
		（2）其他	3.5	0.7	0.5	0.3

(续)

项次	类别		标准值 (kN/m²)	组合值系数 ψ_c	频遇值系数 ψ_f	准永久值系数 ψ_q
13	阳台	(1)可能出现人员密集的情况	3.5	0.7	0.6	0.5
		(2)其他	2.5	0.7	0.6	0.5

注:1. 本表所列各项活荷载适用于一般使用条件,当使用荷载大、情况特殊或有专门要求时,应按实际情况采用;
2. 第6项书库活荷载当书架高度大于2m时,书库活荷载尚应按每米书架高度不小于2.5kN/m²确定;
3. 第8项中的客车活荷载仅适用于停放载人少于9人的客车;消防车活荷载适用于满载总重为300kN的大型车辆;当不符合本表的要求时,应将车轮的局部荷载按结构效应的等效原则,换算为等效均布荷载;
4. 第8项消防活荷载,当双向板楼盖板跨介于3m×3m～6m×6m之间时,应按跨度线性插值确定;
5. 第12项楼梯活荷载,对预制楼梯踏步平板,尚应按1.5kN集中荷载验算;
6. 本表各项荷载不包括隔墙自重和二次装修荷载;对固定隔墙的自重应按永久荷载考虑,当隔墙位置可灵活自由布置时,非固定隔墙的自重应取不小于1/3的每延米长墙重(kN/m)作为楼面活荷载的附加值(kN/m²)计入,且附加值不应小于1.0kN/m²。

考虑到构件的负荷面积越大,楼面每1m²面积上可变荷载在同一时刻都达到其标准值的可能性越小,因此《荷载规范》规定,设计楼面梁、墙、柱及基础时,表1-1中的楼面活荷载标准值在下列情况下应乘以不小于规定的折减系数。

①设计楼面梁时的折减系数

a. 第1(1)项当楼面梁从属面积超过25m²时,应取0.9;

b. 第1(2)～7项当楼面梁从属面积超过50m²时,应取0.9;

c. 第8项对单向板楼盖的次梁和槽形板的纵肋应取0.8,对单向板楼盖的主梁应取0.6,对双向板楼盖的梁应取0.8;

d. 第9～13项应采用与所属房屋类别相同的折减系数。

②设计墙、柱和基础时的折减系数

a. 第1(1)项应按表1-2规定采用;

b. 第1(2)～7项采用与其楼面梁相同的折减系数;

c. 第8项的客车,对单向板楼盖应取0.5;对双向板楼盖和无梁楼盖应取0.8;

d. 第9～13项采用与所属房屋类别相同的折减系数。

注:楼面梁的从属面积应按梁两侧各延伸二分之一梁间距的范围内的实际面积确定。

表1-2 活荷载按楼层的折减系数

墙、柱、基础计算截面以上的层数	1	2～3	4～5	6～8	9～20	>20
计算截面以上各楼层活荷载总和的折减系数	1.00 (0.90)	0.85	0.70	0.65	0.60	0.55

注:当楼面梁的从属面积超过25m²时,应采用括号内的系数。

房屋建筑的屋面,其水平投影面上的屋面均布活荷载的标准值及其组合值系数、频遇值系数和准永久值系数的取值,不应小于表 1-3 的规定。

表 1-3 屋面均布活荷载标准值及其组合值系数、频遇值系数和准永久值系数

项次	类别	标准值 (kN/m²)	组合值系数 ψ_c	频遇值系数 ψ_f	准永久值系数 ψ_q
1	不上人的屋面	0.5	0.7	0.5	0.0
2	上人的屋面	2.0	0.7	0.5	0.4
3	屋顶花园	3.0	0.7	0.6	0.5
4	屋顶运动场地	3.0	0.7	0.6	0.4

注:1. 不上人的屋面,当施工或维修荷载较大时,应按实际情况采用;对不同类型的结构应按有关设计规范的规定采用,但不得低于 0.3kN/m²;
  2. 当上人的屋面兼作其他用途时,应按相应楼面活荷载采用;
  3. 对于因屋面排水不畅、堵塞等引起的积水荷载,应采取构造措施加以防止,必要时,应按积水的可能深度确定屋面活荷载;
  4. 屋顶花园活荷载不包括花圃土石等材料自重。

其余可变荷载,如工业建筑楼面活荷载、风荷载、雪荷载、厂房屋面积灰荷载等详见《荷载规范》。

(2) 可变荷载准永久值

可变荷载在设计基准期内会随时间而发生变化,并且不同可变荷载在结构上的变化情况不一样。如住宅楼面活荷载,人群荷载的流动性较大,而家具荷载的流动性则相对较小。在设计基准期内经常达到或超过的那部分荷载值(总的持续时间不低于 25 年),称为可变荷载准永久值。它对结构的影响类似于永久荷载。

可变荷载准永久值可表示为 $\Psi_q Q_k$,其中 Q_k 为可变荷载标准值,Ψ_q 为可变荷载准永久值系数。Ψ_q 的值见表 1-1、表 1-3。

例如住宅的楼面活荷载标准值为 $2kN/m^2$,准永久值系数 $\Psi_q=0.4$,则活荷载准永久值为 $2\times 0.4 kN/m^2 = 0.8 kN/m^2$。

(3) 可变荷载组合值

两种或两种以上可变荷载同时作用于结构上时,所有可变荷载同时达到其单独出现时可能达到的最大值的概率极小,因此除主导荷载(产生最大效应的荷载)仍可以其标准值为代表值外,其他伴随荷载均应以小于标准值的荷载值为代表值,此即可变荷载组合值。

可变荷载组合值可表示为 $\Psi_c Q_k$,其中 Ψ_c 为可变荷载组合值系数,其值按表 1-1、表 1-3 查取。

(4)可变荷载频遇值

对可变荷载,在设计基准期内,其超越的总时间为规定的较小比率或超越频率为规定频率的荷载值称为可变荷载频遇值。换言之,可变荷载频遇值是指在设计基准期内被超越的总时间仅为设计基准期一小部分的荷载值。

可变荷载频遇值可表示为 $\Psi_f Q_k$,其中 Ψ_f 为可变荷载频遇值系数,其值按表 1-1、表 1-3 查取。

二、建筑结构的设计方法

1. 建筑结构的极限状态

建筑结构在规定的时间内(一般取 50 年),在正常条件下,必须满足下列各项功能要求:能承受在正常施工和正常使用时可能出现的各种作用;在正常使用时具有良好的工作性能;在正常维护下具有足够的耐久性;在偶然事件发生时及发生以后,仍能保持必须的整体稳定性。

以上功能要求,也可以用安全性、适用性、耐久性来概括。一个合理的结构设计,应该是用较少的材料和费用,获得安全、适用和耐久的结构,即结构在满足使用条件的前提下,既安全,又经济。

若整个结构或结构的一部分超过某一特定状态,就不能满足设计规定的某一功能的要求,则此特定状态就称为该功能的极限状态。极限状态也就是结构濒于失效的一种状态。

极限状态可分为以下两类:

(1)承载能力极限状态

这种极限状态对应于结构或结构构件达到最大承载能力或不适于继续承载的变形。当结构或结构构件出现下列状态之一时,即认为超过了承载能力极限状态。

①整个结构或结构的一部分作为刚体失去平衡(如倾覆等);

②结构构件或连接部位因材料强度不够而破坏(包括疲劳破坏)或因过度的塑性变形而不适于继续承载;

③结构转变为机动体系;

④结构或结构构件丧失稳定(如压屈等)。

(2)正常使用极限状态

这种极限状态对应于结构或结构构件达到正常使用或耐久性能的某项规定限值。当结构或结构构件出现下列状态之一时,即认为超过了正常使用极限状态:

①影响正常使用或外观的变形;

②影响正常使用或耐久性能的局部损坏(包括裂缝);

③影响正常使用的振动;

④影响正常使用的其他特定状态。

由上述两类极限状态可以看出,承载能力极限状态主要考虑结构的安全性功能。当结构或结构构件超过承载能力极限状态时,就已经超出了最大限度的承载能力,不能再继续使用。正常使用极限状态主要是考虑结构的适用性功能和耐久性功能。例如起重机梁变形过大会影响行驶;屋面构件变形过大会造成粉刷层脱落和屋顶积水;构件裂缝宽度超过容许值会使钢筋锈蚀影响耐久等。这些均属于超过正常使用极限状态。

结构或构件一旦超过承载能力极限状态,就有可能发生严重破坏、倒塌,造成人身伤亡和重大经济损失。因此,应当把出现这种极限状态的概率控制得非常严格。而结构或构件出现正常使用极限状态,要比出现承载能力极限状态的危险性小得多,不会造成人身伤亡和重大经济损失。因此,可把出现这种极限状态的概率放宽一些。

2. 极限状态设计表达式

结构设计时,应针对不同的极限状态,根据结构的特点和使用要求给出具体的标志和限值,作为结构设计的依据。这种以相应于结构各种功能要求的极限状态,作为结构设计依据的设计方法,就称为极限状态设计法。

为了保证结构的可靠性,以前的设计方法是在荷载及材料性能采用定值的基础上,再考虑一个定值的安全系数。这种方法没有考虑荷载和材料性能的随机变异性。实际上,各种荷载引起的结构内力(称为荷载效应 S)与结构的承载力和抵抗变形的能力(称为结构抗力 R),均受各种偶然因素的影响,都是随时间或空间变动的非确定值。在结构设计中考虑这些因素的方法就称为概率设计法,它与其他各种从定值出发的安全系数理论有本质的区别。

采用概率极限状态设计法可以较全面地考虑各有关因素的客观变异性,使所设计的结构符合预期的可靠度的要求,但直接采用这种方法计算工作繁重,不易掌握。考虑到应用上的简便,我国《建筑结构可靠度设计统一标准》确定采用以概率极限状态设计法为基础的实用设计表达式(以下简称极限状态设计表达式),这种方法在设计表达式中并不出现度量可靠性的数量指标,而是在各分项系数中加以考虑,因此简便易行。

结构构件的极限状态设计表达式,应根据各种极限状态的设计要求,采用有关的荷载代表值,材料性能标准值、几何参数标准值以及各种分项系数等表达。

《建筑结构可靠度设计统一标准》给出的各极限状态设计表达式如下所示。

(1)承载能力极限状态设计表达式

对于承载能力极限状态,结构构件应按荷载效应的基本组合和偶然组合设计,其设计表达式如下。

1)基本组合

对于基本组合,应按下列极限状态设计表达式中最不利值确定。

① 可变荷载效应控制的组合

$$\gamma_0 S = \gamma_0 (\gamma_G S_{Gk} + \gamma_{Q1} S_{Q1k} + \sum_{i=2}^{n} \gamma_{Qi} \Psi_{ci} S_{Qik}) \leqslant R(\gamma_R, f_k, \alpha_k \cdots) \quad (1-1)$$

② 由永久荷载效应控制的组合

$$\gamma_0 S = \gamma_0 (\gamma_G S_{Gk} + \sum_{i=2}^{n} \gamma_{Qi} \Psi_{ci} S_{Qik}) \leqslant R(\gamma_R, f_k, \alpha_k \cdots) \quad (1-2)$$

式中:γ_0——结构重要性系数,对安全等级为一级或设计使用年限为100年(砌体结构为50年)及以上的结构构件,不应小于1.1;对安全等级为二级或设计使用年限为50年的结构构件,不应小于1.0;对安全等级为三级或设计使用年限为5年及以下的结构构件,不应小于0.9。建筑结构安全等级的划分见表1-4;

S——荷载效应设计值,分别表示设计轴力 N、设计弯矩 M、设计剪力 V 等;

γ_{Q1}, γ_{Qi}——第1个和第 i 个可变荷载分项系数,按表1-5采用;

γ_G——永久荷载分项系数,按表1-5采用;

S_{Gk}——永久荷载标准值的效应;

S_{Q1k}, S_{Qik}——第1个和第 i 个可变荷载标准值的效应,其中 S_{Q1k} 为诸可变荷载标准值的效应中起控制作用者;

Ψ_{ci}——第 i 个可变荷载的组合系数,见表1-1;

$R(\cdot)$——结构构件的抗力函数;

γ_R——结构构件抗力分项系数,其值应符合各类材料结构设计规范的规定;

f_k——材料性能的标准值;

α_k——几何参数的标准值,当几何参数的变异性对结构性能有明显的不利影响时,可另增减一个附加值。

当对 S_{Q1k} 无法明显判断时,可依次以各可变荷载效应为 S_{Q1k},并选其中最不利的荷载效应组合。当考虑以竖向的永久荷载效应控制的组合时,参与组合的可变荷载仅限于竖向荷载。

式(1-1)、(1-2)中,$\gamma_G S_{Gk}$ 称为永久荷载设计值的效应;$\gamma_{Qi} S_{Qik}$ 称为可变荷载设计值的效应。

对于一般排架、框架结构,式(1-1)可采用下列简化的极限状态表达式:

$$\gamma_0 S = \gamma_0 (\gamma_G S_{Gk} + \psi \sum_{i=2}^{n} \gamma_{Qi} S_{Qik}) \leqslant R(\gamma_R, f_k, \alpha_k \cdots) \quad (1-3)$$

式中：ψ——简化设计表达式中采用的荷载组合系数；一般情况下可取 $\psi=0.9$；当只有一个可变荷载时，取 $\psi=1$。

表 1-4 建筑结构的安全等级

安全等级	破坏后果	建筑物类型
一级	很严重	重要的建筑物
二级	严重	一般的建筑物
三级	不严重	次要的建筑物

注：对有特殊要求的建筑物，其安全等级应根据具体情况另行确定。

表 1-5 荷载分项系数

荷载特征	荷载类别	荷载分项系数 γ_G、γ_Q
永久荷载	当其效应对结构不利时	
	对由可变荷载效应控制的组合	1.2
	对由永久荷载效应控制的组合	1.35
	当其效应对结构有利时	
	一般情况	1.0
	对结构的倾覆、滑移或漂浮验算	0.9
可变荷载	一般情况	1.4
	对标准值大于 $4kN/m^2$ 的工业房屋楼面活荷载	1.3

2) 偶然组合

偶然组合是指一个偶然作用与其他可变荷载相结合，这种偶然作用的特点是发生概率小，持续时间短，但对结构的危害大。由于不同的偶然作用（如地震、爆炸、暴风雪等），其性质差别较大。目前尚难给出统一的设计表达式。《建筑结构可靠度设计统一标准》提出对于偶然组合，极限状态设计表达式宜按下列原则确定：偶然作用的代表值不乘分项系数；与偶然作用同时出现的可变荷载，可根据观测资料和工程经验采用适当的代表值。具体的设计表达式及各种系数值，应符合专门规范的规定。

(2) 正常使用极限状态的设计表达式

对于正常使用极限状态，应根据不同的设计要求，采用荷载的标准组合，频遇组合或准永久组合，并应按下列设计表达式进行设计。

1) 标准组合

组合时，永久荷载采用荷载标准值效应，对参加组合的其他可变荷载，除效应值最大的主导荷载采用荷载标准值效应外，其余可变荷载均采用组合值效应。

其表达式可写成：

$$S = S_{Gk} + S_{G1k} + \sum_{i=2}^{n} \Psi_{ci} S_{Qik} \leqslant C \qquad (1\text{-}4)$$

式中：C——结构或构件达到正常使用要求的规定限值，例如变形、裂缝和应力等的限值，应按各有关建筑结构设计规范的规定采用。

2)频遇组合

组合时，永久荷载采用荷载标准值效应，对参加组合的其他可变荷载，除效应值最大的主导荷载采用频遇值效应外，其余可变荷载均采用准永久值效应，其表达式可写成：

$$S = S_{Gk} + \Psi_{f1} S_{Q1k} + \sum_{i=2}^{n} \Psi_{qi} S_{Qik} \leqslant C \qquad (1\text{-}5)$$

式中：Ψ_{f1}——第 1 个可变荷载的频遇值系数；

Ψ_{qi}——第 i 个可变荷载的准永久系数。

3)准永久组合

组合时，永久荷载采用荷载标准值效应，可变荷载采用准永久值效应，其表达式可写成：

$$S = S_{Gk} + \sum_{i=2}^{n} \Psi_{qi} S_{Qik} \leqslant C \qquad (1\text{-}6)$$

第二章 混凝土结构材料及力学性能

第一节 混凝土结构用钢筋

一、钢筋类型

钢筋的品种很多,目前混凝土结构所采用的钢筋按化学成分的不同分为碳素结构钢和普通低合金钢。碳素结构钢除含有铁元素外,还含有少量的碳、硅、锰杂质元素和硫、磷、氧、氮等有害元素。根据含碳量的不同,碳素结构钢又可分为低碳钢、中碳钢、高碳钢。随着含碳量的增加,钢材的强度随之提高,但钢材的塑性和可焊性降低。普通低合金钢除了碳素钢中已有的成分外,还加入少量的合金元素,如硅、锰、钛等,有效地提高了钢材的强度,改善钢材的塑性和可焊性等性能。

钢筋按外形可分为光面钢筋和变形钢筋两种(如图 2-1)。光面钢筋俗称"圆钢",截面呈圆形,表面光滑、无花纹[图 2-1(a)]。变形钢筋也称带肋钢筋,俗称"螺纹钢",是在钢筋表面轧制有纵向和斜向的凸缘。根据凸缘的形状和排布不同,可分为人字纹、螺旋纹、月牙纹等。螺旋纹钢筋和人字纹钢筋因为在凸缘处会产生较大的应力集中,所以目前已不再生产。

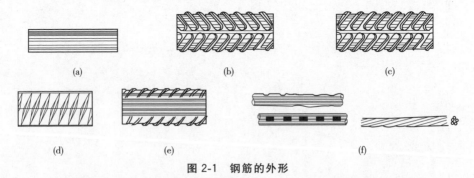

图 2-1 钢筋的外形

(a)光面钢筋;(b)人字纹钢筋;(c)螺纹钢筋;(d)月牙纹钢筋;(e)刻痕钢筋;(f)钢绞线

钢筋按加工工艺的不同可以分为热轧钢筋、余热处理钢筋、热处理钢筋、冷拉钢筋、钢绞线和消除应力钢丝等。热轧钢筋是由低碳钢或低合金钢热轧而成。

按屈服强度标准值的大小,用于钢筋混凝土结构的热轧钢筋分为 HPB300 级、HRB335 级、HRB400 级、HRB500 级、HRBF400 级、HRBF500 级和 RRB400 级。其特性如下:

(1) HPB300 级

HPB300 级用符号"A"表示,直径为 6~22mm,为光面的低碳钢,强度相对较低,但是塑性、韧性较好,易焊接、加工,价格也相对较低。但是因为其表面光滑,与混凝土的黏结性能较差,所以一般用作钢筋混凝土板、小型构件的受力钢筋和构件的构造钢筋。6mm 以下的细直径钢筋以盘条的形式供应。

(2) HRB335 级(HRBF335 级)

HRB335 级(HRBF335 级)用符号"B(B^F)"表示,其中 HRBF 系列钢筋是采用控温轧制工艺生产的细晶粒带肋钢筋,直径为 6~50mm,为低合金钢,表面轧制成月牙肋。其强度比 HPB300 级高,塑性、韧性及焊接性都较好,主要用于钢筋混凝土构件中的受力钢筋及预应力钢筋混凝土构件中的非预应力筋。

(3) HRB400 级(HRBF400 级)

HRB400 级(HRBF400 级)用符号"C(C^F)"表示,直径为 6~50mm,是表面轧制成月牙肋的低合金钢。强度比 HPB335 级(HPBF335 级)高,是《混凝土结构设计规范》GB 50010—2010 提倡的主导钢筋,钢筋混凝土结构中的纵筋宜优先采用此级钢筋。另外,RRB400 级,用符号"C^R"表示,是将 RRB335 级钢筋热轧后,穿过高压水湍流管进行快速冷却,再利用钢筋芯部的余热自行回火制成的。RRB400 级钢筋的强度稍大,但是钢筋的延性、可焊性、机械连接性及施工适应性都不如 HRB400 级钢筋。

(4) HRB500 级(HRB500 级)

HRB500 级(HRB500 级)用符号"D(D^F)"表示,直径为 6~50mm,是表面轧制成月牙肋的低合金钢。这种钢筋强度较高,是《混凝土结构设计规范》GB 50010—2010(以下简称《混凝土规范》)中主要推荐的纵向受力主导钢筋。

此外,钢筋还可以按刚度分为柔性钢筋和劲性钢筋两种。柔性钢筋即为普通的圆形条状钢筋,劲性钢筋是指角钢、槽钢、工字钢等型钢。用劲性钢筋浇筑的混凝土也称为劲性混凝土,这种构件在施工时可以由型钢承受荷载,从而节省了支架,减少了钢筋绑扎的工作量,使得施工效率提高,但是耗钢量较大。

当直径小于 6mm 时,钢筋称为钢丝。把多根(2、3、7 股)高强度钢丝捻制在一起时,称为钢绞线(图 2-2);高强度光面钢丝的表面经过机械刻痕处理后称为刻痕钢丝;经轧制成螺旋肋的称为螺旋肋钢丝。高强度钢丝及钢绞线经常作为预应力混凝土构件中的预应力筋。

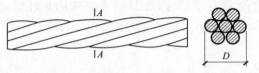

图 2-2　钢绞线的表面及截面形状

二、钢筋的力学性能

1. 钢筋的应力－应变关系

钢筋按其力学性能的不同,可分为有明显屈服点的钢筋和没有明显屈服点的钢筋两大类。有明显屈服点的钢筋又称软钢,包括热轧钢筋等;没有明显屈服点的钢筋又称硬钢,包括消除应力钢丝、中强度钢丝、钢绞线等。

钢筋的强度和变形一般通过常温静载下的单向拉伸曲线应力－应变关系曲线以图 2-3 来说明。有物理屈服点钢筋的典型拉伸应力－应变关系曲线如图 2-3(a)所示。OA 段表示钢筋处于弹性阶段,应力和应变呈线性关系,处于弹性工作阶段。AB 段为弹塑性阶段,$\sigma-\varepsilon$ 呈曲线关系。这时如果卸荷,将存在残余应变。B' 点是不稳定的称为屈服上限,B 点为屈服下限,B 点的应力称为屈服强度 f_y。BC 段称为屈服阶段或屈服台阶,应力不增加而应变急剧增长。CD 段称为强化阶段或应变硬化阶段,达到 C 点后,钢筋又恢复继续承载的能力,$\sigma-\varepsilon$ 曲线又开始上升,直至应力达到最高应力 D 点。D 点相应的应力称为极限抗拉强度 f_t。试件应力超过 f_t 后试件在薄弱处的截面变细,产生颈缩现象,DE 段称为颈缩阶段。试件拉断后(E 点)的伸长值与原长的比率称为伸长率 δ。

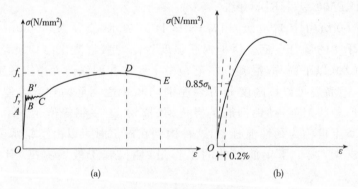

图 2-3　钢筋的应变曲线
(a)软钢的 $\sigma-\varepsilon$ 曲线;(b)硬钢的 $\sigma-\varepsilon$ 曲线

屈服强度 f_y、极限抗拉强度 f_t 反映了钢筋的强度,f_y 值越大钢筋承载力越高。设计时有物理屈服点的钢筋取钢筋的屈服强度作为钢筋强度的设计依据。

这是由于钢筋应力达到屈服强度后,构件将再产生很大的塑性变形,卸荷后塑性变形无法恢复,使构件产生很大的变形和过宽的裂缝,以至于构件不能使用。极限抗拉强度 f_t 是检验钢筋质量的另一强度指标,可度量钢筋的强度储备。

无物理屈服点钢筋的应力-应变关系曲线如图 2-3(b)所示。其 $\sigma-\varepsilon$ 曲线没有明显的屈服台阶、强度高,但伸长率 δ 小。为了与钢筋的国家标准相一致,《混凝土规范》中规定取卸荷后残余应变为 0.2% 时,所对应的应力 $\sigma_{0.2}$ 作为条件屈服点,其值相当于 $0.85\sigma_b$,σ_b 为钢筋国家标准的极限抗拉强度。无物理屈服点钢筋由于条件屈服点不易测定,因此质量检验以极限抗拉强度作为主要强度指标。

2. 钢筋的塑性性能

钢筋除了要满足强度要求外,还应具有一定的塑性变形能力。衡量钢筋塑性性能的基本指标是伸长率和冷弯性能。伸长率 δ_5 或 δ_{10} 反映了钢筋拉断前的变形能力,其值越大,钢筋拉断前吸收的应变能越多,塑性越好。冷弯性能通过冷弯试验来反映,如图 2-4 所示。冷弯是在常温下将直径为 d 的钢筋绕弯心直径为 D 的辊轴弯曲

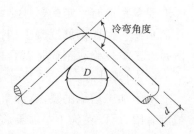

图 2-4 钢筋的冷弯试验示意图

到规定的冷弯角度 α 后,检查试件表面,如果不出现裂纹断裂或起层现象,则认为钢筋冷弯试验合格。冷弯性能可反映钢筋的塑性性能和内在质量。

根据钢筋的力学性能,普通钢筋的强度设计值应按表 2-1 取值。当构件中配有不同种类的钢筋时,每种钢筋应采用各自的强度设计值。横向钢筋的抗拉强度设计值 f_{yv} 应按表中 f_y 的数值采用;当用作受剪、受扭、受冲切承载力计算时,其数值大于 $360\text{N}/\text{mm}^2$ 时应取 $360\text{N}/\text{mm}^2$。

表 2-1 普通钢筋强度设计值(N/mm^2)

牌 号	抗拉强度设计值 f_y	抗压强度设计值 f'_y
HPB300	270	270
HRB335、HRBF335	300	300
HRB400、HRBF400、RRB400	360	360
HRB500、HRBF500	435	410

三、混凝土结构对钢筋性能的要求

为满足钢筋混凝土结构的强度和稳定性要求,混凝土结构用钢筋需具有适当的强度和屈强比、塑性好、可焊性好、良好的耐腐蚀和耐久性、与混凝土的黏结

锚固牢靠等特性。

(1)适当的强度和屈强比

选用强度高的钢筋,则钢筋的用量就少,可以节约钢材,提高经济效益。但实际结构中钢筋的强度并非越高越好。由于钢筋的弹性模量并不因其强度提高而增大,所以高强钢筋在高应力下的大变形会引起混凝土结构过大变形和裂缝宽度。屈服强度与极限强度之比称为屈强比,代表了钢筋的强度储备,也在一定程度上代表了结构的强度储备。屈强比越小,则结构的强度储备越大,但比值太小则钢筋强度的有效利用率低,因此,钢筋应具有适当的强度和屈强比。

(2)塑性好

要求钢筋有一定的塑性是为了使钢筋在断裂前能有足够的变形,给人以破坏的预兆。保证钢筋混凝土构件能表现出良好的延性。钢筋的伸长率和冷弯性能是施工单位验收钢筋是否合格的主要指标。

(3)可焊性好

由于加工运输的要求,除直径较细的钢筋外,一般钢筋都是直条供应的。因长度有限,所以在施工中需要将钢筋接长以满足需要。目前钢筋接长最常用的办法就是焊接。所以要求钢筋具有较好的可焊性,以保证钢筋焊接接头的质量。可焊性好,即要求在一定的工艺条件下钢筋焊接后不产生裂纹及过大的变形。

(4)良好的耐腐蚀和耐久性

细直径钢筋,尤其是冷加工钢筋和预应力钢筋,容易遭受腐蚀而影响表面与混凝土的黏结性能,甚至削弱截面,降低承载力。环氧树脂涂层钢筋或镀锌钢丝均可提高钢筋的耐久性,但降低了钢筋与混凝土之间的黏结性能,设计时应注意这种不利影响。

(5)与混凝土的黏结锚固牢靠

钢筋与混凝土之间的黏结力是二者共同工作的基础,钢筋的表面形状是影响黏结力的重要因素。为了加强钢筋和混凝土的黏结锚固性能,除了强度较低的HPB300级钢筋做成光面钢筋(常作为箍筋、构造钢筋)以外,HRB335级、HRB400级、RRB400级、HRB500级钢筋的表面都轧成带肋的变形钢筋(多作为钢筋混凝土构件的受力筋)。

四、混凝土结构的钢筋选用

混凝土结构的钢筋应按下列规定选用:

(1)纵向受力普通钢筋宜采用HRB400、HRB500、HRBF400、HRBF500钢筋,也可采用HPB300、HRBF335、RRB400钢筋;

(2)梁、柱纵向受力普通钢筋应采用HRB400、HRB500、HRBF400、

HRBF500 钢筋;

(3)箍筋宜采用 HRB400、HRBF400、HPB300、HRB500、HRBF500 钢筋,也可采用 HRB335、HRBF335 钢筋;

(4)预应力筋宜采用预应力钢丝、钢绞线和预应力螺纹钢筋。

第二节 混凝土的力学性能

一、混凝土的强度

混凝土是用一定比例的水泥、砂、石和水(必要时掺入外加剂和矿物混合材料),经拌和、浇筑、振捣、养护,逐步凝固硬化形成的人造石材。故混凝土的强度不仅与组成材料的质量和比例有关,还与制作方法、养护条件和龄期有关。另外,不同的受力情况、不同的试件形状和尺寸、不同的试验方法所测得的混凝土强度值也不同。混凝土基本的强度指标有立方体抗压强度、轴心抗压强度和轴心抗拉强度三种。其中,立方体抗压强度并不能直接用于设计计算,但因试验方法简单,且与后两种强度之间存在着一定的关系,故被作为混凝土最基本的强度指标,以此为依据确定混凝土的强度等级。

1. 混凝土立方体抗压强度与混凝土强度等级

根据国家标准《普通混凝土力学性能试验方法》GB/T50081(以下简称《试验方法》)的规定,混凝土立方体抗压强度是将混凝土拌和物制成边长为 150mm 的立方体试块,在标准养护条件下养护 28 天,进行抗压强度试验测得的抗压强度值,用 f_{cu} 表示。这里的标准养护条件是:温度(20±3)℃,相对湿度不小于 90%。试验时的加荷速度为每秒 0.3~0.8N/mm²(C30 混凝土为 0.5N/mm²,等级低时取低速,等级高时取高速)。

混凝土立方体抗压强度试验时,试块的标准破坏形态如图 2-5 所示。试块

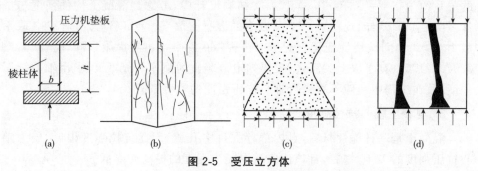

图 2-5 受压立方体

(a)压力试验;(b)试件破坏情况;(c)不涂润滑剂;(d)涂润滑剂

侧面的混凝土出现许多竖向裂缝甚至剥落,中部剥落最严重,而接近上下承压面处则剥落较少。这是因为混凝土纵向受压时会产生横向向外膨胀,其结果会使混凝土试块出现纵向裂缝而破坏。当四侧混凝土试块破坏形态向外膨胀时,靠近上、下压机钢板的混凝土受到钢板的约束(两者之间有摩擦力),因而不会破坏;而在离钢板较远的试块高度中央的四侧混凝土,则因受钢板约束较小而破坏最为严重。压力机钢板对混凝土试块横向变形的约束作用称为"环箍效应",该效应使混凝土试块不易破坏,因而测定的抗压强高于混凝土构件的轴心抗压强度,故而该强度不可直接用于设计。

《混凝土结构设计规范》GB 50010—2010(以下简称为《混凝土规范》)规定,混凝土可按其立方体抗压强度标准值的大小划分为 14 个强度等级,它们是 C15、C20、C25、C30、C35、C40、C45、C50、C55、C60、C65、C70、C75 和 C80。其中 C50 及其以下为普通混凝土,C50 以上为高强度混凝土,简称高强混凝土。字母 C 表示混凝土,C 后面的数值表示以 N/mm² 为单位的立方体抗压强度标准值,而材料强度标准值则是指具有 95% 保证率的材料强度。

结构设计时,混凝土强度等级的选用原则如下:素混凝土结构的混凝土强度等级不应低于 C15;钢筋混凝土结构的混凝土强度等级不应低于 C20;采用强度等级 400MPa 及以上的钢筋时,混凝土强度等级不应低于 C25。预应力混凝土结构的混凝土强度等级不宜低于 C40,且不应低于 C30。承受重复荷载的钢筋混凝土构件,混凝土强度等级不应低于 C30。

2. 混凝土轴心抗压强度

按《试验方法》的规定,该强度采用 150mm×150mm×300mm 的棱柱体作为标准试件,故又称为棱柱体抗压强度。由于试件高度比立方体试块大得多,在其高度中央的混凝土不再受到上下压机钢板的约束,故该试验所得的混凝土抗压强度低于立方体抗压强度,符合轴心受压短柱的实际情况。大量试验资料表明混凝土轴心抗压强度的标准值($f_{c,k}$)与立方体抗压强度的标准值($f_{cu,k}$)之间的关系约为 $f_{c,k}=(0.7\sim0.8)f_{cu,k}$,在结构设计中,考虑到混凝土构件强度与试件强度之间的差异,规范对 C50 及以下的混凝土取 $f_{c,k}=0.67f_{cu,k}$,对 C80 取系数为 0.72,中间按线性变化。对于 C40~C80 混凝土再考虑乘以脆性折减系数 0.870~1.0。有了以上关系式,只要知道混凝土的强度等级,便可求得轴心抗压强度,故在工程中一般不再进行轴心抗压强度的检测试验。

3. 混凝土轴心抗拉强度

混凝土是一种脆性材料,且内部存在许多孔缝,因此抗拉强度很低,仅为轴心抗压强度的 1/10 左右,且该比值随混凝土强度的提高而降低。

按《试验方法》规定,该强度采用劈裂抗拉强度试验来确定。根据大量试验资料的分析,并考虑了构件与试件的差别,设计规范根据轴心抗拉强度的标准值与立方体强度标准值之间的关系,列出了两者数值的对照表。由此可直接查得某强度等级混凝土的轴心抗拉强度标准值,而无需再进行轴心抗拉强度试验。

混凝土抗拉强度很低,在混凝土结构的承载力计算中通常不考虑混凝土承受拉力,但对某些构件进行抗裂验算时,该强度指标便成为验算的重要指标。

二、混凝土的变形

混凝土变形有两类:一类是荷载作用下的受力变形,包括一次短期加荷时的变形、多次重复加荷时的变形和长期荷载作用下的变形;另一类是体积变形,包括收缩、膨胀和温度变形。

1. 混凝土在一次短期加荷时的变形

(1)混凝土在一次短期加荷时的应力—应变关系

混凝土在一次短期加荷时的应力—应变关系可通过对混凝土棱柱体的受压或受拉试验测定。混凝土受压时典型的应力—应变曲线如图 2-6 所示,不同强度等级混凝土的应力—应变曲线如图 2-7 所示。

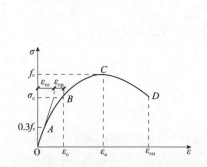

图 2-6 混凝土受压典型应力—应变曲线

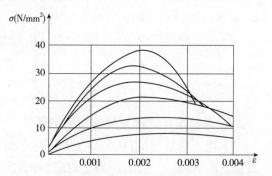

图 2-7 不同强度等级混凝土的应力—应变曲线

图 2-6 所示的应力—应变曲线包括上升段和下降段两部分,对应于顶点 C 的应力为轴心抗压强度 f_c。在上升阶段中,当应力小于 $0.3f_c$ 时,应力—应变曲线可视为直线,混凝土处于弹性阶段。随着应力的增加,应力—应变曲线逐渐偏离直线,表现出越来越明显的塑性性质;此时,混凝土的应变 ε_c 由弹性应变 ε_{ce} 和塑性应变 ε_{cp} 两部分组成,且后者占的比例越来越大。在下降段,随着应变的增大,应力反而减少,当应变达到极限值 ε_{cu} 时,混凝土破坏。值得注意的是:由于曲线存在着下降段,故而最大应力 f_c 所对应的应变并不是极限应变 ε_{cu},而是应变 ε_0。

由图 2-7 可知:随着混凝土强度等级的提高,与 f_c 对应的应变 ε_0 有所提高,但极限应变 ε_{cu} 却明显减少,这说明高强混凝土的延性较差,强度越高,脆性越明显。工程中所用的混凝土的 ε_0 约为 $0.0015 \sim 0.0025$，ε_{cu} 约为 $0.002 \sim 0.006$，设计时，为简化起见，可统一取 $\varepsilon_0 = 0.002$，$\varepsilon_{cu} = 0.0033$。

混凝土受拉时的应力－应变曲线的形状与受压时相似。对应于抗拉强度 f_t 的应变 ε_{ct} 很小，计算时可取 $\varepsilon_{ct} = 0.0015$。

(2) 混凝土的横向变形系数

混凝土纵向压缩时，横向会伸长，横向伸长值与纵向压缩值之比称为横向变形系数，用符号 ν_c 表示。混凝土工作在弹性阶段时，该值又称为泊松比，其大小基本不变，按《混凝土规范》规定，可取 $\nu_c = 0.2$；混凝土工作在塑性变形阶段时，横向变形会突然增加，表明混凝土内部微裂缝开始迅速发育。

(3) 混凝土的弹性模量、变形模量和剪变模量

混凝土的应力 σ 与其弹性应变 ε_{ce} 之比值称为混凝土的弹性模量，用符号 E_c 表示。根据大量试验结果，《混凝土规范》采用以下公式计算混凝土的弹性模量：

$$E_c = \frac{10^5}{2.2 + \frac{34.74}{f_{cu,k}}} \tag{2-1}$$

混凝土的应力 σ 与其弹塑性总应变 ε_c 之比称为混凝土的变形模量，用符号 E_c' 表示，该值小于混凝土的弹性模量。

混凝土的剪变模量是指剪应力 τ 和剪应变 γ 的比值，即：

$$G_c = \frac{\tau}{\gamma} \tag{2-2}$$

《混凝土规范》规定 G_c 可取 $0.4 E_c$。

2. 混凝土在多次重复加荷时的变形

工程中的某些构件，例如工业厂房中的起重机梁，在其使用期限内荷载作用的重复次数可达二百万次以上；在这种多次重复加荷情况下，混凝土的变形情况与一次短期加荷时明显不同。试验表明，多次重复加荷情况下，混凝土将产生"疲劳"现象，这时的变形模量明显降低，如图 2-8 为混凝土在多次重复荷载作用下的应力－应变曲线。

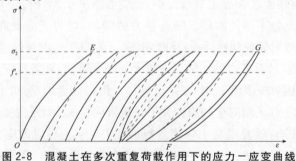

图 2-8 混凝土在多次重复荷载作用下的应力－应变曲线

3. 混凝土在长期荷载作用下的变形——徐变

混凝土在长期荷载作用下,应力不变,应变随时间的增长而继续增长的现象称为混凝土的徐变现象。如图 2-9 为混凝土的徐变试验曲线,加载时产生的瞬时应变为 ε_{ci} 加载后应力不变,应变随时间的增长而继续增长,增长速度先快后慢,最终徐变量 ε_u 可达瞬时应变 ε_{ci} 的 $1\sim 4$ 倍。通常最初 6 个月内可完成徐变 $70\%\sim 80\%$,一年以后趋于稳定,三年以后基本终止。如果将荷载在作用一定时间后卸去,会产生瞬时恢复应变 ε'_{ci},另外还有一部分应变在以后一段时间内逐渐恢复,称为弹性后效 ε''_{ci},最后还剩下相当部分不能恢复的塑性应变。

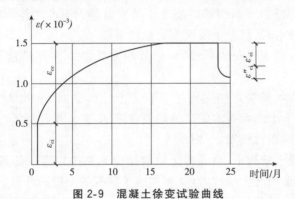

图 2-9 混凝土徐变试验曲线

产生徐变的原因有两个:一是由于混凝土中尚未转化为晶体的水泥混凝土胶体在荷载长期作用下发生了黏性流动;二是由于混凝土硬化过程中,会因水泥凝胶体收缩等因素在其与集料接触面形成一些微裂缝,这些微裂缝在长期荷载作用下会持续发展。当作用应力较小时,产生徐变的主要原因是第一个,反之为第二个。

影响混凝土徐变的主要因素及其影响情况如下:

(1)水胶比和胶凝材料用量:水胶比小、胶凝材料用量少,则徐变小。

(2)集料的级配与刚度:集料的级配好、刚度大,则徐变小。

(3)混凝土的密实性:混凝土密实性好,则徐变小。

(4)构件养护温湿度:构件养护时的温度高、湿度高,徐变小。

(5)构件使用时的温湿度:构件使用时的温度低、湿度大,徐变小。

(6)构件单位体积的表面积大小:表面积小、则徐变小。

(7)构件加荷时的龄期:龄期短、则徐变大。

(8)持续应力的大小:应力大,则徐变大。当 $\sigma \leqslant 0.5f_c$ 时,徐变大致与应力成正比,称为线性徐变;当 $\sigma > 0.5f_c$ 时,徐变的增长速度大于应力增长速度,称为非线性徐变。

混凝土徐变对构件的受力和变形情况有重要影响,如导致构件的变形增大,在预应力混凝土构件中引起预应力损失等。故在设计、施工和使用时,应采取有效措施,以减少混凝土的徐变。

4. 混凝土的收缩、膨胀和温度变形

混凝土在空气中结硬时会产生体积收缩,而在水中结硬时会产生体积膨胀。两者相比,前者数值较大,且对结构有明显的不利影响,故必须予以注意;而后者数值很小,且对结构有利,一般可不予考虑。

混凝土的收缩包括凝缩和干缩两部分。凝缩是水泥水化反应引起的体积缩小,它是不可恢复的;干缩则是混凝土中的水分蒸发引起的体积缩小,当干缩后的混凝土再次吸水时,部分干缩变形可以恢复。

混凝土的收缩变形先快后慢,一个月约完成 1/2,两年后趋于稳定,最终收缩应变约为 $(2\sim5)\times10^{-4}$。

影响混凝土收缩变形的主要因素有 7 个。其中,前 6 个与影响徐变的前 6 个因素相同,第 7 个因素是水泥品种与强度级别:矿渣水泥的干缩率大于普通水泥,高强度水泥的颗粒较细,干缩率大。

在钢筋混凝土结构中,当混凝土的收缩受到结构内部钢筋或外部支座的约束时,会在混凝土中产生拉应力,从而加速了裂缝的出现和开展。在预应力混凝土结构中,混凝土的收缩会引起预应力损失。故而,我们应采取各种措施,减小混凝土的收缩变形。

混凝土的热胀冷缩变形称为混凝土的温度变形,混凝土的温度线膨胀系数约为 1×10^{-5},与钢筋的温度线膨胀系数(1.2×10^{-5})接近,故当温度变化时两者仍能共同变形。但温度变形对大体积混凝土结构极为不利,由于大体积混凝土在硬化初期,内部的水化热不易散发而外部却难以保温,故而混凝土内外温差很大而造成表面开裂。因此,对大体积混凝土应采用低热水泥(如矿渣水泥)、表层保温等措施,必要时还需采取内部降温措施。

对钢筋混凝土屋盖房屋,屋顶与其下部结构的温度变形相差较大,有可能导致墙体和柱开裂,为防止产生温度裂缝,房屋每隔一定长度宜设置伸缩缝,或在结构内(特别是屋面结构内)配置温度钢筋,以抵抗温度变形。

5. 混凝土材料的耐久性基本要求

混凝土材料的耐久性是指混凝土在规定使用年限内,在各种环境条件下,抵抗各种破坏因素的作用,长期保持强度和外观完整性的能力。混凝土结构应符合有关耐久性的规定,以保证其在化学的、生物的以及其他使结构材料性能恶化的各种侵蚀的作用下,达到预期耐久年限。但是由于混凝土表面暴露在大气中,特别是长期受到外界不良气候环境的影响及有害物质的侵蚀,随着时间的增长会出现混凝土开裂、碳化、剥落,以及钢筋锈蚀等现象,使材料的耐久性降低。因此,混凝土结构应根据所处的环境类别、结构的重要性和使用年限满足《混凝土规范》规定的有关耐久性要求。

结构的使用环境是影响混凝土材料耐久性最重要的因素。混凝土结构的环境类别见表 2-2。

表 2-2 混凝土结构的环境类别

环境类别		条 件
一		室内干燥环境;无侵蚀性静水浸没环境
二	a	室内潮湿环境;非严寒和非寒冷地区的露天环境;非严寒和非寒冷地区与无侵蚀性的水或土壤直接接触的环境;严寒和寒冷地区的冰冻线以下与无侵蚀性的水或土壤直接接触的环境
	b	干湿交替环境;水位频繁变动环境;严寒和寒冷地区的露天环境;严寒和寒冷地区冰冻线以上与无侵蚀性的水或土壤直接接触的环境
三	a	严寒和寒冷地区冬季水位变动区环境;受除冰盐影响环境;海风环境
	b	盐渍土环境;受除冰盐作用环境;海岸环境
四		海水环境
五		受人为或自然的侵蚀性物质影响的环境

注:1. 室内潮湿环境是指构件表面经常处于结露或湿润状态的环境;
   2. 严寒和寒冷地区的划分应符合现行国家标准《民用建筑热工设计规范》GB 50176 的有关规定;
   3. 海岸环境和海风环境宜根据当地情况,考虑主导风向及结构所处迎风、背风部位等因素的影响,由调查研究和工程经验确定;
   4. 受除冰盐影响环境是指受到除冰盐雾影响的环境;受除冰盐作用环境是指被除冰盐溶液溅射时的环境以及使用除冰盐地区的洗车房、停车楼等建筑;
   5. 暴露的环境是指混凝土结构表面所处的环境。

影响混凝土材料耐久性的另一重要因素是混凝土的质量。控制水胶比,减小渗透性,提高混凝土的强度等级,增加混凝土的密实性,以及控制混凝土中氯离子和碱的含量等,对混凝土的耐久性都有非常重要的作用。

对于设计使用年限为 50 年的混凝土结构,其混凝土材料宜符合表 2-3 的规定。其他环境类别和使用年限的混凝土结构,其耐久性要求应符合规范的有关规定。

表 2-3 结构混凝土材料的耐久性基本要求

环境类别	最大水胶比	最低强度等级	最大氯离子含量(%)	最大碱含量(kg/m³)
一	0.60	C20	0.30	不限制

(续)

环境类别		最大水胶比	最低强度等级	最大氯离子含量（％）	最大碱含量（kg/m³）
二	a	0.55	C25	0.20	3.0
	b	0.50(0.55)	C30(C25)	0.15	3.0
三	a	0.45(0.50)	C35(C30)	0.15	3.0
	b	0.40	C40	0.10	3.0

注：1. 氯离子含量系指其占胶凝材料总量的百分比；
2. 预应力构件混凝土中的氯离子含量不得超过0.06％，其最低混凝土强度等级应按表中的规定提高两个等级；
3. 素混凝土构件的水胶比及最低强度等级的要求可适当放松；
4. 有可靠工程经验时，二类环境中的最低混凝土强度等级可降低一个等级；
5. 处于严寒和寒冷地区二b、三a类环境中的混凝土应使用引气剂，并可采用括号中的有关参数；
6. 当使用非碱活性骨料时，对混凝土中的碱含量可不作限制。

第三节 钢筋与混凝土之间的黏结作用

一、黏结作用的组成

钢筋与混凝土这两种力学性能完全不同的材料之所以能够在一起共同工作，除了两者具有相近的温度线膨胀系数及混凝土对钢筋具有保护作用以外，主要是由于在钢筋与混凝土之间的接触面上存在良好的黏结力。通常把钢筋与混凝土接触面单位截面面积上的剪应力称为黏结应力。如果沿钢筋长度上没有钢筋应力的变化，也就不存在黏结应力。通过黏结应力可以传递钢筋和混凝土两者间的应力，协调变形，使两者共同工作。

试验表明，钢筋与混凝土之间产生黏结作用主要由以下几个方面组成：

（1）化学胶结力。水泥浆凝结时产生化学作用，使钢筋与混凝土之间接触面上产生化学吸附作用力，其黏结作用一般较小。

（2）摩擦力。混凝土收缩将钢筋紧紧握裹，当二者出现滑移时，在接触面上将出现摩阻力。挤压应力越大，接触面越粗糙，摩阻力越大。在施工中，光面钢筋的黏结力以摩擦力为主。

（3）机械咬合力。由于钢筋的表面凹凸不平，与混凝土之间产生机械咬合力，其值占总黏结力的一半以上，是变形钢筋黏结力的主要来源。

（4）钢筋端部的锚固力。一般是通过钢筋端部的弯钩、弯折、在钢筋端部焊短钢筋或焊短角钢来提供的锚固力。

二、黏结强度及其影响因素

钢筋与混凝土的黏结面上所能承受的平均剪应力的最大值称为黏结强度。黏结强度通常可用拔出试验确定,如图 2-10 所示,将钢筋的一端埋入混凝土,在另一端施加拉力,将其拔出。试验表明黏结应力沿钢筋长度的分布是非均匀的,故拔出试验测定的黏结强度 f_τ 是指钢筋拉拔力到达极限时钢筋与混凝土剪切面上的平均剪应力,可按下式计算:

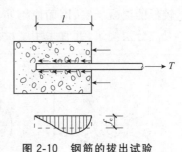

图 2-10 钢筋的拔出试验

$$f_\tau = \frac{T}{\pi d l} \tag{2-3}$$

式中:T ——拉拔力的极限值;

d ——钢筋的直径;

l ——钢筋的埋入长度。

影响钢筋与混凝土黏结强度的主要因素如下。

(1) 钢筋表面形状

带肋钢筋的黏结强度比光面钢筋大得多,试验资料表明前者为 2.5～6.0 N/mm²,后者为 1.5～3.5N/mm²。在带肋钢筋中,月牙纹钢筋的黏结强度比人字纹和螺旋纹钢筋黏结强度低约 10%～15%。

(2) 混凝土强度

混凝土的强度越高,它与钢筋间的黏结强度也越高。

(3) 侧向压应力

当钢筋受到侧向压应力时(如梁支承处的下部钢筋),黏结强度将增大,且带肋钢筋由于该原因增大的黏结强度明显高于光面钢筋。

(4) 混凝土保护层厚度和钢筋净距

对于带肋钢筋,由于钢筋的肋纹与混凝土咬合在一起,在拉拔钢筋时,钢筋斜肋对混凝土的斜向挤压力在径向的分力将使周围混凝土环向受压,如图 2-11 所示。如果钢筋外围的混凝土保护层厚度太薄,会产生与钢筋平行的劈裂裂缝,如图 2-12(a)所示;如果钢筋间的净距太小,会产生水平劈裂而使整个保护层崩落,如图 2-12(b)所示。

(5) 横向钢筋的设置

横向钢筋(如梁内箍筋)的设置可限制上述劈裂裂缝的开展,增加钢筋与混凝土间的黏结强度。

(6) 钢筋在混凝土中的位置

浇捣水平构件时,当钢筋下面的混凝土深度较大(如大于300mm)时,由于混凝土的泌水下沉和水分气泡的逸出,会在钢筋底面形成一层带有空隙的强度较低的混凝土层,因而使钢筋与混凝土间的黏结强度降低。因此,对高度较大的梁应分层浇筑,并宜采用二次振捣方法,以保证梁顶面钢筋周围混凝土的密实。

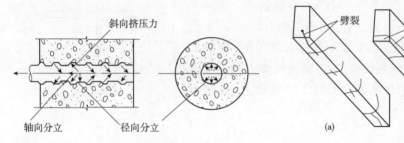

图 2-11 带肋钢筋横肋处的挤压力

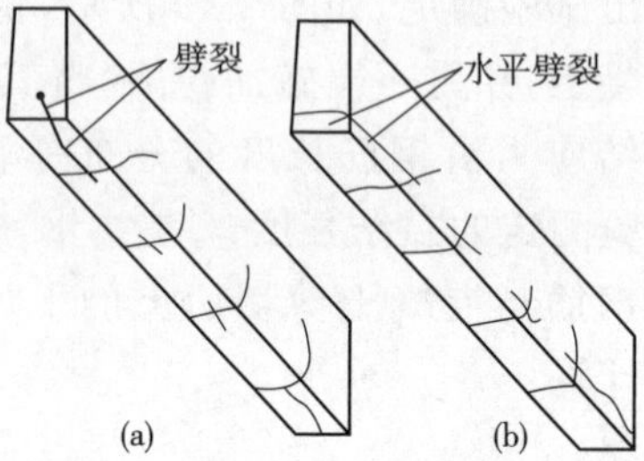

图 2-12 与钢筋平行的劈裂裂缝
(a)劈裂;(b)水平劈裂

由于影响钢筋与混凝土间黏结强度的因素较多,故黏结强度变化较大,难以用计算方法来保证。我国设计规范采取有关构造措施(如规定钢筋的保护层厚度、净距、锚固长度、搭接长度等)来保证钢筋与混凝土的黏结强度,结构设计时必须遵守这些规范。

第三章 钢筋混凝土结构基本构件

第一节 钢筋混凝土结构受弯构件

一、受弯构件的构造要求

1. 截面形式及尺寸

梁的截面形式主要有矩形、T形、I形、花篮形、倒L形等(图3-1),其中矩形截面由于构造简单,施工方便而被广泛应用;T形截面虽然构造较矩形截面复杂,但受力较合理,因而应用也较多。

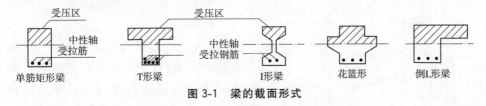

图3-1 梁的截面形式

板的截面形式一般为矩形、空心、槽形等(图3-2)。

图3-2 板的截面形式

梁、板的截面尺寸必须满足承载力、刚度和裂缝控制要求,同时还应满足模数要求,以利于模板定型化。

为了施工方便,梁高 h 一般按50的模数递增,对较大的梁(如 $h>800mm$)按100mm的模数递增。常用的梁高 h 有 250mm、300mm、350mm、400mm、450mm、500mm、550mm、600mm、650mm、700mm、750mm、800mm、900mm、1000mm 等尺寸。

按构造要求,现浇板的厚度不应小于表3-1所列数值。现浇板的厚度一般取为 10mm 的倍数,工程中现浇板的常用厚度为 60mm、70mm、80mm、100mm、120mm。

表 3-1 现浇板的最小厚度

板的类型		最小厚度（mm）
单向板	屋面板	60
	民用建筑楼板	60
	工业建筑楼板	70
	行车道下的楼板	80
双向板		80
密肋楼盖	面板	50
	肋高	250
悬臂板（固定端）	悬臂长度不大于500mm	60
	悬臂长度大于1200mm	100
无梁楼板		150
现浇空心楼盖		200

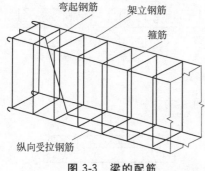

图 3-3 梁的配筋

2. 梁的配筋

梁中通常配置纵向受力钢筋、架立钢筋、弯起钢筋、箍筋等，有时构成钢筋骨架（图 3-3）还配置纵向构造钢筋及相应的拉筋等。

（1）纵向受力钢筋

根据纵向受力钢筋配置的不同，受弯构件分为单筋截面和双筋截面两种。前者指只在受拉区配置纵向受力钢筋的受弯构件；后者指同时在梁的受拉区和受压区配置纵向受力钢筋的受弯构件。配置在受拉区的纵向受力钢筋主要用来承受曲弯矩在梁内产生的拉力，配置在受压区的纵向受力钢筋则是用来补充混凝土受压能力的不足。由于双筋截面利用钢筋来协助混凝土承受压力，一般不经济。因此，实际工程中双筋截面梁一般只在有特殊需要时采用。

梁纵向受力钢筋的直径应当适中，太粗不便于加工，与混凝土之间的黏结力也差；太细则根数增加，在截面内不好布置，甚至降低受弯承载力。梁纵向受力钢筋的常用直径 $d=12\sim25$ mm，当 $h<300$ mm 时，$d \geqslant 8$ mm；当 $h \geqslant 300$ mm 时，$d \geqslant 10$ mm。一根梁中同一种受力钢筋最好为同一种直径，当有两种直径时，其

直径相差不应小于 2mm,以便施工时辨别。梁中受拉钢筋的根数不应少于 2 根,最好不少于 3~4 根。纵向受力钢筋应尽量布置成一层。当一层排不下时,可布置成两层,但应尽量避免出现两层以上的受力钢筋,以免过多地影响截面受弯承载力和混凝土浇捣质量。

为了保证钢筋周围的混凝土浇筑密实,避免钢筋锈蚀而影响结构的耐久性,梁的纵向受力钢筋间必须留有足够的净间距,如图 3-4 所示。当梁的下部纵向受力钢筋配置多于两层时,两层以上钢筋水平方向的中距应比下面两层的中距增大一倍。

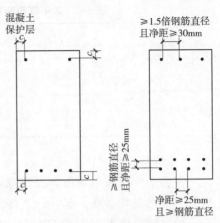

图 3-4　受力钢筋的排列

(2)架立钢筋

架立钢筋设置在受压区外缘两侧,并平行于纵向受力钢筋。其作用:一是固定箍筋位置以形成梁的钢筋骨架;二是承受因温度变化和混凝土收缩而产生的拉应力,防止产生裂缝。受压区配置的纵向受压钢筋可兼作架立钢筋。

架立钢筋的直径与梁的跨度有关,其最小直径不宜小于表 3-2 所列数值。

表 3-2　架立钢筋的最小直径

梁跨(m)	<4	4~6	>6
架立钢筋最小直径(mm)	8	10	12

(3)弯起钢筋

弯起钢筋在跨中是纵向受力钢筋的一部分,在靠近支座的弯起段弯矩较小处则用来承受弯矩和剪力共同产生的主拉应力,即作为受剪钢筋的一部分。

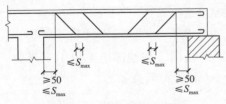

图 3-5　弯起钢筋的布置

钢筋的弯起角度一般为 45°,梁高 h>800mm 时可采用 60°。当按计算需设弯起钢筋时,前一排(对支座而言)弯起钢筋的弯起点至后一排的弯终点的距离不应大于表 3-3 中第一栏的规定。实际工程中第一排弯起钢筋的弯终点距支座边缘的距离通常取为 50mm(图 3-5)。

表 3-3　梁中箍筋和弯起钢筋的最大间距 s_{max} (mm)

梁高 h	$V>0.7f_tbh_0$	$V\leqslant 0.7f_tbh_0$
$150<h\leqslant 300$	150	200
$300<h\leqslant 500$	200	300
$500<h\leqslant 800$	250	350
$h>800$	300	400

(4) 箍筋

箍筋主要用来承受由剪力和弯矩在梁内引起的主拉应力,并通过绑扎或焊接把其他钢筋联系在一起,形成空间骨架。

梁内箍筋可采用 HPB235、HRB335、HRB400 级钢筋。箍筋直径,当梁截面高度 $h\leqslant 800$ mm 时,不宜小于 6mm;当 $h>800$ mm 时,不宜小于 8mm。当梁中配有计算需要的纵向受压钢筋时,箍筋直径还不应小于纵向受压钢筋最大直径的 1/4。为了便于加工,箍筋直径一般不宜大于 12mm。箍筋的常用直径为 6mm、8mm、10mm。

箍筋的形式可分为开口式和封闭式两种(图 3-6)。除无振动荷载且计算不需要配置纵向受压钢筋的现浇 T 形梁的跨中部分可用开口箍筋外,均应采用封闭式箍筋。当梁的宽度 $b\leqslant 150$ mm 时,可采用单肢箍筋;当 $b\leqslant 400$ mm,且一层内的纵向受压钢筋不多于 4 根时,可采用双肢箍筋;当 $b>400$ mm,且一层内的纵向受压钢筋多于 3 根,或当梁的宽度不大于 400mm 但一层内的纵向受压钢筋多于 4 根时,应设置复合箍筋。梁中一层内的纵向受拉钢筋多于 5 根时,宜采用复合箍筋。

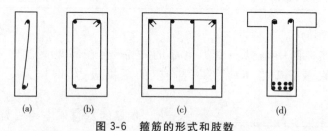

图 3-6　箍筋的形式和肢数

(a)单肢箍筋;(b)封闭式双肢箍筋;(c)复合箍筋(四肢);(d)开口式双肢箍筋

应当注意,箍筋是受拉钢筋,必须有良好的锚固。其端部应采用 135°弯钩,弯钩端头直段长度不小于 50mm,且不小于 5d(d 为箍筋直径)。

(5) 纵向构造钢筋及拉筋

当梁的截面高度较大时,为了防止在梁的侧面产生垂直于梁轴线的收缩裂缝,同时也为了增强钢筋骨架的刚度,增强梁的抗扭作用,当梁的腹板高度 $h_w\geqslant$

450mm 时,应在梁的两个侧面沿高度配置纵向构造钢筋(亦称腰筋),并用拉筋固定(图 3-7)。每侧纵向构造钢筋(不包括梁的受力钢筋和架立钢筋)的截面面积不应小于腹板截面面积 bh_w 的 0.1%,且其间距不宜大于 200mm。此处 h_w 的取值:矩形截面取截面的有效高度,T 形截面取有效高度减去翼缘高度,I 形截面取腹板净高(图 3-8)。纵向构造钢筋一般不必做弯钩。拉筋直径一般与箍筋相同,间距常取为箍筋间距的两倍。

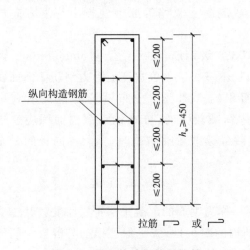

图 3-7 纵向构造钢筋及拉筋

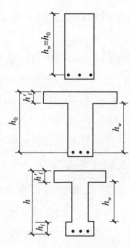

图 3-8 h_w 的取值

3. 板的配筋

板通常只配置纵向受力钢筋和分布钢筋(图 3-9)。

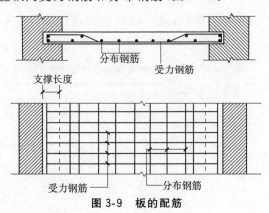

图 3-9 板的配筋

(1)受力钢筋

梁式板的受力钢筋沿板的短跨方向布置在截面受拉一侧,用来承受弯矩产生的拉力。

板的纵向受力钢筋的常用直径为6mm、8mm、10mm、12mm。为了使钢筋合理地分担内力,板中受力钢筋的间距不宜过大,但为了绑扎方便和保证浇捣质量,板的受力钢筋间距也不宜过密。

(2)分布钢筋

分布钢筋垂直于板的受力钢筋方向,在受力钢筋内侧按构造要求配置。分布钢筋的作用,一是固定受力钢筋的位置,形成钢筋网;二是将板上荷载有效地传给受力钢筋;三是防止温度变化或混凝土收缩等原因使板沿跨度方向产生裂缝。

分布钢筋可采用HPB300、HRB335级钢筋,常用直径为6mm、8mm。梁式板中单位长度上分布钢筋的截面面积不宜小于单位宽度上受力钢筋截面面积的15%,且不宜小于该方向板截面面积的0.15%。分布钢筋的直径不宜小于6mm,间距不宜大于250mm;当集中荷载较大时,分布钢筋截面面积应适当增加,间距不宜大于200mm。当有实践经验或可靠措施时,预制单向板的分布钢筋可不受以上限制。

4. 混凝土保护层厚度

钢筋外边缘至混凝土表面的距离称为钢筋的混凝土保护层厚度。其主要作用,一是保护钢筋不致锈蚀,保证结构的耐久性;二是保证钢筋与混凝土间的黏结;三是在火灾等情况下,避免钢筋过早软化。

构件中普通钢筋及预应力钢筋的混凝土保护层厚度应满足《混凝土规范》的要求。构件中受力钢筋的保护层厚度不应小于钢筋的公称直径 d;设计使用年限为50年的混凝土结构,最外层钢筋的保护层厚度应符合表3-4的规定;设计使用年限为100年的混凝土结构,最外层钢筋的保护层厚度不应小于表3-4中数值的1.4倍。

表3-4 混凝土保护层的最小厚度 c(mm)

环境类别	板、墙、壳	梁、柱、杆
一	15	20
二 a	20	25
二 b	25	35
三 a	30	40
三 b	40	50

注:1. 混凝土强度等级不大于C25时,表中保护层厚度数值应增加5mm;
  2. 钢筋混凝土基础宜设置混凝土垫层,基础中钢筋的混凝土保护层厚度应从垫层顶面算起,且不应小于40mm。

二、正截面承载力计算

钢筋混凝土受弯构件通常承受弯矩和剪力共同作用,其破坏有两种可能:一种是由弯矩引起的,破坏截面与构件的纵轴线垂直,称为正截面破坏;另一种是由弯矩和剪力共同作用引起的,破坏截面是倾斜的,称为斜截面破坏。所以,设计受弯构件时,需进行正截面承载力和斜截面承载力计算。

1. 正截面受弯破坏的基本特征

钢筋混凝土受弯构件正截面的破坏形式与钢筋和混凝土的强度以及纵向受拉钢筋配筋率 ρ 有关。ρ 用纵向受拉钢筋的截面面积与正截面的有效面积的比值来表示,即 $\rho = A_s / b h_0$,其中 A_s 为纵向受拉钢筋截面面积;b 为梁的截面宽度;h_0 为梁的截面有效高度。

根据梁纵向钢筋配筋率的不同,钢筋混凝土梁可分为适筋梁、超筋梁和少筋梁三种类型,不同类型梁的具有不同破坏特征。

(1)适筋梁

配置适量纵向受力钢筋的梁称为适筋梁。适筋梁从开始加载到完全破坏,其应力变化经历了三个阶段,如图 3-10 所示。

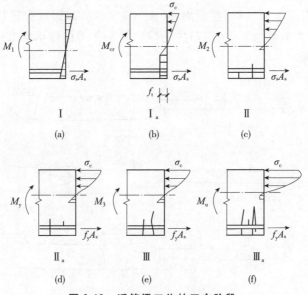

图 3-10 适筋梁工作的三个阶段

第Ⅰ阶段(弹性工作阶段):弯矩很小时,混凝土的压应力及拉应力都很小,应力和应变几乎成直线关系,如图 3-10(a)所示。

当弯矩增大时,受拉区混凝土表现出明显的塑性特征,应力和应变不再呈直线关系,应力分布呈曲线。当受拉边缘"纤维"的应变达到混凝土的极限拉应变ε_{tu}时,截面处于将裂未裂的极限状态,即第Ⅰ阶段末,用I_a表示,此时截面所能承担的弯矩称抗裂弯矩M_{cr},如图3-10(b)所示。I_a阶段的应力状态是抗裂验算的依据。

第Ⅱ阶段(带裂缝工作阶段):当弯矩继续增加时,受拉区混凝土的拉应变超过其极限拉应变ε_{tu},受拉区出现裂缝,截面即进入第Ⅱ阶段。裂缝出现后,在裂缝截面处,受拉区混凝土大部分退出工作,拉力几乎全部由受拉钢筋承担。随着弯矩的不断增加,裂缝逐渐向上扩展,中性轴逐渐上移,受压区混凝土呈现出一定的塑性特征,应力图形呈曲线形,如图3-10(c)所示。第Ⅱ阶段的应力状态是裂缝宽度和变形验算的依据。

当弯矩继续增加,钢筋应力达到屈服强度f_y,这时截面所能承担的弯矩称为屈服弯矩M_y。此即第Ⅱ阶段末,以$Ⅱ_a$表示,如图3-10(d)所示。

第Ⅲ阶段(破坏阶段):弯矩继续增加,受拉钢筋的应力保持屈服强度不变,钢筋的应变迅速增大,促使受拉区混凝土的裂缝迅速向上扩展,受压区混凝土的塑性特征表现得更加充分,压应力呈显著曲线分布[图3-10(e)]。到本阶段末(即Ⅲ$_a$阶段),受压边缘混凝土压应变达到极限压应变,受压区混凝土产生近乎水平的裂缝,混凝土被压碎,甚至崩脱[图3-11(a)],截面宣告破坏,此时截面所承担的弯矩即为破坏弯矩M_u。阶段的应力状态作为构件承载力计算的依据,如图3-10(f)所示。

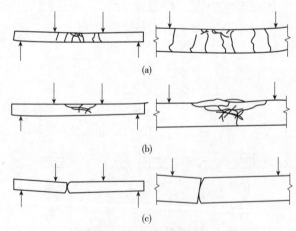

图3-11 梁的正截面破坏

(a)适筋梁;(b)超筋梁;(c)少筋梁

由上述可知,适筋梁的破坏始于受拉钢筋屈服。从受拉钢筋屈服到受压区混凝土被压碎(即弯矩由 M_y 增大到 M_u),需要经历较长过程。由于钢筋屈服后产生很大塑性变形,使裂缝急剧开展和挠度急剧增大,给人以明显的破坏预兆,这种破坏称为延性破坏。由上可知,适筋梁的材料强度能得到充分发挥。

(2)超筋梁

纵向受力钢筋配筋率大于最大配筋率的梁称为超筋梁。这种梁由于纵向钢筋配置过多,受压区混凝土在钢筋屈服前即达到极限压应变被压碎而破坏。破坏时纵向受拉钢筋的应力还未达到屈服强度,因而裂缝宽度均较小,且形不成一根开展宽度较大的主裂缝[图 3-11(b)],梁的挠度也较小。这种单纯因混凝土被压碎而引起的破坏,发生得非常突然,没有明显的预兆,属于脆性破坏。因此实际工程中不应采用超筋梁。

(3)少筋梁

配筋率小于最小配筋率的梁称为少筋梁。这种梁破坏时,裂缝往往集中出现一条,不但开展宽度大,而且沿梁高延伸较高。一旦出现裂缝,钢筋的应力就会迅速增大并超过屈服强度而进入强化阶段,甚至被拉断。在此过程中,裂缝迅速开展,构件严重向下挠曲,最后因裂缝过宽,变形过大而丧失承载力,甚至被折断[图 3-11(c)]。这种破坏也是突然的,没有明显预兆,属于脆性破坏。因此实际工程中不应采用少筋梁。

2. 正截面承载力计算原则

(1)基本假定

如前所述,钢筋混凝土受弯构件正截面承载力计算以适筋梁Ⅲa阶段的应力状态为依据。为便于建立基本公式,现作如下假定:

①构件正截面弯曲变形后仍保持一平面,即在三个阶段中,截面上的应变沿截面高度为线性分布。这一假定称为平截面假定。由实测结果可知,混凝土受压区的应变基本呈线性分布,受拉区的平均应变大体也符合平截面假定。

②钢筋的应力 σ_s 等于钢筋应变 ε_s 与其弹性模量 E_s 的乘积,但不得大于其强度设计值 f_y,即 $\sigma_s = \varepsilon_s E_s \leqslant f_y$

③不考虑截面受拉区混凝土的抗拉强度。

④受压混凝土采用理想化的应力-应变关系(图 3-12),当混凝土强度等级为 C50 及以下时,混凝土极限压应变 $\varepsilon_{cu} = 0.0033$。

(2)等效矩形应力图

根据前述假定,适筋梁Ⅲa阶段的应力图形可简化为图 3-13(b)的曲线应力图,其中 x_n 为实际混凝土受压区高度。为进一步简化计算,按照受压区混凝土的合力大小不变、受压区混凝土的合力作用点不变的原则,将其简化为图 3-13(c)所示的等效矩形应力图。等效矩形应力图形的混凝土受压区高度

$x=\beta_1 x_n$,等效矩形应力图形的应力值为 $\alpha_1 f_c$,其中 f_c 为混凝土轴心抗压强度设计值,β_1 为等效矩形应力图受压区高度与中和轴高度的比值,α_1 为受压区混凝土等效矩形应力图的应力值与混凝土轴心抗压强度设计值的比值,β_1、α_1 的取值见表3-5。

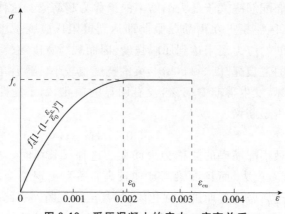

图3-12 受压混凝土的应力-应变关系

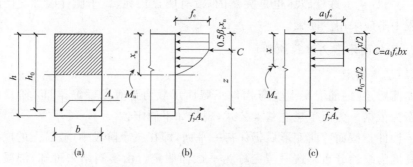

图3-13 第Ⅲa阶段梁截面应力分布图
(a)截面示意;(b)曲线应力图;(c)等效矩形应力图

表3-5 β_1、α_1 的取值

混凝土强度等级	≤C50	C55	C60	C65	C70	C75	C80
β_1	0.8	0.79	0.78	0.77	0.76	0.75	0.74
α_1	1.0	0.99	0.98	0.97	0.96	0.95	0.94

(3)适筋梁与超筋梁的界限——界限相对受压区高度 ξ_b

比较适筋梁和超筋梁的破坏,前者始于受拉钢筋屈服,后者始于受压区混凝土被压碎。理论上,二者间存在一种界限状态,即所谓界限破坏。这种状态下,受拉钢筋达到屈服强度和受压区混凝土边缘达到极限压应变是同时发生的。我

们将受弯构件等效矩形应力图形的混凝土受压区高度 x 与截面有效高度 h_0 之比称为相对受压区高度,用 ξ 表示,$\xi = x/h_0$,适筋梁界限破坏时等效受压区高度与截面有效高度之比称为界限相对受压区高度,用 ξ_b 表示。

ξ_b 值是用来衡量构件破坏时钢筋强度能否充分利用的一个特征值。若 $\xi > \xi_b$,构件破坏时受拉钢筋不能屈服,表明构件的破坏为超筋破坏;若 $\xi \leqslant \xi_b$,构件破坏时受拉钢筋已经达到屈服强度,表明发生的破坏为适筋破坏或少筋破坏。

各种钢筋 ξ_b 的取值见表 3-6。

表 3-6　界限相对受压区高度 ξ_b 取值

钢筋牌号	ξ_b						
	≤C50	C55	C60	C65	C70	C75	C80
HPB300	0.576	—	—	—	—	—	—
HRB335 HRBF335	0.550	0.541	0.531	0.522	0.512	0.503	0.493
HRB400 RRB400 HRBF400	0.518	0.508	0.499	0.490	0.481	0.472	0.463
HRB500 HRBF500	0.482	0.473	0.464	0.455	0.447	0.438	0.429

注:表中空格表示高强度混凝土不宜配置低强度钢筋。

(4)适筋梁与少筋梁的界限——截面最小配筋率 ρ_{min}

少筋破坏的特点是"一裂即坏"。为了避免出现少筋情况,必须控制截面配筋率,使之不小于某一界限值,即最小配筋率 ρ_{min}。理论上讲,最小配筋率的确定原则是:配筋率为 ρ_{min} 的钢筋混凝土受弯构件,按Ⅲa 阶段计算的正截面受弯承载力应等于同截面素混凝土梁所能承受的弯矩 M_{cr}(M_{cr} 为按Ⅰa 阶段计算的开裂弯矩)。当构件按适筋梁计算所得的配筋率小于 ρ_{min} 时,理论上讲,梁可以不配受力钢筋,作用在梁上的弯矩仅素混凝土梁就足以承受,但考虑到混凝土强度的离散性,加之少筋破坏属于脆性破坏,以及收缩等因素,《混凝土规范》规定梁的配筋率不得小于 ρ_{min}。实用上的 ρ_{min} 往往是根据经验得出的。

梁的截面最小配筋率按表 3-7 查取,即对于受弯构件 ρ_{min} 按下式计算:

$$\rho_{min} = \max(0.45 f_t/f_y, 0.2\%) \tag{3-1}$$

式中:f_t——混凝土轴心抗拉强度设计值;
　　　f_y——钢筋抗拉强度设计值。

表 3-7　钢筋混凝土结构构件中纵向受力钢筋的最小配筋率

受力类型		最小配筋百分率
受压构件	全部纵向钢筋 强度等级 500MPa	0.50
	全部纵向钢筋 强度等级 400MPa	0.55
	全部纵向钢筋 强度等级 530MPa、335MPa	0.60
	侧纵向钢筋	0.20
受弯构件、偏心受拉、轴心受拉构件一侧的受拉钢筋		0.20 和 $45f_t/f_y$ 中的较大值

注：1. 受压构件全部纵向钢筋最小配筋百分率，当采用 C60 以上强度等级的混凝土时，应按表中规定增加 0.10；
2. 板类受弯构件（不包括悬臂板）的受拉钢筋，当采用强度等级 400MPa、500MPa 的钢筋时，其最小配筋百分率应允许采用 0.15 和 $45f_t/f_y$ 中的较大值；
3. 偏心受拉构件中的受压钢筋，应按受压构件一侧纵向钢筋考虑；
4. 受压构件的全部纵向钢筋和一侧纵向钢筋的配筋率以及轴心受拉构件和小偏心受拉构件一侧受拉钢筋的配筋率均应按构件的全截面面积计算；
5. 受弯构件、大偏心受拉构件一侧受拉钢筋的配筋率应按全截面面积扣除受压翼缘面积$(b'_f-b)h'_f$后的截面面积计算；
6. 当钢筋沿构件截面周边布置时，"一侧纵向钢筋"系指沿受力方向两个对边中一边布置的纵向钢筋。

3. 单筋矩形截面受弯构件正截面承载力计算

(1) 基本公式及其适用条件

由图 3-20(c)所示等效矩形应力图形，根据静力平衡条件，可得出单筋矩形截面梁正截面承承载力计算的基本公式：

$$\sum N = 0 \quad\quad \alpha_1 f_c b x = f_y A_s \tag{3-2}$$

$$\sum M = 0 \quad\quad M \leqslant M_u = \alpha_1 f_c b x \left(h_0 - \frac{x}{2}\right) \tag{3-3}$$

或

$$M \leqslant M_u = f_y A_s \left(h_0 - \frac{x}{2}\right) \tag{3-4}$$

式中：M——弯矩设计值；

f_c——混凝土轴心抗压强度设计值；

x——混凝土受压区高度。

式(3-2)~(3-4)应满足下列两个适用条件：

①为防止发生超筋破坏，需满足 $\xi \leqslant \xi_b$ 或 $x \leqslant \xi_b h_0$，其中 $\xi、\xi_b$ 分别称为相对受压区高度和界限相对受压区高度；

②防止发生少筋破坏，应满足 $\rho \geqslant \rho_{min}$ 或 $A_s \geqslant A_{s,min} = \rho_{min} bh$。

在式(3-3)中，取 $x = \xi b h_0$，即得到单筋矩形截面所能承受的最大弯矩的表达式：
$$M_{u,\max}=\alpha_1 f_c b h_0^2 \xi_b(1-0.5\xi_b) \tag{3-5}$$

（2）计算方法

单筋矩形截面受弯构件正截面承载力计算，可以解决两类问题：一是截面设计，二是复核已知截面的承载力。

1）截面设计

已知：弯矩设计值 M，混凝土强度等级，钢筋级别，构件截面尺寸 b、h。

求：所需受拉钢筋截面面积 A_s。

计算步骤如下：

①确定截面有效高度 h_0。
$$h_0=h-a_s \tag{3-6}$$

式中：h——梁的截面高度；

a_s——受拉钢筋合力点到截面受拉边缘的距离。承载力计算时，室内正常环境下的梁、板。

②计算混凝土受压区高度 x，并判断是否属超筋梁。
$$x=h_0-\sqrt{h_0^2-\frac{2M}{\alpha_1 f_c b}} \tag{3-7}$$

或 $x\leqslant \xi_b h_0$，则不属超筋梁。否则为超筋梁，应加大截面尺寸，或提高混凝土强度等级，或改用双筋截面。

③计算钢筋截面面积 A_s，并判断是否属少筋梁。
$$A_s=\frac{\alpha_1 f_c b x}{f_y} \tag{3-8}$$

若 $A_s \geqslant \rho_{\min} bh$，则不属于少筋梁，应取 $A_s=\rho_{\min} bh$。

④选配钢筋。

2）复核已知截面的承载力

已知：构件截面尺寸 b、h，钢筋截面面积 A_s，混凝土强度等级，钢筋级别，弯矩设计值 M。

求：复核截面是否安全。

计算步骤如下：

①确定截面有效高度 h_0。

②判断梁的类型。
$$x=\frac{A_s f_y}{\alpha_1 f_c b} \tag{3-9}$$

若 $A_s \geqslant \rho_{\min} bh$，且 $x \leqslant \xi_b h_0$，为适筋梁；若 $x > \xi_b h_0$，为超筋梁；若 $A_s < \rho_{\min} bh$，为少筋梁。

③计算截面受弯承载力 M_u。

适筋梁

$$M_u = A_s f_y (h_0 - x/2) \tag{3-10}$$

超筋梁

$$M_u = M_{u,max} = \alpha_1 f_c b h_0^2 \xi (1-0.5\xi_b) \tag{3-11}$$

对少筋梁,按素混凝土梁计算其受弯承载力或修改设计。

④判断截面是否安全。若 M≤Mu,则截面安全。

【例题 3-1】

某钢筋混凝土矩形面简支梁,跨中弯矩设计值 $M=80$kN·m,梁的截面尺寸 $b×h=200$mm×450mm,采用 C25 级混凝土,HRB400 级钢筋。试确定跨中截面纵向受力钢筋的数量。

【解】 查表得 $f_c=11.9$N/mm², $f_t=1.27$N/mm², $f_y=360$N/mm², $\alpha_1=1.0, \xi_b=0.518$。

①确定截面有效高度 h_0。

假设纵向受力钢筋为单层,取 $a_s=40$,则 $h_0 = h-40 = (450-40)$mm $=410$mm

②计算 x,并判断是否为超筋梁。

$$x = h_0 - \sqrt{h_0^2 - \frac{2M}{\alpha_1 f_c b}} = 410 - \sqrt{410^2 - \frac{2\times80\times10^6}{1.0\times11.9\times200}}$$

$= 92.4$mm $< \xi_b h_0 = 0.518\times410 = 212.38$mm

故该梁不属超筋梁。

③计算 A_s,并判断是否为少筋梁。

$A_s = \alpha_1 f_c b x / f_y = 1.0\times11.9\times200\times91.0/360$mm² $=601.6$mm

$0.45 f_t / f_y = 0.45\times1.27/360 = 0.16\% < 0.2\%$,取 $\rho_{min} = 0.2\%$

$A_{s,min} = 0.2\%\times200\times450$mm² $=180$mm² $< A_s=601.6$mm²

故该梁不属少筋梁。

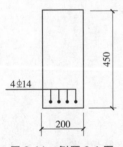

图 3-14 例题 3-1 图

④选配钢筋。

选配 $4 \phi 14 (A_s=615$mm²$)$,如图 3-14 所示。

【例题 3-2】

某教学楼钢筋混凝土矩形截面简支梁,安全等级为二级,截面尺寸 $b\times h=250$mm×550mm,承受永久荷载标准值为 10kN/m(不包括梁的自重),可变荷载标准值为 12kN/m,计算跨度 $l_0=6$m,采用 C20 级混凝土,HRB335 级钢筋,试确定纵向受力钢筋的数量。

【解】 查表得 $f_c = 9.6\text{N/mm}^2$, $f_t = 1.10\text{N/mm}2$, $f_y = 300\text{N/mm}^2$, $\xi_b = 0.550$, $\alpha_1 = 1.0$, 结构重要性系数 $\gamma_0 = 1.0$, 可变荷载组合值系数 $\Psi_c = 0.7$。

①计算弯矩设计值 M。

钢筋混凝土重度为 25kN/m^3, 故作用在梁上的永久荷载标准值

$$g_k = (10 + 0.25 \times 0.55 \times 25)\text{kN/m} = 13.438\text{kN/m}$$

简支梁在永久荷载标准值作用下的跨中弯矩

$$M_{gk} = \frac{1}{8}g_k l_0^2 = \frac{1}{8} \times 13.438 \times 6^2 \text{kN}\cdot\text{m} = 60.471\text{kN}\cdot\text{m}$$

简支梁在可变荷载标准值作用下的跨中弯矩

$$M_{qk} = \frac{1}{8}q_k l_0^2 = \frac{1}{8} \times 12 \times 6^2 \text{kN}\cdot\text{m} = 54\text{kN}\cdot\text{m}$$

由永久荷载控制的跨中弯矩

$$\gamma_0(\gamma_G M_{gk} + \gamma_Q \Psi_c M_{qk}) = 1.0 \times (1.35 \times 60.471 + 1.4 \times 0.7 \times 54)\text{kN}\cdot\text{m} = 134.556\text{kN}\cdot\text{m}$$

由可变荷载控制的跨中弯矩

$$\gamma_0(\gamma_G M_{gk} + \gamma_Q M_{qk}) = 1.0 \times (1.2 \times 60.471 + 1.4 \times 54)\text{kN}\cdot\text{m}$$
$$= 148.165\text{kN}\cdot\text{m}$$

取较大值,得跨中弯矩设计值 $M = 148.165\text{kN}\cdot\text{m}$

②计算 h_0。

假定受力钢筋排一层,取 $a_s = 40$,则 $h_0 = h - 40 = (550 - 40)\text{mm} = 510\text{mm}$

③计算 x,并判断是否属超筋梁。

$$x = h_0 - \sqrt{h_0^2 - \frac{2M}{\alpha_1 f_c b}} = \left(510 - \sqrt{510^2 - \frac{2 \times 148.165 \times 10.6}{1.0 \times 9.6 \times 250}}\right)\text{mm} = 140.4\text{mm}$$
$$< \xi_b h_0 = (0.550 \times 510)\text{mm} = 280.5\text{mm}$$

故该梁不属超筋梁。

④选配钢筋。

选配 $2\phi18 + 2\phi20(A_s = 1137\text{mm}^2)$,如图 3-15 所示。

【例题 3-3】

如图 3-16 所示的某教学楼现浇钢筋混凝土走道板,厚度 $h = 80\text{mm}$, 板面做 20mm 水泥砂浆面层,计算跨度 $l_0 = 2\text{m}$, 采用 C20 级混凝土, HPB300 级钢筋。试确定纵向受力钢筋的数量。

【解】 查表得楼面均布活荷载 $q_k = 2.5\text{kN/m}^2$, $f_c = 9.6\text{N/mm}^2$, $f_t = 1.10\text{N/mm}^2$, $f_y = 210\text{N/mm}^2$, $\xi_b = 0.614$, $\alpha_1 = 1.0$, 结构重要性系数 $\gamma_0 = 1.0$ (教学楼安全等级为二

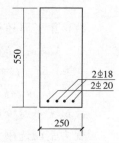

图 3-15 例题 3-2 图

级),可变荷载组合值系数 $\Psi_c=0.7$。

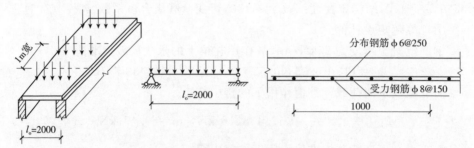

图 3-16 例题 3-3 图

① 计算跨中弯矩设计值 M。

钢筋混凝土和水泥砂浆重度分别为 25kN/m^3 和 20kN/m^3,故作用在板上的恒荷载标准值为

80mm 厚钢筋混凝土板 $0.08\times25=2\text{kN/m}^2$

20mm 水泥砂浆面层 $0.02\times20=0.4\text{kN/m}^2$

$g_k=2\text{kN/m}^2+0.4\text{kN/m}^2=2.4\text{kN/m}^2$

取 1m 板宽作为计算单元,即 $b=1000\text{mm}$,则

$$g_k=2.4\text{kN/m},q_k=2.5\text{kN/m}$$

$\gamma_0(1.2g_k+1.4q_k)=1.0\times(1.2\times2.4+1.4\times2.5)\text{kN}\cdot\text{m}=6.38\text{kN/m}$

$\gamma_0(1.35g_k+1.4\Psi_c q_k)=1.0\times(1.35\times2.4+1.4\times0.7\times2.5)\text{kN}\cdot\text{m}=5.69\text{kN/m}$

取较大值,得板上荷载设计值 $q=6.38\text{kN/m}$。板跨中弯矩设计值为

$$M=\frac{1}{8}ql_0^2=\frac{1}{8}\times6.38\times2^2\text{kN}\cdot\text{m}=3.19\text{kN}\cdot\text{m}$$

② 计算纵向受力钢筋的数量。

取 $a_s=20$,则 $h_0=h-25=(80-20)\text{mm}=60\text{mm}$

$$x=h_0-\sqrt{h_0^2-\frac{2M}{\alpha_1 f_c b}}=\left(60-\sqrt{60^2-\frac{2\times3.19\times10^6}{1.0\times9.6\times1000}}\right)\text{mm}=5.82\text{mm}$$

$$<\xi_b h_0=0.614\times60\text{mm}=36.84\text{mm}$$

故该梁不属超筋梁。

$A_s=\alpha_1 f_c bx/f_y=1.0\times9.6\times1000\times5.82/210\text{mm}^2=266.1\text{mm}^2$

$0.45f_t/f_y=0.45\times1.10/210=0.24\%>0.2\%$,取 $\rho_{\min}=0.24\%$。

$\rho_{\min}bh=0.24\%\times1000\times80\text{mm}^2=192\text{mm}^2<A_s=266.1\text{mm}^2$

故该梁不属少筋梁。

受力钢筋选用 $\phi8@150(A_s=335\text{mm}^2)$,分布钢筋按构造要求选用 $\phi6@250$,如图 3-16 所示。

【例题 3-4】

某钢筋混凝土矩形截面梁,截面尺寸 $b \times h = 200\text{mm} \times 500\text{mm}$,混凝土强度等级 C25,纵向受拉钢筋 $3\phi18$,混凝土保护层厚度 25mm。该梁承受最大弯矩设计值 $M = 105\text{kN} \cdot \text{m}$。试复核该梁是否安全。

【解】 $f_c = 11.9\text{N/mm}^2$,$f_t = 1.27\text{N/mm}^2$,$f_y = 360\text{N/mm}^2$,$\xi_b = 0.518$,$\alpha_1 = 1.0$,$A_s = 763\text{mm}^2$

① 计算 h_0。

因纵向受拉钢筋布置成一层,取 $a_s = 40$,故 $h_0 = h - 40 = (500 - 40)\text{mm} = 460\text{mm}$。

② 判断梁的类型。

$$x = \frac{A_s f_y}{\alpha_1 f_c b} = \frac{763 \times 360}{1.0 \times 11.9 \times 200}\text{mm} = 115.4\text{mm} < \xi_b h_0$$

$$= 0.518 \times 460\text{mm} = 238.28\text{mm}$$

$$0.45 f_t / f_y = 0.45 \times 1.27/360 = 0.16\% < 0.2\%,\text{取 } \rho_{\min} = 0.2\%$$

$$\rho_{\min} bh = 0.2\% \times 200 \times 500\text{mm}^2 = 200\text{mm}^2 < A_s = 763\text{mm}^2$$

故该梁属适筋梁。

③ 求截面受弯承载力 M_u,并判断该梁是否安全。

对于适筋梁:

$$M_u = f_y A_s (h_0 - x/2) = 360 \times 763 \times (460 - 115.4/2)\text{N} \cdot \text{mm}$$

$$= 110.0 \times 10^6 \text{N} \cdot \text{mm} = 110.5\text{kN} \cdot \text{m} > M = 105\text{kN} \cdot \text{m}$$

故该梁安全。

4. 单筋 T 形截面

在单筋矩形截面梁正截面受承载力计算中,是不考虑受拉区混凝土的作用的。如果把受拉两侧的混凝土挖掉一部分,将受拉钢筋配置在肋部,即不会降低截面承载力,又可以节省材料,减轻自重,这样就形成了 T 形截面梁。T 形截面受弯构件在工程实际中应用较广,除独立 T 形梁[图 3-17(a)]外,槽形板[图 3-17(b)]、空心板[图 3-17(c)]以及现浇肋形楼盖中的主梁和次梁的跨中截面[图 3-17(d)]也按 T 形梁计算。但是,翼缘位于受拉区的倒 T 形截面梁,当受拉区开裂后,翼缘就不起作用了,因此其受弯承载力应按截面为 $b \times h$ 的矩形截面计算[图 3-17(d)]。

(1)翼缘计算宽度

试验表明,T 形梁破坏时,其翼缘上混凝土的压应力是不均匀的,越接近肋部应力越大,超过一定距离时压应力几乎为零。在计算中,为简便起见,假定只在翼缘一定宽度范围内受有压应力,且均匀分布,该范围以外的部分不起作用,这个宽度称为翼缘计算宽度,用 b'_f 表示,其取值取表 3-8 中各项的最小值。

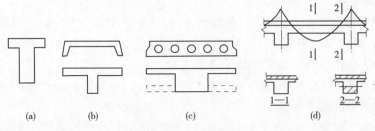

图 3-17 T 形梁示例

(a)T 形梁；(b)槽形板；(c)空心板；(d)现浇肋形楼盖中的主梁和次梁的跨中截面-1 截面

表 3-8 T 形、I 形及倒 L 形截面受弯构件翼缘计算宽度

项次	考虑情况		T 形截面、I 形截面		倒 L 形截面
			肋形梁、肋形板	独立梁	肋形梁、肋形板
1	按计算跨度 l_0 考虑		$l_0/3$	$l_0/3$	$l_0/6$
2	按梁(纵肋)净距 s_n 考虑		$b+s_n$	—	$b+s_n/2$
3	按翼缘高度 h'_f 考虑	$h'_f/h_0 \geqslant 0.1$	—	$b+12h'_f$	—
		$0.1 > h'_f/h_0 \geqslant 0.05$	$b+12h'_f$	$b+6h'_f$	$b+5h'_f$
		$h'_f/h_0 \geqslant 0.05$	$b+12h'_f$	b	$b+5h'_f$

注：表中 b 为梁的腹板宽度。

(2)T 形截面的分类

根据受力大小，T 形截面的中性轴可能通过翼缘(图 3-18)，也可能通过肋部(图 3-19)中性轴。通过翼缘者称为第一类 T 形截面，通过肋部者称为第二类 T 形截面。

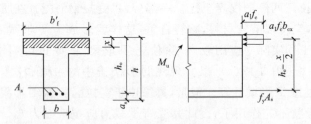

图 3-18 第一类 T 形截面

经分析，当符合下列条件时，必然满足 $x \leqslant h'_f$，即为第一类 T 形截面，否则为第二类 T 形截面。

$$\alpha_1 f_c b'_f x = f_y A_s \tag{3-12}$$

或

$$M \leqslant \alpha_1 f_c b'_f (h_0 - h'_f/2) \tag{3-13}$$

式中：x——混凝土受压区高度；

h'_f——T 形截面受压翼缘的高度。

式(3-12)、式(3-13)即为第一类、第二类 T 形截面的鉴别条件。式(3-12)用于截面复核,式(3-13)用于截面设计。

(3)基本计算公式

1)第一类 T 形截面

由图 3-18 可知,第一类 T 形截面的受压区为矩形,面积为 b'_f。由前述知识可知,梁截面承载力与受拉区形状无关。因此,第一类 T 形截面承载力与截面为 $b'_f \times h$ 的矩形截面完全相同,故其基本公式可表示为

$$\alpha_1 f_c b'_f x = f_y A_s \tag{3-14}$$

$$M \leqslant \alpha_1 f_c b'_f x \left(h_0 - \frac{x}{2} \right) \tag{3-15}$$

2)第二类 T 形截面

第二类 T 形截面的等效矩形应力图如图 3-19 所示。

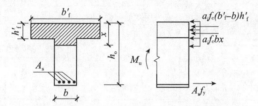

图 3-19 第二类 T 形截面的等效矩形应力图

根据平衡条件即得基本公式:

$$\alpha_1 f_c h'_f (b'_f - b) + \alpha_1 f_c b x (h_0 = f_y A_s \tag{3-16}$$

$$M \leqslant \alpha_1 f_c h'_f (b'_f - b) \left(h_0 - \frac{h'_f}{2} \right) + \alpha_1 f_c b x \left(h_0 - \frac{x}{2} \right) \tag{3-17}$$

(4)基本公式的适用条件

上述基本公式的适用条件如下。

1)$x \leqslant \xi_b h_0$

该条件是为了防止出现超筋梁,但第一类 T 形截面一般不会超筋,故计算时可不验算这条件。

2)$A_s \geqslant \rho_{min} bh$ 或 $\rho \geqslant \rho_{min}$

该条件是为了防止出现少筋梁。第二类 T 形截面的配筋较多,一般不会出现少筋的情况,故可不验算这一条件。

应当注意,由于肋宽为 b,高度为 h 的素混凝土 T 形梁的受弯承载力比截面为 $b \times h$ 的矩形截面素混凝土梁的受弯承载力大不了多少,故 T 形截面的配筋率按矩形截面的公式计算,即 $\rho = A_s / bh_0$,式中 b 为肋宽。

(5)正截面承载力计算步骤

T形截面受弯构件的正截面承载力计算也可分为截面计算和截面复核两类问题,这里只介绍截面计计算的方法。

已知:弯矩设计值 M,混凝土强度等级,钢筋级别,截面尺寸。

求:受拉钢筋截面面积 A_s。

计算步骤如图 3-20 所示。

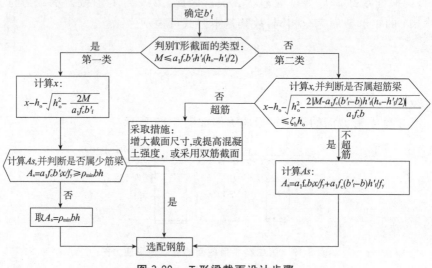

图 3-20　T形梁截面设计步骤

【例题 3-5】

某现浇肋形楼盖次梁,截面尺寸如图 3-21 所示,梁的计算跨度 4.8m,跨中变矩设计值为 95kN·m,采用 C25 级混凝土 HRB400 级钢筋。试确定纵向钢筋截面面积。

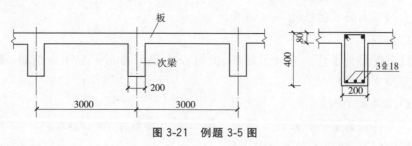

图 3-21　例题 3-5 图

【解】　查表得 $f_c=11.9\text{N/mm}^2$,$f_t=1.27\text{N/mm}^2$,$f_y=360\text{N/mm}^2$,$\alpha_1=1.0$,$\xi_b=0.518$。

假定纵向钢筋排一层,取 $a_s=40$ 则 $h_0=h-40=(400-40)\text{mm}=360\text{mm}$。

①确定翼缘计算宽度 b'_f。

根据表 3-8 有:按梁的计算跨度 l_0 考虑,$b'_f = l_0/3 = 4800/3 \text{mm} = 1600 \text{mm}$;按梁净距 s_n 考虑,$b'_f = b + s_n = 3000 \text{mm}$;按翼缘厚度 b'_f 考虑 $\dfrac{h'_f}{h} = 80/365 = 0.219 > 0.1$,故 b'_f 不受此项限制。

取较小值,得翼缘计算宽度 $b'_f = 1600 \text{mm}$。

②判别 T 形截面的类型。
$$\alpha_1 f_c b'_f h'_f (h_0 - h'_f/2) = 11.9 \times 1600 \times 80 \times (360 - 80/2) \text{N} \cdot \text{mm}$$
$$= 487.42 \times 10^6 \text{N} \cdot \text{mm} > M = 95 \text{kN} \cdot \text{m}$$

故该截面属于第一类 T 形截面。

③计算 x。
$$x = h_0 - \sqrt{h_0^2 - \dfrac{2M}{\alpha_1 f_c b'_f}} = 360 - \sqrt{360^2 - \dfrac{2 \times 95 \times 10^6}{1.0 \times 11.9 \times 1160}} = 14.14 \text{ mm}$$

④计算 A_s,并验算是否属少筋梁。
$$A_s = \alpha_1 f_c b'_f / f_y = 1.0 \times 11.9 \times 1600 \times 13.94/3600 \text{ mm}^2 = 737 \text{ mm}^2$$
$$0.45 f_t / f_y = 0.45 \times 1.27/360 = 0.16\% < 2\%,取 \rho_{\min} = 0.2\%$$
$$\rho_{\min} bh = 0.20\% \times 200 \times 400 \text{ mm}^2 = 160 \text{ mm}^2 < A_s = 737 \text{ mm}^2$$

故该梁不属少筋梁。

选配 3 ⊕ 18($A_s = 763 \text{mm}^2$),钢筋布置如图 3-21 所示。

5. 双筋截面受弯构件的概念

在截面受拉区和受压区同时按计算配置受力钢筋的受弯构件称为双筋截面受弯构件[图 3-22(a)]。

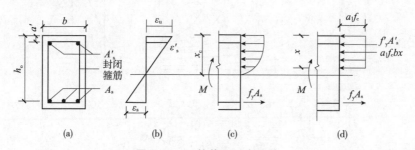

图 3-22 双筋截面受弯构件
(a)截面;(b)应变;(c)实际应力;(d)等效应力

由于受用受压钢筋来承受截面的部分压力是不经济的,因此,除下列情况外一般不宜采用双筋截面梁。

(1)构件所承受的弯矩较大,而截面尺寸受到限制,采用单筋梁无法满足

要求;

(2)构件在不同的荷载组合下,同一截面可能承受变号弯矩作用;

(3)为了提高截面的延性而要求在受压区配置受力钢筋。在截面受压区配置一定数量的受力钢筋,有利于提高截面的延性。

由图 3-22(d)等效应力图形,根据平衡条件,可得双筋矩形截面正截面承载力计算基本公式:

$$\alpha_1 f_c b x + f'_y A'_y = f_y A_s \tag{3-18}$$

$$M = \alpha_1 f_c b x \left(h_0 - \frac{x}{2} \right) + f'_y A'_y (h - a'_s) \tag{3-19}$$

式中:f'_y——钢筋的抗压强度设计值;

A'_s——受压钢筋的截面面积;

a'_s——受压钢筋的合力作用点到截面受压边缘的距离;

A_s——受拉钢筋的截面面积。

其余符号意义同前。

三、斜截面承载力计算

1. 概述

受弯构件除了承受弯矩 M 外,一般同时还承受剪力 V 的作用。在 M 和 V 共同作用的区段,弯矩 M 产生的法向应力 σ 和剪力 V 产生的剪应力 τ 将合成主拉应力 σ_{tp} 和主压应力 σ_{cp},主拉应力 σ_{tp} 和主压应力 σ_{cp} 的轨迹线如图 3-23 所示。

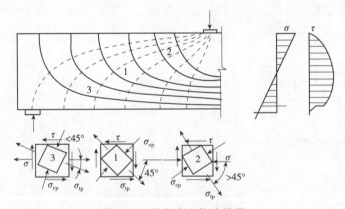

图 3-23 梁主应力轨迹线图

随着荷载的增加,当主拉应力 σ_{tp} 的值超过混凝土复合受力下的抗拉极限强度时,就会在沿主拉应力垂直方向产生斜向裂缝,从而有可能导致构件发生斜截面破坏。为了防止梁发生斜截面破坏,除了梁的截面尺寸应满足一定的要求外,还需在梁中配置与梁轴线垂直的箍筋(必要时还可采用由纵向钢筋弯起而成的弯起钢筋),以承受梁内产生的主拉应力 σ_{tp},箍筋和弯起钢筋统称为腹筋。箍筋和纵向受力钢筋、架立钢筋绑扎(或焊接)成刚性的钢筋骨架,使梁内的各种钢筋在施工时能保持正确的位置,如图 3-24 所示。

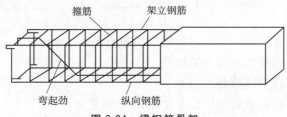

图 3-24 梁钢筋骨架

2. 斜截面破坏的主要形态

首先介绍斜截面计算中要用到的两个参数,剪跨比 λ 和配箍率 ρ_{sv}。

(1)剪跨比 λ

剪跨比 λ 是一个无量纲的参数,其定义是:计算截面的弯矩 M 与剪力 V 和相应截面的有效高度 h_0 乘积的比值,称为广义剪跨比。因为弯矩 M 产生正应力,剪力 V 产生剪应力,故式(3-22)的 λ 实质上反映了计算截面正应力和剪应力的比值关系,即反映了梁的应力状态。

$$\lambda = \frac{M}{Vh_0} \tag{3-20}$$

对于承受集中荷载的简支梁,如图 3-25 所示,集中荷载作用截面的剪跨比 λ 为:

$$\lambda = \frac{M}{Vh_0} = \frac{Pa}{Ph_0} = \frac{a}{h_0} \tag{3-21}$$

$\lambda = a/h_0$ 称为计算剪跨比,a 为集中荷载作用点与支座的距离,称为剪跨。

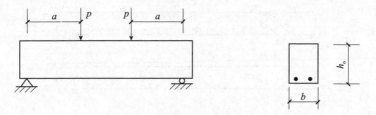

图 3-25 梁剪跨比关系图

对于多个集中荷载作用的梁,为简化计算,不再计算最大集中荷载作用截面的广义剪跨比 M/Vh_0,而直接取该截面到支座的距离作为它的计算剪跨 a,这时的计算剪跨比 $\lambda = a/h_0$ 要低于广义剪跨比,但相差不多,故在计算时均以计算剪跨比进行计算。

(2) 配箍率 ρ_{sv}

箍筋截面面积与对应的混凝土面积的比值,称为配箍率(又称箍筋配筋率)ρ_{sv}。

$$\rho_{sv}=\frac{A_{vs}}{bs} \tag{3-22}$$

式中：A_{sv}——配置在同一截面内的箍筋面积总和,$A_{sv}=nA_{sv1}$；

　　　n——同一截面内箍筋的肢数；

　　　A_{sv1}——单肢箍筋的截面面积；

　　　b——截面宽度,若是 T 形截面,则是梁腹宽度；

　　　s——箍筋沿梁轴线方向的间距。

(3) 斜截面破坏的三种主要形态

1) 斜压破坏

这种破坏多发生在剪力大而弯矩小的区段,即剪跨比 λ 较小($\lambda<1$)时或剪跨比适中但腹筋配置过多即配箍率 ρ_{sv} 较大时,或多发生在腹板宽度较窄的 T 形或 I 形截面。

发生斜压破坏的过程首先是在梁腹部出现若干条平行的斜裂缝,随着荷载的增加,梁腹部被这些斜裂缝分割成若干个斜向短柱,最后这些斜向短柱由于混凝土达到其抗压强度而破坏[图 3-26(a)]。这种破坏的承载力主要取决于混凝土强度及截面尺寸,而破坏时箍筋的应力往往达不到屈服强度,钢筋的强度不能充分发挥,且破坏属于脆性破坏,故在设计中应避免。为了防止出现这种破坏,要求梁的截面尺寸不能太小,箍筋不宜过多。

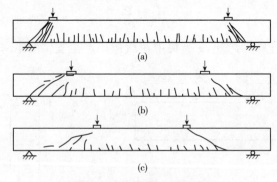

图 3-26 梁斜截面破坏形态

2) 斜拉破坏

这种破坏多发生在剪跨比 λ 较大($\lambda>3$),或腹筋配置过少即配箍率 ρ_{sv} 较小时。

发生斜拉破坏的过程是一旦梁腹部出现斜裂缝,很快就形成临界斜裂缝,与其相交的梁腹筋随即屈服,箍筋对斜裂缝开展的限制已不起作用,导致斜裂缝迅速向梁上方受压区延伸,梁将沿斜裂缝裂成两部分而破坏[图 3-26(c)]。即使不裂成两部分,也将因临界斜裂缝的宽度过大而不能使用。因为斜拉破坏的承载力很低,并且一裂就破坏,故破坏属于脆性破坏。为了防止出现斜拉破坏,要求梁所配置的箍筋数量不能太少,间距不能过大。

3)剪压破坏

这种破坏通常发生在剪跨比 λ 适中 ($\lambda=1\sim3$),梁所配置的腹筋(主要是箍筋)适当,即配箍率合适时。

这种破坏的过程是:随着荷载的增加,截面出现多条斜裂缝,其中一条延伸长度较大,开展宽度较宽的斜裂缝,称为"临界斜裂缝"。到破坏时,与临界斜裂缝相交的箍筋首先达到屈服强度。最后,由于斜裂缝顶端剪压区的混凝土在压应力、剪应力共同作用下达到剪压复合受力时的极限强度而破坏,梁也就失去承载力[图 3-26(b)]。梁发生剪压破坏时,混凝土和箍筋的强度均能得到充分发挥,破坏时的脆性性质不如斜压破坏时明显。为了防止剪压破坏,可通过斜截面抗剪承载力计算,配置适量的箍筋来预防。值得注意的是,为了提高斜截面的延性和充分利用钢筋强度,不宜采用高强度的钢筋作箍筋。

3. 斜截面受剪承载力计算

(1)计算公式

在梁斜截面的各种破坏形态中,可以通过配置一定数量的箍筋(即控制最小配箍率)、限制箍筋的间距来防止斜拉破坏;通过限制截面尺寸(相当于控制最大配箍率)来防止斜压破坏。

对于常见的剪压破坏,因为它们承载能力的变化范围较大,设计时要进行必要的斜截面承载力计算。《混凝土规范》给出的基本计算公式就是根据剪压破坏的受力特征建立的。

《混凝土规范》给出的计算公式采用下列的表达式:

$$V \leqslant V_u = V_{cs} + V_{sb} \tag{3-23}$$

式中:V——构件计算截面的剪力设计值;

V_{cs}——构件斜截面上混凝土和箍筋受剪承载力设计值;

V_{sb}——与斜裂缝相交的弯起钢筋的受剪承载力设计值。

剪跨比 λ 是影响梁斜截面承载力的主要因素之一,但为了简化计算,这个因素在一般计算情况下不予考虑。《混凝土规范》规定仅对承受集中荷载为主(即作用有多种荷载,其中集中荷载对支座截面或节点边缘所产生的剪力值占总剪力值的 75% 以上的情况）的矩形、T 形和 I 形截面的独立梁才考虑剪跨比 λ 的影响。

V_{cs} 为混凝土和箍筋共同承担的受剪承载力，可以表达为：

$$V_{cs} = V_c + V_{sv} \tag{3-24}$$

V_c 可以认为是剪压区混凝土的抗剪承载力；V_{sv} 可以认为是与斜裂缝相交的箍筋的抗剪承载力。《混凝土规范》根据试验资料的分析，对矩形、T 形、I 形截面的一般受弯构件：

$$V_{cs} = 0.7 f_t b h_0 + 1.25 f_{yv} \frac{A_{sv}}{s} h_0 \tag{3-25}$$

对主要承受集中荷载作用为主的矩形、T 形和 I 形截面独立梁：

$$V_{cs} = \frac{1.75}{\lambda + 1} f_t b h_0 + f_{yv} \frac{A_{sv}}{s} h_0 \tag{3-26}$$

式中：f_t——混凝土轴心抗拉强度设计值；

    f_{yv}——箍筋抗拉强度设计值；

    λ——计算截面的剪跨比，$\lambda = a/h_0$，当 $\lambda < 1.5$ 时取 1.5；当 $\lambda > 3$ 时取 3。

需要指出的是，虽然公式（3-25）和（3-26）中抗剪承载力 V_{cs} 表达成剪压区混凝土抗剪能力 V_c 和箍筋的抗剪能力 V_{sv} 时二项相加的形式，但 V_c 和 V_{sv} 之间有一定的联系和影响。即是说，若不配置箍筋的话，则剪压区混凝土的抗剪承载力并不等于式（3-25）或（3-26）中的第一项，而是要低于第一项计算出来的值。这是因为配置了箍筋后，限制了斜裂缝的发展，从而也就提高了混凝土项的抗剪能力。

如梁内配置了弯起钢筋，则其抗剪承载力 V_{sb} 表达式为：

$$V_{sb} = 0.8 f_y A_{sb} \sin \alpha_s \tag{3-27}$$

式中：f_y——弯起钢筋的抗拉强度设计值；

    A_{sb}——弯起钢筋的截面面积；

    α_s——弯起钢筋与梁轴间的角度，一般取 45°，当梁高 $h > 700$mm 时，取 60°；

    0.8——考虑到靠近剪压区的弯起钢筋在破坏时可能达不到抗拉强度设计值的应力不均匀系数。

因此，梁内配有箍筋和弯起钢筋的斜截面抗剪承载力计算公式为：

对于矩形、T 形、I 形截面的一般受弯构件：

$$V \leqslant V_u = 0.7 f_t b h_0 + 1.25 f_{yv} \frac{A_{sv}}{s} h_0 + 0.8 f_y A_{sb} \sin \alpha_s \tag{3-28}$$

对主要承受集中荷载作用为主的独立梁：

$$V \leqslant V_u = \frac{1.75}{\lambda + 1} f_t b h_0 + f_{yv} \frac{A_{sv}}{s} h_0 + 0.8 f_y A_{sb} \sin \alpha_s \tag{3-29}$$

(2) 计算公式的适用范围——上、下限值

1) 上限值——最小截面尺寸及最大配箍率

当配箍率超过一定的数值,即箍筋过多时,箍筋的拉应力达不到屈服强度,梁斜截面抗剪能力主要取决于截面尺寸及混凝土的强度等级,而与配箍率无关。此时,梁将发生斜压破坏。因此,为了防止配箍率过高(即截面尺寸过小),避免斜压破坏,《混凝土规范》规定了上限值。

对矩形、T 形和 I 形截面的受弯构件,其受剪截面需符合下列条件:

当 $\frac{h_w}{b} \leqslant 4$ 时(即一般梁):

$$V \leqslant 0.25\beta_c bh_0 \tag{3-30}$$

当 $\frac{h_w}{b} \geqslant 6$ 时(即薄腹梁):

$$V \leqslant 0.20\beta_c bh_0 \tag{3-31}$$

当 $4 < \frac{h_w}{b} < 6$ 时:

$$V \leqslant \left(0.35 - 0.025\frac{h_w}{b}\right)\beta_c bh_0 \tag{3-32}$$

式中:V——截面最大剪力设计值;

b——矩形截面的宽度,T 形、I 形截面的腹板宽度;

h_w——截面的腹板高度,矩形截面取有效高度 h_0,T 形截面取有效高度减去翼缘高度,I 形截面取腹板净高;

f_c——混凝土轴心抗压强度设计值;

β_c——混凝土强度影响系数。当混凝土强度等级不超过 C50 时,$\beta_c = 1.0$。当混凝土强度等级为 C80 时,$\beta_c = 0.8$;其间按线性内插法确定。

式(3-30)~(3-32)相当于限制了梁截面的最小尺寸及最大配箍率,如果上述条件不满足的话,则应加大截面尺寸或提高混凝土的强度等级。

对于 I 形和 T 形截面的简支受弯构件,当有经验时,公式(3-31)可取为:

$$V < 0.30\beta_c bh_0 \tag{3-33}$$

2) 下限值——最小配箍率 $\rho_{sv,min}$

若箍筋配箍率过小,即箍筋过少,或箍筋的间距过大,一旦出现斜裂缝,箍筋的拉应力会立即达到屈服强度,不能限制斜裂缝的进一步开展,导致截面发生斜拉破坏。因此,为了防止出现斜拉破坏,箍筋的数量不能过少,间距不能太大。为此,《混凝土规范》规定了箍筋配箍率的下限值(即最小配箍率)为:

$$P_{sv,min} = \left(\frac{A_{sv}}{bs}\right)_{min} = 0.24\frac{f_t}{f_{yv}} \tag{3-34}$$

3)按构造配箍筋

对于矩形、T形、I形截面的一般受弯构件：

$$V = \leqslant 0.7 f_t b h_0 \tag{3-35}$$

对主要承受集中荷载作用为主的独立梁：

$$V = \leqslant \frac{1.75}{\lambda+1} f_t b h_0 \tag{3-36}$$

若符合以上条件均可不进行斜截面的受剪承载力计算，而仅需根据《混凝土规范》的有关规定，按最小配箍率及构造要求配置箍筋。

(3)计算位置

在计算受剪承载力时，按下列规定确定计算截面的位置。

1)支座边缘处的截面。这一截面属必须计算的截面，因为支座边缘的剪力值是最大的。

2)受拉区弯起钢筋弯起点的截面。因为此截面的抗剪承载力不包括相应弯起钢筋的抗剪承载力。

3)箍筋直径或间距改变处的截面。在此截面箍筋的抗剪承载力有所变化。

4)截面腹板宽度改变处。在此截面混凝土项的抗剪承载力有所变化。

(4)板类受弯构件

由于板所受到的剪力较小，所以一般不需依靠箍筋来抗剪，因而板的截面高度对不配箍筋的钢筋混凝土板的斜截面受剪承载力的影响就较为显著。因此，对于不配置箍筋和弯起钢筋的一般板类受弯构件，其斜截面受剪承载力应按下列公式计算：

$$V = 0.7\beta_h f_t b h_0 \tag{3-37}$$

$$\beta_h = \left(\frac{800}{h_0}\right)^{1/4} \tag{3-38}$$

式中：β_h——截面高度影响系数，当 $h_0 < 800$mm 时，取 $h_0 = 800$mm；当 $h_0 > 2000$mm 时，取 $h_0 = 2000$mm。

【例题 3-6】

一钢筋混凝土矩形截面简支梁，其支承条件及跨度如图 3-27 所示，在用于梁上的均布恒载标准值（包括自重）为 $g_k = 23$kN/m，均布活载标准值 $q_k = 42$kN/m，梁截面尺寸 $b = 200$mm，$h = 450$mm，按正截面计算已配置 3φ20 纵向受力钢筋，混凝土强度等级为 C30（$f_c = 14.3$N/mm^2，$f_t = 1.43$N/mm^2），箍筋为 HPB300 级钢筋（$f_y = 270$N/mm^2），试确定箍筋的数量。

【解】①内力计算。

支座边缘处的最大剪力设计值

$$V=\frac{1}{2}ql_n=\frac{1}{2}(1.2\times23+1.4\times42)\times3.26=140.8 \text{ kN}$$

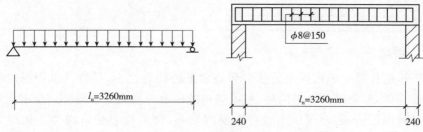

图 3-27 例题 3-6 图

② 验算截面尺寸。

取 $a_s=40$,则 $h_0=450-40=410\text{mm}$,$\frac{h_w}{b}=\frac{410}{200}=2.05<4$

属一般梁。

$0.25\beta_c f_c bh_0=0.25\times1\times14.3\times200\times410=293.15\text{kN}>V=140.8\text{kN}$

截面尺寸满足要求。

$0.7f_t bh_0=0.7\times1.43\times200\times410=82.1\text{kN}<V=146.5\text{kN}$

需要按计算配箍筋。

③ 由抗剪承载力公式(3-25)计算箍筋:

$$V=0.7f_t bh_0+1.25f_{yv}\frac{A_{sv}}{s}h_0$$

$$\frac{A_{sv}}{s}=\frac{V-0.7f_t bh_0}{1.25f_{yv}h_0}=\frac{140.8\times10^3-92.1\times10^3}{1.25\times270\times410}=0.424$$

选用双肢箍($n=2$),$\phi6$,$A_{sv1}=28.3\text{mm}^2$,则

$$\frac{A_{sv}}{s}=\frac{nA_{sv1}}{s}=\frac{2\times28.3}{s}=0.424$$

则 $s=\frac{2\times28.3}{0.424}=133\text{mm}$

箍筋的间距合适,说明所选的箍筋符合要求,取 $s=125\text{mm}$。即箍筋采用 $\phi6@125$。

④ 验算最小配筋率。

配箍率

$$\rho_{sv}=\frac{A_{sv}}{bs}=\frac{2\times28.3}{200\times125}=0.23\%>\rho_{sv,\min}=0.24\frac{f_t}{f_{yv}}=0.24\frac{1.43}{270}=0.127\%$$

满足要求。

第二节　钢筋混凝土结构受压构件

一、受压构件的构造要求

1. 概述

受压构件是工程结构中最基本和最常见的构件之一,是指以承受纵向压力为主的构件,框架结构房屋的柱、桥梁结构的桥墩等均为受压构件。受压构件主要传递轴向压力,若轴向压力通过截面的形心,称为轴心受压构件,[如图 3-28(a)];若轴向压力偏离截面的形心(有偏心距),或者轴向压力虽然通过形心而同时伴有弯矩的作用,称为偏心受压构件。如果轴向压力只在一方向存在偏心,则称为单向偏心受压构件,[如图 3-28(b)];如果轴向压力在两个方向都存在偏心,则称为双向偏心受压构件[如图 3-28(c)]。

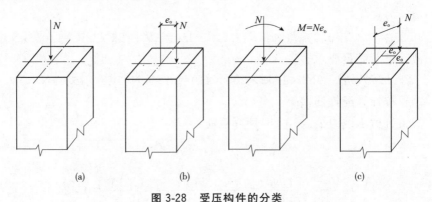

图 3-28　受压构件的分类
(a)轴心受压;(b)单向偏心受压;(c)双向偏心受压

2. 材料的强度等级

受压构件受压面积一般较大,故宜采用强度等级较高的混凝土(一般不低于C20级)。这样,可减小截面尺寸并节约钢材。受压钢筋的级别不宜过高(一般采用 HRB335,HRB400 和 HRBF400 级),这是因为高强钢筋在与混凝土共同受压时,并不能发挥其高强作用。

3. 截面形式和尺寸

为了制作方便,截面一般采用矩形。其中,从受力合理考虑,轴心受压构件和在两个方向偏心距大小接近的双向偏心受压构件宜采用正方形,而单向偏心和主要在一个方向偏心的双向偏心受压构件则宜采用长方形(较大弯矩方向通常为长边)。对于装配式单层厂房的预制柱,当截面尺寸较大时,为减轻自重,也常采用I形截面。当偏心压力和偏心距均很大时,还可采用双肢柱。柱的截面尺寸不宜太小,以免其长细比过大,一般控制在 $l_0/b \leqslant 30$ 或 $l_0/d \leqslant 25$ (b 为矩形截面短边,d 为圆形截面直径)。

为了施工支模方便,截面边长尺寸在 800mm 以内时,以 50mm 为模数;当在 800mm 以上时,以 100mm 为模数。一般不宜小于 250mm×250mm。

4. 纵向钢筋

(1) 受力纵筋的作用

对于轴心受压构件和偏心距较小、截面上不存在拉力的偏心受压构件,纵向受力钢筋主要用来帮助混凝土承压,以减小截面尺寸;另外,也可增加构件的延性以及抵抗偶然因素所产生的拉力。对偏心较大,部分截面上产生拉力的偏心受压构件,截面受拉区的纵向受力钢筋则是用来承受拉力。

(2) 受力纵筋的配筋率

为了具有上述功能,受压构件纵向受力钢筋的截面面积不能太少。除满足计算要求外,还需满足最小配筋率要求。纵向受力钢筋配筋率也不宜过高,以免造成施工困难和不经济。《混凝土规范》规定的受压构件全部受力纵筋的最大配筋率为 5%,常用的配筋率:轴心受压及小偏心受压 0.5%~2%;大偏心受压 1%~2.5%。

(3) 纵筋的布置和间距

为使柱子能有效地抵抗偶然因素或偏心力产生的法向拉力,钢筋应尽可能靠近柱边,但其外周应具有足够厚的混凝土保护层。轴心受压柱的受力纵筋原则上沿截面周边均匀、对称布置,且每角需布置一根。故矩形截面时,钢筋根数不得少于 4 根且为偶数如图 3-29(a) 所示。偏心受压柱的受力纵筋则沿着与弯矩方向垂直的两条边布置[图 3-29(b)]。当为圆形截面时,纵筋宜沿周边均匀布置,根数不宜少于 8 根。为了保证混凝土的浇筑质量,钢筋的净距应不小于 50mm(水平浇筑的预制柱,要求同梁)。为了保证受力钢筋能在截面内正常发挥作用,受力钢筋的间距也不能过大,轴心受压柱中各边的纵向受力筋,以及偏心受压柱中垂直于弯矩作用平面的受力钢筋,其中距不宜大于 300mm(图 3-29)。

(4) 受力纵筋的直径

为了能形成比较刚劲的骨架,并防止受压纵筋的侧向弯曲(外凸),受压构件纵筋的直径宜粗些,但过粗也会造成钢筋加工、运输和绑扎的困难。在柱中,纵筋直径一般为 12~32mm。

(5) 纵向构造钢筋

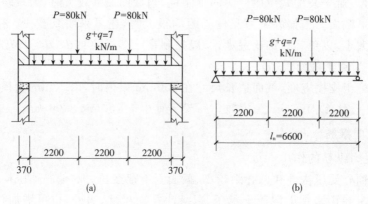

图 3-29 柱受力纵筋的布置
(a)轴心受压柱;(b)偏心受压柱

当偏心受压柱的截面高度不小于 600mm 时,在侧面应设置直径为 10～16mm 的纵向构造钢筋,其间距不宜大于 500mm,并相应的设置拉筋或复合箍筋(图 3-30)。拉筋的直径和间距可与基本箍筋相同,位置与基本箍筋错开。

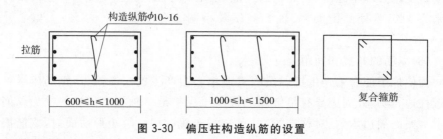

图 3-30 偏压柱构造纵筋的设置

5. 箍筋

(1)箍筋的作用

在受压构件中配置箍筋的目的主要是约束受压纵筋,防止其受压后外凸;当然,某些剪力较大的偏心受压构件也可能需要箍筋来抗剪;另外,箍筋能与纵筋构成骨架;密排箍筋还有约束内部混凝土、提高其强度的作用。

(2)箍筋的形式

一般采用搭接式箍筋(又称普通箍筋),特殊情况下采用焊接圆环式或螺旋式。

当柱截面有内折角时[图 3-31(a)],不可采用带内折角的箍筋[图 3-31(b)]。因为内折角处受拉箍筋的合力向外,会使该处的混凝土保护层崩裂。正确的箍筋形式如图 3-31(c)或图 3-31(d)所示。

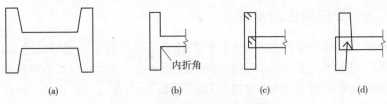

图 3-31 截面有内折角的箍筋
(a)截面有内折角;(b)箍筋错误;(c)、(d)箍筋正确

(3)矩形截面柱的附加箍筋

当柱每边的纵向受力筋多于 3 根(或当短边尺寸 $b \leqslant 400\text{mm}$,纵筋多于 4 根)时,应设置附加箍筋(图 3-32)。附加箍筋仍属普通箍筋。

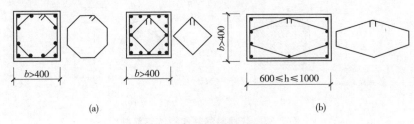

图 3-32 柱的附加箍筋
(a)轴压柱;(b)偏压柱

(4)普通箍筋的直径和间距

箍筋一般采用热轧钢筋,其直径不应小于 6mm,且不应小于 $d/4$,d 为纵向钢筋最大直径。

箍筋的间距 s 不应大于 $15d$,同时也不应大于 400mm 和构件的短边尺寸。在柱内纵筋绑扎搭接长度范围内的箍筋间距应加密至 $5d$ 且不大于 100mm(纵筋受拉时)或 $10d$ 且不大于 200mm(纵筋受压时)。

(5)纵筋高配筋率时对箍筋的要求

当柱中全部纵向受力钢筋配筋率超过 3%时,则箍筋直径不宜小于 8mm,且应焊成封闭圆环。其间距不应大于 $10d$(d 为纵向钢筋的最小直径),且不应大于 200mm。

(6)密排式箍筋(焊接圆环或螺旋环)

当轴心受压柱的轴力很大而截面尺寸受到限制时,可采用此种箍筋来约束内部的混凝土,间接地提高柱的承载力。此时,柱的截面形状宜为圆形或接近圆形的正八边形。环箍(又称间接钢筋)的间距不宜小于 40mm,且不应大于 80mm 及 $0.2d_{cor}$(d_{cor} 为按间接钢筋内表面确定的直径)。直径要求同普通箍筋。

二、轴心受压构件的承载力计算

钢筋混凝土轴心受压构件,依据所配置钢筋形式的不同可分为两类:一类是经常应用的配有纵向钢筋及普通箍筋的柱[图 3-33(a)];另一类是应用较少的配有纵向钢筋及螺旋形箍筋(或焊接环)的柱[图 3-33(b)]。本节仅介绍配有纵向多筋及普通箍筋的轴心受压柱的计算方法。

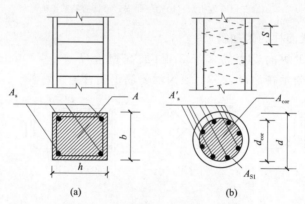

图 3-33 普通箍筋柱和螺旋箍筋柱

1. 轴心受压构件破坏的基本特征

轴心受压构件的破坏与长细比有关,按照长细比 l_0/b 的大小,轴心受压柱可分为短柱和长柱两类。对于方形和矩形柱,当 $l_0/b \leqslant 8$ 时为短柱,当 $l_0/b > 8$ 时为长柱。其中 l_0 指柱的计算长度,b 指矩形截面的短边尺寸。

(1)轴心受压短柱的破坏特征

配有普通箍筋的矩形截面短柱,受到轴向压力 N 的作用,整个截面的应变基本上是均匀分布的。N 较小时,构件的压缩变形主要为弹性变形。随着荷载的增大,构件变形迅速增大。同时,混凝土塑性变形不断增加,弹性模量降低,应力增长逐渐变慢,而钢筋所受的应力增长越来越快。当所配置的钢筋强度不是太高时,钢筋将先达到其屈服强度,此后增加的荷载全部由混凝土来承受。在临近破坏时,柱子表面出现纵向裂缝,混凝土保护层开始剥落,最后,箍筋之间的纵向钢筋压屈而向外凸出,混凝土被压碎崩裂而破坏(图 3-34)。破坏时,混凝土的

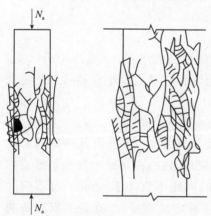

图 3-34 短柱的破坏

应力达到构件抗压强度 f_c。当短柱破坏时,混凝土达到极限压应变 $\varepsilon'_c=0.002$,相应的纵向钢筋应力值 $\sigma'_s=E_s\varepsilon'_c=2\times10^5\times0.002=400\text{N/mm}^2$。因此,当纵筋为高强度钢筋时,构件破坏时纵筋可能达不到屈服强度。设计中对于屈服强度超过 400N/mm^2 的钢筋,其抗压强度设计值 $f'_y=400\text{N/mm}^2$。显然,在受压构件内配置高强度的钢筋不能充分发挥其作用,这是不经济的。

(2) 轴心受压长柱的破坏特征

对于长细比较大的长柱,各种偶然因素造成的初始偏心距对承载力的影响不可忽略,在轴心压力 N 作用下,由初始偏心距将产生附加弯矩,而这个附加弯矩产生的水平挠度又加大了原来的初始偏心距,这样相互影响的结果,加快了构件截面材料破坏速度,导致承载能力下降。破坏时首先在凹边出现纵向裂缝,接着混凝土被压碎,纵向钢筋被压弯向外凸出,侧向挠度急速发展,最终柱子失去平衡并将凸边混凝土拉裂而破坏(图 3-35)。试验表明,柱的长细比愈大,其承载力愈低,对于长细比很大的长柱,还有可能发生"失稳破坏"的现象。

由上述试验可知,在同等条件下(即截面相同、配筋相同、材料相同),长柱承载力低于短柱承载力。在确定轴心受压构件承载力计算公式时,规范采用构件的稳定系数 φ 来表示长柱承载力降低的程度。试验的实测结果表明,稳定系数主要和构件的长细比 l_0/b 有关,长细比 l_0/b 越大 φ 值越小。当 $l_0/b\leqslant 8$ 时,$\varphi=1$,说明承载力的降低可忽略。

稳定系数 φ 可按下式计算:

$$\varphi=\frac{1}{1+0.002(l_0/b-8)^2} \tag{3-39}$$

式中:l_0——柱的计算长度;

b——矩形截面的短边尺寸,圆形截面可取 $b=\sqrt{3}d/2$(d 为截面直径),对任意截面可取 $b=\sqrt{12}i$(i 为截面最小回转半径)

构件的计算长度 l_0 与构件两端支承情况有关,在实际工程中,由于构件支承情况并非完全符合理想条件,应结合具体情况按《混凝土规范》的规定取用。

2. 基本公式

轴心受压构件的承载力由混凝土和钢筋两部分的承载力组成。由于实际工程中多为细长的受压构件,破坏前将发生纵向弯曲,所以需要考虑纵向弯曲对构件截面承载力的影响。其计算公式如下(图 3-36 为其计算图形):

$$N\leqslant 0.9\varphi(f_cA+f'_yA'_s) \tag{3-40}$$

式中:φ——钢筋混凝土轴心受压稳定系数;

f_c——混凝土的轴心抗压强度设计值,当截面长边或直径小于 300mm 时,f_c 按表 3-9 中数值乘以系数 0.8;

A——构件截面面积,当纵向钢筋配筋率大于3%时,式中A改用A_c,$A_c = A - A'_s$;

A'_s——全部纵向钢筋的截面面积。

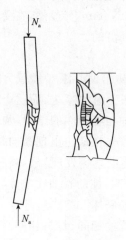

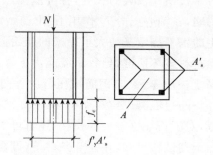

图 3-35　长柱的破坏　　　　图 3-36　轴心受压构件计算图形

表 3-9　混凝土强度设计值(N/mm²)

强度种类	混凝土强度等级													
	C15	C20	C25	C30	C35	C40	C45	C50	C55	C60	C65	C70	C75	C80
f_c	7.2	9.6	11.9	14.3	16.7	19.1	21.1	23.1	25.3	27.5	29.7	31.8	33.8	35.9
f_t	0.91	1.10	1.27	1.43	1.57	1.71	1.80	1.89	1.96	2.04	2.09	2.14	2.18	2.22

3. 截面设计方法

已知构件截面尺寸$b \times h$,轴向力设计值,构件的计算长度,材料强度等级。求纵向钢筋截面面积为A'_s。

计算步骤如图 3-37 所示。

若构件截面尺寸$b \times h$未知,则可先根据构造要求并参照同类工程假定柱截面尺寸$b \times h$,然后按上述步骤计算A'_s。纵向钢筋配筋率宜在 0.5%～2%之间;若配筋率ρ'过大或过小,则应调整b和h,重新计算A'_s。也可先假定φ和ρ'的值(常可假定$\varphi = 1$,$\rho' = 1\%$),计算出构件截面面积,进而得出$b \times h$,计算公式如下:

$$A = \frac{N}{0.9\varphi(f_c + \rho' f'_y)} \tag{3-41}$$

【例题 3-7】

已知某多层现浇钢筋混凝土框架结构,首层中柱按轴心受压构件计算。该

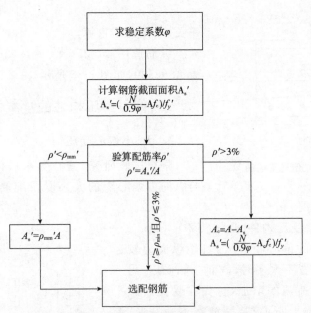

图 3-37 轴心受压构件截面设计步骤

柱安全等级为二级,计算长度 $l_0=5\text{m}$,承受轴向压力设计值 $N=1400\text{kN}$,采用 C30 级混凝土和 HRB335 级钢筋。求该柱截面尺寸及纵向钢筋截面面积。

【解】 查表得 $f_c=14.3\text{N/mm}^2$,$f'_y=300\text{N/mm}^2$,$\gamma_0=1.0$。

初步确定柱的截面尺寸

假设 $\rho'=\dfrac{A_s'}{A}=1\%$,$\varphi=1$ 则

$$A=\dfrac{N}{0.9\varphi(f_c+\rho'f_y')}=\dfrac{1400\times10^3}{0.9\times1\times(14.3+1\%\times300)}=89916.5\ \text{mm}^2$$

选用方形截面,则 $b=h=\sqrt{89916.5}=299.8\ \text{mm}$,取 $b=h=300\text{mm}$。

计算稳定系数 φ

$$\varphi=\dfrac{1}{1+0.002(l_0/b-8)^2}=\dfrac{1}{1+0.002\times\left(\dfrac{5000}{300}-8\right)^2}=0.869$$

求纵筋截面面积

$$A_s'=\dfrac{\dfrac{N}{0.9\varphi}-f_cA}{f_y}=\dfrac{\dfrac{1400\times10^3}{0.9\times0.869}-14.3\times300^2}{300}=1677\ \text{mm}^2$$

验算配筋率

$$\rho'=\dfrac{A_s'}{A}=\dfrac{1677}{300\times300}=1.86\%$$

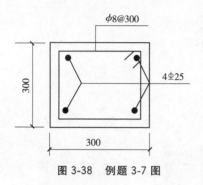

图 3-38 例题 3-7 图

$\rho' > \rho_{\min} = 0.06\%$，且 $\rho' > 3\%$ 满足最小配筋率要求，则无需重算。

纵筋选用 $4 \Phi 25 (A'_s = 1963 \text{mm}^2)$，箍筋配置 $\phi 8@300$，如图 3-38 所示。

三、偏心受压构件的承载力计算

1. 大、小偏心受压

根据试验研究，偏心受压构件的破坏特征与纵向力偏心距的大小以及配筋情况等有关，可分为两种情况。

(1) 大偏心受压构件（受拉破坏）

当纵向力的偏心距较大，且距纵向力较远的一侧钢筋配置不太多时，截面一侧受压，另一侧受拉。随着荷载的增加，首先在受拉区产生横向裂缝；荷载不断增加，裂缝将不断开展，混凝土受压区也逐渐减小。破坏时，受拉钢筋先达到屈服强度，此时混凝土受压区迅速减小而被压碎，受压钢筋也达到屈服强度。其破坏过程类似受弯构件的适筋破坏（图 3-39）这种构件称为大偏心受压构件。

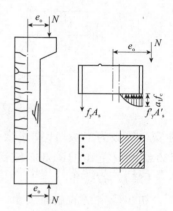

图 3-39 大偏心受压构件破坏形态

(2) 小偏心受压构件（受压破坏）

当纵向力的偏心距较小时，构件截面将大部分或全部受压；或当偏心距虽然较大，但距纵向力较远的一侧钢筋配置较多时，这两种情况的破坏都将是由受压区混凝土被压碎和距纵向力较近一侧的钢筋受压屈服所致，此时构件截面另一侧的混凝土和钢筋的应力都较小，钢筋无论受拉或受压均未达到屈服（图 3-40）。这种构件称为小偏心受压构件。

2. 大小偏心受压构件的界限

在大、小偏心破坏之间，必定有一个界限，此界限时的状态，称为界限破坏。当构件处于界限破坏时，受拉区混凝土开裂，受拉钢筋达到屈服强度，受压区混凝土因达到极限压应变而被压碎，受压钢筋也达到其屈服强度。

界限破坏时截面受压区高度 x_b 与截面有效高度 h_0 的比值 x_b/h_0，称为界限相对受压区高度，以 ξ_b 表示。即

当 $\xi \leqslant \xi_b$ 时，为大偏心受压构件；

当 $\xi > \xi_b$ 时，为小偏心受压构件。

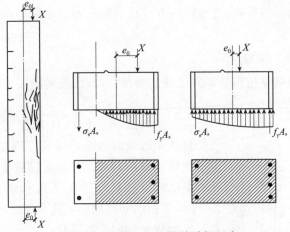

图 3-40 小偏心受压构件破坏形态

第三节 钢筋混凝土结构受扭构件

一、受扭构件的构造要求

1. 概述

当构件承受的作用中含有扭矩时,这种构件被称为受扭构件。工程中的悬臂板式雨篷的梁、折线梁或曲线梁、框架边梁和厂房起重机梁均为受扭构件(图 3-41)。

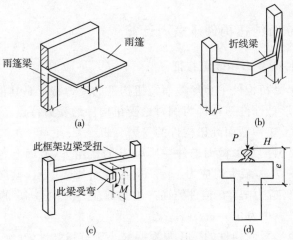

图 3-41 钢筋混凝土受扭构件
(a)雨篷梁;(b)折线梁;(c)框架边梁;(d)起重机梁

按构件上的作用分类,受扭构件有纯扭、剪扭、弯扭和弯剪扭四种,其中以弯剪扭最为常见。

2. 受扭构件的配筋

受扭钢筋包括受扭纵筋和封闭箍筋两部分,其配筋构造要求如下:

(1)受扭纵筋

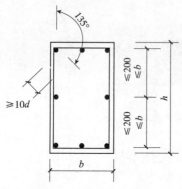

图 3-42 受扭钢筋的布置

受扭纵筋应沿构件截面周边均匀对称布置。矩形截面的四角以及丁形和工字形截面各分块矩形的四角,均必须设置受扭纵筋。受扭纵筋的根数和直径按受扭承载力计算确定,同时,受扭纵筋的间距不应大于 200mm,也不应大于梁截面短边长度(图 3-42)。受扭纵向钢筋的接头和锚固要求均应按受拉钢筋的相应要求考虑。架立筋和梁侧构造纵筋也可利用作为受扭纵筋。

(2)受扭箍筋

在受扭构件中,箍筋在整个周长上均受力,故应做成封闭式,且应沿截面周边布置。这样可保持构件受力后,箍筋不至于被拉开,可以很好地约束纵向钢筋。为了能将箍筋的端部锚固在截面的核心部分,当钢筋骨架采用绑扎骨架时,箍筋末端应做成 135°的弯钩,弯钩端头平直段长度不应小于 $10d$(d 为箍筋直径)。抗扭箍筋还应满足本章第一节对箍筋构造的相关要求。

二、矩形截面纯扭构件承载力计算

1. 受扭构件的受力和破坏特征

钢筋混凝土受扭构件中矩形截面纯扭构件的受力特征是其他复合受力分析的基础,故以矩形截面纯扭构件为例讨论受扭构件的受力特点。

(1)素混凝土矩形截面纯扭构件的受力分析

匀质弹性材料的矩形截面构件在扭矩 T 的作用下,截面上各点只产生剪应力 τ,而没有正应力 σ,最大剪应力 τ_{max} 产生在截面长边中点,截面剪应力分布如图 3-43 所示。剪应力 τ_{max} 在构件侧面产生与剪应力方向呈 45°的主拉应力 σ_{tp} 和主压应力 σ_{cp},其大小为 $\sigma_{tp} = \sigma_{cp} = \tau_{max}$。

素混凝土矩形截面构件的抗压强度明显小于抗压强度,在纯扭矩作用下,当主拉应力 σ_{tp} 值超过混凝土的抗拉强度时,混凝土将在矩形截面的长边中点处,沿垂直于主拉应力的方向出现斜裂缝,构件的裂缝方向与轴线成 45°角。斜裂缝

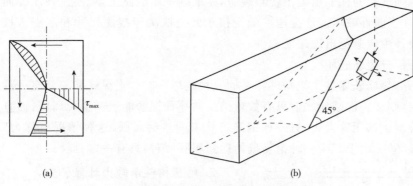

图 3-43 矩形截面纯扭构件横截面上的剪应力分布

出现后,迅速向相邻两边延伸,最后形成三面开裂、一面受压的空间扭曲面(图 3-44),使构件发生没有明显预兆的脆性破坏。

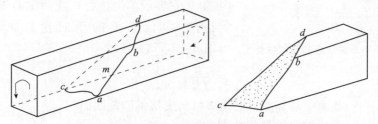

图 3-44 素混凝土纯扭构件破坏的截面形式

(2) 钢筋混凝土纯扭构件的破坏形式

由于素混凝土的抗扭能力很差,一般通过配置钢筋提高承载力,按配筋情况不同,钢筋混凝土纯扭构件的破坏形式大体分为四种。

1) 适筋破坏

钢筋混凝土构件中受扭纵筋和受扭箍筋均配置适量,在外扭矩作用下,构件外表面的混凝土先发生开裂,混凝土卸荷给钢筋,然后纵筋和箍筋发生屈服,裂缝继续发展,最后受压面混凝土被压碎。这种破坏属于延性破坏且有明显征兆。设计时必须设计成适筋构件。

2) 少筋破坏

当受扭箍筋和纵筋配置过少,构件破坏形态与素混凝土构件相似,混凝土开裂后,混凝土卸荷给钢筋,受扭钢筋太少而被拉断,构件随即沿破坏面发生破坏,受扭承载力的大小取决于混凝土的抗拉强度的大小。少筋破坏过程快速、突然且没有征兆,属于脆性破坏。设计中应避免出现少筋构件。

3) 超筋破坏

当受扭纵筋和受扭箍筋的量都配置过量,纵筋与箍筋在构件破坏前都达不到屈服强度。构件上出现扭转斜裂缝,并继续挤压混凝土,混凝土被压碎而突然破坏,属于脆性破坏。这类构件的受扭承载力取决于截面尺寸和混凝土抗压强度。设计中应避免出现超筋构件。

4)部分超筋破坏

部分超筋破坏是受扭构件特有的一种破坏形态。当纵筋和箍筋有一种配置过量时,则在构件破坏之前只有数量偏少的那种钢筋能达到受拉屈服,而直到受压边混凝土被压碎为止,另一种钢筋仍然未能达到屈服,这种情况就称为"部分超筋破坏"。由于其中一种钢筋仍能达到屈服,结构具有一定延性。

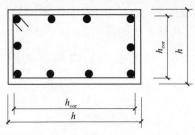

图 3-45 矩形截面受扭构件

2. 纯扭构件承载力计算公式

为了使箍筋和纵筋都能充分发挥作用,两种钢筋的配筋比例应当适当。《混凝土规范》采用纵向钢筋与箍筋的强度比值 ζ 进行控制。它表示单位核心长度的纵向钢筋拉力与构件单位长度的单肢箍筋拉力之比(图 3-45),即:

$$\zeta = \frac{f_y A_{stl} s}{f_{yv} A_{st1} u_{cor}} \tag{3-42}$$

式中:A_{stl}——截面中对称布置的全部纵向受扭钢筋截面面积;

A_{st1}——受扭箍筋的单肢截面面积;

f_y——受扭纵筋的抗拉强度设计值;

f_{yv}——受扭箍筋的抗拉强度设计值;

u_{cor}——截面核芯部分的周长,$u_{cor} = 2(b_{cor} + h_{cor})$;

S——沿构件长度方向的箍筋间距。

为保证纵筋与箍筋同时达到屈服强度,《混凝土规范》规定 ζ 在 0.6 到 1.7 之间取值,为施工方便,设计中通常取 $\zeta = 1.0 \sim 1.2$。

根据试验和理论分析的结果,纯扭构件承载力计算公式可表达:

$$T \leqslant 0.35 f_t W_t + 1.2 \sqrt{\zeta} \frac{f_{yv} A_{stl}}{s} A_{cor} \tag{3-43}$$

式中:T——扭矩设计值;

A_{cor}——截面核芯部分的面积,$A_{cor} = b_{cor} \times h_{cor}$;

ζ——抗扭纵筋与抗扭箍筋的配筋强度比值。

三、矩形截面弯剪扭构件承载力计算

弯剪扭构件上同时承受弯矩、剪力和扭矩三种内力的作用。试验表明,每种内力的存在均会影响构件对其他内力的承载力,这种现象称之为弯剪扭构件三

种承载力之间的相关性。由于弯剪扭三者之间的相关性过于复杂,目前仅考虑剪与扭之间的影响和弯与扭之间的影响。

1. 矩形截面剪扭构件受扭承载力降低系数

剪力的存在会使混凝土构件的受扭承载力降低,降低系数 β_t 可用以下公式计算:

$$\beta_t = \frac{1.5}{1 + 0.5 \frac{VW_t}{Tbh_0}} \tag{3-44}$$

当 $\beta_t \leqslant 0.5$ 时,取 $\beta_t = 0.5$,当 $\beta_t \geqslant 1.0$ 时,取 $\beta_t = 1.0$。

对于以集中荷载为主的矩形截面独立梁,式(3-44)中的 0.5 改为 $0.2(\lambda+1)$,λ 为剪跨比,在 1.5 和 3.0 之间取值。

2. 弯剪扭构件承载力计算公式

在考虑了承载力降低系数 β_t 后,矩形截面弯剪扭构件的承载力应分别按如下公式计算:

(1)受剪承载力计算公式如下:

$$V = V_u = 0.7(1.5 - \beta_t)f_t bh_0 + f_{yv}\frac{A_{sv}}{s}h_0 \tag{3-45}$$

对于集中荷载为主的矩形截面独立梁,式(3-45)中的 0.7 改为 $1.75/(\lambda+1)$,λ 为剪跨比,在 1.5 和 3.0 之间取值。

(2)受扭承载力计算公式如下:

$$T \leqslant T_u = 0.35\beta_t f_t W_t + 1.2\sqrt{\zeta} f_{yv}\frac{A_{stl}A_{cor}}{s} \tag{3-46}$$

(3)由以上公式求得 A_{sv1}/s_v 和 A_{stl}/s_t 后,可叠加得到剪扭构件需要的单肢箍筋总用量:

$$\frac{A_{svtl}}{s} = \frac{A_{sv1}}{s_v} + \frac{A_{stl}}{s_t} \tag{3-47}$$

3. 计算公式的适用范围

(1)上限条件。受扭构件的截面尺寸不能太小,以防止超筋破坏,《混凝土规范》规定受扭构件截面应符合下列条件,否则应增大截面尺寸。

当 $h_w/b \leqslant 4$ 时:

$$\frac{T}{0.8W_t} \leqslant 0.25\beta_c f_c \tag{3-48}$$

当 $h_w/b = 6$ 时:

$$\frac{T}{0.8W_t} \leqslant 0.2\beta_c f_c \tag{3-49}$$

当 $4<h_w/b<6$ 时,采用线性内插法确定。

式中:β_c——混凝土强度影响系数,其取值与斜截面受剪承载力计算相同;

　　　f_c——混凝土抗压强度设计值。

(2)下限条件。为了防止少筋破坏,受扭纵筋和箍筋的配筋率应满足下列要求。

1)受扭纵筋最小配筋率,即:

$$\rho_{tl}=\frac{A_{stl}}{bh}\geqslant \rho_{tl,min}=0.6\sqrt{\frac{T}{Vb}}\frac{f_t}{f_y} \tag{3-50}$$

式中:T——扭矩设计值;

　　　V——剪力设计值,对于纯扭构件,$V=1.0$;

　　　ρ_{tl}——抗扭纵筋配筋率。

在式(3-50)中,当 $\frac{T}{V_b}>2.0$ 时,取 $\frac{T}{V_b}=2.0$。

2)受扭构件最小配箍率,即:

$$\rho_{sv}=\frac{nA_{stl}}{bs}\geqslant 0.28\frac{f_t}{f_{yv}} \tag{3-51}$$

当符合式(3-51)要求时,表明混凝土可抵抗该扭矩,可以不进行受扭承载力计算,仅需按受扭纵筋最小配筋率和受扭箍筋最小配箍率的构造要求来配置抗扭钢筋。

$$T\leqslant 0.7f_tW_t \tag{3-52}$$

第四节　钢筋混凝土构件裂缝及变形验算

一、概述

在钢筋混凝土结构设计中,除需进行承载能力极限状态的计算外,还应进行正常使用极限状态即裂缝宽度和挠度的验算,控制结构的裂缝宽度和挠度。

在使用期间,如果挠度过大,会影响结构的正常使用。如楼盖中梁板挠度过大会造成粉刷开裂、剥落;单层工业厂房中起重机梁的挠度过大,会影响起重机的正常运行;如果裂缝宽度过大会影响观瞻,引起使用者的不安全感;对处于侵蚀性液体和气体环境中的钢筋混凝土结构,易使钢筋发生锈蚀,严重影响结构的适用性和耐久性。

和承载能力极限状态相比,超过正常使用极限状态所造成的后果危害性和严重性往往要小一些轻一些,因此,可以把出现这种极限状态的概率略放宽一些。在进行正常使用极限状态计算中,荷载和材料强度均采用标准值而不是设计值。

二、裂缝宽度的验算

1. 裂缝产生的原因

钢筋混凝土构件产生裂缝的原因很多,可分为两大类:

(1)荷载作用引起的裂缝

钢筋混凝土受扭、轴心受拉、偏心受拉、受弯和偏心受压等受力构件,当其受拉边的应变值超过混凝土的极限拉应变值时,将引起构件开裂从而产生裂缝。

(2)变形因素(非荷载)引起的裂缝

结构的不均匀沉降、材料收缩、温度变化、混凝土碳化以及在混凝土浇筑时的凝结及硬化等原因都会引起裂缝,这是混凝土构件产生裂缝的主要原因。

2. 裂缝开展的过程及主要影响因素

混凝土的抗拉强度很低,当混凝土构件受拉区外边缘抗弯最薄弱的截面达到其极限拉应变时,就会在垂直于拉应力方向形成裂缝,影响混凝土构件的正常使用。混凝土构件中的钢筋有较高的抗拉强度,对阻止混凝土构件裂缝的产生和开展起着重要的作用。其主要影响因素包括以下几个方面:

(1)纵筋的应力。裂缝宽度与钢筋应力近似线性关系。

(2)纵筋配筋率。构件受拉区混凝土截面的纵筋配筋率越大,裂缝宽度就越小;

(3)纵筋直径。当构件内受拉纵筋截面相同时,钢筋直径越细、根数越多,则钢筋表面积越大,黏结作用就越大,裂缝宽度就小;

(4)纵筋形状。纵筋表面有肋纹的钢筋比光面钢筋黏结作用大,裂缝宽度就小;

(5)保护层厚度。保护层厚度保护层越厚,裂缝宽度就越大。

3. 裂缝宽度的验算

在进行结构设计时,应根据不同的使用要求选用裂缝的控制等级,分为三级:

一级——严格要求不出现裂缝的构件;

二级——一般要求不出现裂缝的构件;

三级——允许出现裂缝的构件。

普通钢筋混凝土构件的裂缝控制等级均属于三级,对其裂缝宽度验算时,要求最大裂缝宽度不超过规范规定的限值,即:

$$w_{\max} \leqslant w_{\lim} \tag{3-53}$$

式中:$w_{\max}$——按荷载标准组合并考虑长期作用影响计算的最大裂缝宽度;

$w_{\lim}$——最大裂缝宽度的限值,见表 3-10。

表 3-10　结构构件的裂缝控制等级及最大裂缝宽度限值

环境类别	钢筋混凝土结构		预应力混凝土结构	
	裂缝控制等级	$w_{\lim}$(mm)	裂缝控制等级	$w_{\lim}$(mm)
一	三	0.3(0.4)	三	0.2
二	三	0.2	二	—
三	三	0.2	一	—

注:1. 表中的规定适用于采用热轧钢筋的钢筋混凝土构件和采用预应力钢丝、钢绞线及热处理钢筋的预应力混凝土构件;当采用其他类别的钢丝或钢筋时,其裂缝控制要求可按专门标准确定;

2. 对处于年平均相对湿度小于 60% 地区一类环境下的受弯构件,其最大裂缝宽度限值可采用括号内的数值;

3. 在一类环境下,对钢筋混凝土屋架、托架及需作疲劳验算的起重机梁,其最大裂缝宽度限值应取为 0.2mm;对钢筋混凝土屋面梁和托梁,其最大裂缝宽度限值应取为 0.3mm;

4. 在一类环境下,对预应力混凝土屋面梁、托梁、屋架、托架、屋面板和楼板,应按二级裂缝控制等级进行验算;在一类和二类环境下,对需作疲劳验算的预应力混凝土起重机梁,应按一级裂缝控制等级进行验算;

5. 表中规定的预应力混凝土构件的裂缝控制等级和最大裂缝宽度限值仅适用于正截面的验算;预应力混凝土构件的斜截面裂缝控制验算应符合《混凝土设计规范》第 8 章的要求;

6. 对于烟囱、筒仓和处于液体压力下的结构构件,其裂缝控制要求应符合专门标准的有关规定;

7. 对于处于四、五类环境下的结构构件,其裂缝控制要求应符合专门标准的有关规定;

8. 表中的最大裂缝宽度限值用于验算荷载作用引起的最大裂缝宽度。

根据《混凝土规范》,给出了钢筋混凝土受弯构件最大裂缝宽度的计算公式:

$$w_{\max} = \alpha_{cr} \psi \frac{\sigma_{sq}}{E_s} \left(1.9 c_s + 0.08 \frac{d_{eq}}{\rho_{te}} \right) \tag{3-54}$$

式中:α_{cr}——构件受力特征系数,对于受弯构件,$\alpha_{cr}=1.9$;对于轴心受拉构件,$\alpha_{cr}=2.7$。

由上式可知,可以通过调整钢筋直径、有效配筋率、钢筋保护层厚度等参数来减小裂缝宽度,当 $w_{\max}$ 超过 $w_{\lim}$ 较大时,最有效的措施是施加预应力。

三、受弯构件的挠度验算

在材料力学中,我们已经学习了均质弹性材料受弯构件变形的计算方法。如跨度为 l_0 的简支梁在均布荷载 q 作用下,其跨中挠度为:

$$f_{\max} = \frac{5ql_0^4}{384EI} = \frac{5Ml_0^2}{48EI} = \frac{SMl_0^2}{EI} \tag{3-55}$$

式中：EI ——均质弹性材料梁的截面抗弯刚度，当截面尺寸、材料确定后 EI 是常数；

M ——跨中最大弯矩，均布荷载简支梁 $M=\dfrac{1}{8}ql_0^2$；

S ——与构件支承条件和所受荷载有关的挠度系数，均布荷载简支梁 $S=\dfrac{5}{48}$。

钢筋混凝土受弯构件是非匀质、非弹性的，而且在使用阶段一般都带裂缝工作，因此它不同于匀质弹性材料梁。试验还表明，钢筋混凝土受弯构件在长期荷载作用下，由于徐变的影响，其抗弯刚度还会随时间的增长而降低。为区别于均质弹性材料梁的抗弯刚度 EI，改用符号 B 表示钢筋混凝土受弯构件按荷载效应标准组合并考虑长期作用影响的刚度，并以 B_s 表示在荷载效应标准组合作用下受弯构件的短期刚度。

计算钢筋混凝土受弯构件的挠度，实质上就是计算它的抗弯刚度 B，一旦求出抗弯刚度 B 后，就可以用 B 代替 EI，然后按均质弹性材料梁的变形公式即可算出梁的挠度，所求得的挠度计算值不应超过规范规定的限值。即：

$$f_{\max}=S\dfrac{M_{\max}l_0^2}{B}\leqslant f_{\lim} \tag{3-56}$$

$f_{\lim}$ 规范规定的受弯构件挠度限值，见表 3-11。

表 3-11 受弯构件的挠度限值

构件类型	挠度限值
起重机梁：手动起重机	$l_0/500$
电动起重机	$l_0/600$
屋盖、楼盖及楼梯构件：	
当 $l_0<7$m 时	$l_0/200(l_0/250)$
当 7m$\leqslant l_0<9$m 时	$l_0/250(l_0/300)$
当 $l_0<9$m 时	$l_0/300(l_0/400)$

注：1. 表中 l_0 为构件的计算跨度；
2. 表中括号内的数值适用于使用上对挠度有较高要求的构件；
3. 如果构件制作时预先起拱，且使用上也允许，则在验算挠度时，可将计算所得的挠度值减去起拱值；对预应力混凝土构件，尚可减去预加力所产生的反拱值；
4. 计算悬臂构件的挠度限值时，其计算跨度 l_0 按实际悬臂长度的 2 倍取用。

第四章 预应力混凝土构件

第一节 预应力混凝土概述

一、基本概念

普通钢筋混凝土结构或构件,由于混凝土的抗拉强度及极限拉应变很小(其极限拉应变约为 $0.1\times10^{-3}\sim0.15\times10^{-3}$)。所以在使用荷载作用下,构件一般均带裂缝工作。对使用上不允许开裂的构件,相应的受拉钢筋的应力仅为 $20\sim30\text{N}/\text{mm}^2$ 对于允许开裂的构件,当受拉钢筋应力达到 $250\text{N}/\text{mm}^2$ 时,裂缝宽度已达 $0.2\sim0.3\text{mm}$,因而,普通钢筋混凝土构件不宜用作处在高湿度或侵蚀性环境中的构件,且不能应用高强钢筋。为克服上述缺点,可以设法在结构构件受外荷载作用之前,预先对由外荷载引起的混凝土受拉区施加压力,以此产生的预压应力来减小或抵消外荷载所引起的混凝土拉应力,这种在混凝土构件受荷载以前预先对构件使用时的混凝土受拉区施加压应力的结构称为"预应力混凝土结构"。

现以图 4-1 所示预应力简支梁为例,说明预应力混凝土的基本概念。

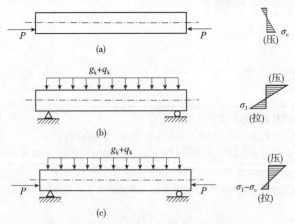

图 4-1 预应力混凝土构件受力分析

在外荷载作用之前,预先在梁的受拉区施加一对大小相等、方向相反的偏心预加力 P,使梁截面下边缘产生预压应力 σ_c,当外荷载(包括自重)作用时,梁跨中截面下边缘将产生拉应力 σ_t,这样,在预加力 P 和外荷载的共同作用下,梁的下边缘拉应力将减至 $\sigma_t - \sigma_c$。如果增大预加力 P,则在外荷载作用下梁的下边缘的拉应力可以很小,甚至变为压应力。

二、预应力混凝土特点

预应力混凝土通过施加预压力,借助其较高的抗压强度来弥补抗拉强度的不足,可推迟和限制构件裂缝的出现与发展,提高了构件的抗裂度、刚度和耐久性。因此,预应力混凝土结构在土木工程中得到了广泛应用,如预应力混凝土空心板、屋面梁、屋架及吊车梁等。同时,预应力混凝土结构也广泛应用于桥梁、水利、海洋及港口等其他工程领域中。

与普通钢筋混凝土结构相比,预应力混凝土结构具有以下优点。

(1)提高构件抗裂度和刚度

对构件施加了预压应力,可避免普通混凝土构件在正常使用情况下出现裂缝或裂缝过宽的现象,改善了结构的使用性能,提高了结构的耐久性。

(2)能充分利用高强材料

预应力混凝土结构在受外荷载作用前预应力钢筋就有一定的拉应力存在,同时混凝土受到较高的预压应力。外荷载作用之后,预应力钢筋应力进一步增加,因而在预应力混凝土构件中高强度钢筋和高强度混凝土都能够被充分利用。

(3)节省材料,减轻构件自重

采用预应力混凝土构件,由于施加了预应力,截面抗裂度提高,因而构件的刚度增大,同时预应力混凝土多采用高强材料,可以大大减小构件截面尺寸,节省钢材和混凝土用量,减轻结构自重,对大跨度结构有显著的优越性。

(4)提高构件的抗剪能力

纵向预应力钢筋对混凝土有着锚栓的作用,阻碍了构件斜裂缝的出现与开展。此外,由于预应力混凝土梁中曲线钢筋合力的竖向分力将部分抵消剪力,因而提高了构件的抗剪能力。

(5)提高构件的抗疲劳性能

在预应力混凝土结构中,由于纵向受力钢筋事先已被张拉,在重复荷载作用下,其应力值的变化幅度较小,因而提高了构件的抗疲劳性能,对承受动荷载的结构较有利。

(6)增强构件或结构的跨越能力

由于预应力混凝土有自重轻、强度大等特点,可以大大提高构件或结构的跨越幅度,扩大房屋的使用净空。

尽管预应力混凝土结构具有显著的优点,在施工过程中还需要克服一些困难,如:预应力混凝土设计计算较复杂,施工工艺繁琐、技术要求高等缺点。随着预应力技术的发展,正在不断克服以上缺点。比如:近十几年发展起来的无黏结预应力技术,克服了有黏结预应力施工慢、须压力灌浆的缺点并得到了广泛的应用。

三、材料与设备

1. 预应力混凝土构件对材料的要求

预应力钢筋在张拉时受到很高的拉应力,在使用荷载作用下,钢筋的拉应力会继续提高,同时,混凝土也会受到高压应力的作用。因此,预应力混凝土构件对混凝土和钢筋材料的性能要求要高于普通混凝土。

(1)混凝土

①强度高。高强度混凝土与高强度钢筋配合使用可以有效地减小构件的截面尺寸,减轻结构自重,从而获得较高的有效预压应力,提高构件的抗裂能力。《混凝土规范》规定,预应力混凝土结构的混凝土的强度等级不宜低于C40,且不应低于C30。

②收缩、徐变小。收缩、徐变会引起预应力损失,使用收缩、徐变小的混凝土可以保证预应力趋于稳定。

③快硬、早强。混凝土强度达到设计要求时才能施加预应力,使用早强混凝土可加快台座、锚具、夹具的周转率,加快施工进度。

(2)钢筋

①强度高。张拉应力较大,才能在构件中建立起较高的预压应力,使预应力混凝土构件的抗裂能力得以提高。因此,《混凝土规范》规定,预应力筋宜采用强度较高的预应力钢丝、钢绞线和预应力螺纹钢筋。

②有一定的塑性。高强度钢筋的塑性性能一般较低,为了避免预应力混凝土构件发生脆性破坏,要求预应力钢筋在拉断前应具有一定的伸长率,特别是处于低温环境和受冲击荷载作用的构件,更应注意对钢筋塑性性能和抗冲击韧性的要求。《混凝土规范》规定,各类预应力钢筋在最大拉力下的总伸长率不得大于3.5%。

③具有良好的加工性能。预应力钢筋应具有良好的可焊性,焊结后不开裂,不产生大的变形。同时,要求预应力钢筋经"镦粗"后不影响其原有的物理力学性能。

④与混凝土之间有较好的黏结性。先张法构件的预应力主要依靠钢筋与混

凝土之间的黏结作用来传递,因此,必须保证预应力钢筋与混凝土之间有足够的黏结强度。当采用光面钢丝时,应在其表面进行"刻痕"处理,以增加黏结力。

2. 机具设备

预应力混凝土生产中所使用的机具设备种类较多,主要有张拉设备、预应力筋(丝)镦粗设备、刻痕及压波设备、冷拉设备、对焊设备、灌浆设备及测力设备等。现将张拉设备、制孔器、压浆机等设备简要介绍如下。

(1)张拉设备

张拉设备是制作预应力混凝土构件时,对预应力筋施加张拉力的专用设备。常用的有各类液压拉伸机(由千斤顶、油泵、连接油管三部分组成)及电动或手动张拉机等。液压千斤顶按其作用可分为单作用、双作用和三作用三种类型,按其构造特点则可分为台座式、拉杆式、穿心式和锥锚式四种类型。按后者构造特点分类,有利于产品系列化和选择应用,并配合锚夹具组成相应的张拉体系。与夹片锚具配套的张拉设备是一种大直径的穿心单作用千斤顶(图4-2),其他各种锚具也都有各自适用的张拉千斤顶。

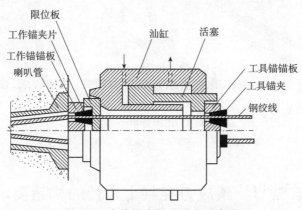

图 4-2 夹片锚张拉千斤顶示意图

(2)制孔器

预制后张法构件时,需预先留好待混凝土硬结后筋束穿入的孔道。构件预留孔道所用的制孔器主要有两种:抽拔橡胶管与螺旋金属波纹管。

①抽拔橡胶管。在钢丝网胶管内预先穿入芯棒,再将胶管连同芯棒一起放入模板内,待浇筑混凝土达到一定强度后,抽去芯棒,再拔出胶管,则形成预留孔道。

②螺旋金属波纹管。在浇筑混凝土前,将波纹管绑扎于与箍筋焊连的钢筋托架上,再浇筑混凝土,结硬后即可形成穿束用的孔道。使用波纹管制孔的穿束方法,有先穿法与后穿法两种。

(3)灌孔水泥浆及压浆机

①在后张法预应力混凝土结构中,为了保证预应力钢筋与构件混凝土结合成为一个整体,一般在钢筋张拉完毕之后,即需向预留孔道内压注水泥浆。

②压浆机是孔道灌浆的主要设备。它主要由灰浆搅拌桶、贮浆桶和压送灰浆的灰浆泵以及供水系统组成。

3. 锚具与夹具

为了阻止被张拉的钢筋发生回缩,必须将钢筋端部进行锚固。锚固预应力钢筋和钢丝的工具分为夹具和锚具两种类型。在构件制作完成后能重复使用的,称为夹具;永久锚固在构件端部,与构件一起承受荷载,不能重复使用的,称为锚具。

锚、夹具的种类很多,图 4-3 所示为几种常用锚、夹具。其中,图 4-3(a)为锚固钢丝用的套筒式夹具,图 4-3(b)为锚固粗钢筋用的螺丝端杆锚具,图 4-3(c)为锚固直径 12mm 的钢筋或钢筋绞线束的 JM12 夹片式锚具。

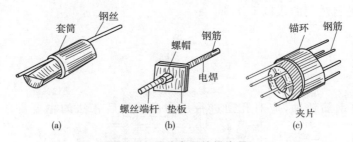

图 4-3 几种常用的锚夹具
(a)套筒式夹具;(b)螺丝端杆锚具;(c)JM12 夹片式锚具

第二节 预应力混凝土构件的构造要求

一、施加预应力的方法

预应力的建立方法有多种,目前最常用、简便的方法是通过张拉配置在结构构件内的纵向受力钢筋并使其产生回缩,达到对构件施加预应力的目的。按照张拉钢筋与浇捣混凝土的先后次序,可将建立预应力的方法分为先张法和后张法两种。

1. 先张法

首先,设置台座(或钢模),使预应力钢筋穿过台座(或钢模),张拉并锚固。然后支模和浇捣混凝土,待混凝土达到一定的强度后放松和剪断钢筋。钢筋放松后将产生弹性回缩,但钢筋与混凝土之间的黏结力阻止其回缩,因而对构件产生预压应力。先张法的主要工序如图 4-4 所示。

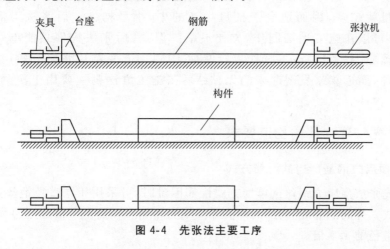

图 4-4 先张法主要工序

2. 后张法

首先,在制作构件时预留孔道,待混凝土达到一定强度后在孔道内穿过钢筋,并按照设计要求张拉钢筋。然后用锚具在构件端部将钢筋锚固,阻止钢筋回缩,从而对构件施加预应力。为了使预应力钢筋与混凝土牢固结合并共同工作,防止预应力钢筋锈蚀,应对孔道进行压力灌浆。后张法的主要工序如图 4-5 所示。

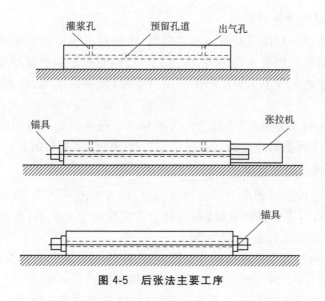

图 4-5 后张法主要工序

两种方法比较而言,先张法的生产工序少,工艺简单,质量容易保证。同时,先张法不用工作锚具,生产成本较低,台座越长,一条生产线上生产的构件数量就越多,因而适合于批量生产的中、小型构件。后张法不需要台座,构件可以在施工现场制作,方便灵活。但是,后张法构件只能单一逐个地施加预应力,工序较多,操作也较麻烦。所以,有黏结后张法一般用于大、中型构件,而近年来发展起来的无黏结后张施工方法则主要用于次梁、板等中、小型构件。

二、先张法构件的构造要求

1. 预应力钢筋(丝)的配筋方式

当先张法预应力钢丝按单根方式配筋困难时,可采用相同直径钢丝并筋的配筋方式。并筋的等效直径,对双并筋应取为单筋直径的 1.4 倍,对三并筋应取为单筋直径的 1.7 倍。

当预应力钢绞线、热处理钢筋采用并筋方式时,应有可靠的构造措施。

2. 预应力钢筋(丝)的净间距

先张法预应力钢筋之间的净间距应根据浇筑混凝土、施加预应力及钢筋锚固等要求确定。预应力钢筋之间的净间距不应小于其直径(或等效直径)的 1.5 倍,且应符合下列规定:对热处理钢筋及钢丝,不应小于 15mm;对三股钢绞线,不应小于 20mm;对七股钢绞线,不应小于 25mm。

3. 预应力钢筋的保护层

为保证钢筋与周围混凝土的黏结锚固,防止放松预应力钢筋时在构件端部沿预应力钢筋周围出现纵向裂缝,必须有一定的混凝土保护层厚度。纵向受力的预应力钢筋的混凝土保护层厚度取值可参考《混凝土规范》的规定,且不应小于 15mm。

对有防火要求在海水环境、受人为或自然的侵蚀性物质影响的环境中的建筑物,其混凝土保护层厚度尚应符合国家现行有关标准的要求。

4. 构件端部的加强措施

(1)对单根配置的预应力钢筋,其端部宜设置长度不小于 150mm 且不少于 4 圈的螺旋筋;当有可靠经验时,亦可利用支座垫板上的插筋,但插筋数量不应少于 4 根,其长度不宜小于 120mm。

(2)对分散布置的多根预应力钢筋,在构件端部 $10d$(d 为预应力钢筋直径)范围内应设置 3~5 片与预应力钢筋垂直的钢筋网。

(3)当构件端部与下部支承结构焊接时,应考虑混凝土收缩、徐变及温度变化所产生的不利影响,宜在构件端部可能产生裂缝的部位设置足够的非预应力纵向构造钢筋。

三、后张法构件的构造要求

1. 预留孔道

后张法预应力钢丝束、钢绞线束的预留孔道应符合下列规定：

(1) 对预制构件,孔道之间的水平净间距不宜小于 50mm；孔道至构件边缘的净间距不宜小于 30mm,且不宜小于孔道直径的 1/2。

(2) 预留孔道的内径应比预应力钢丝束或钢绞线束外径及需穿过孔道的连接器外径大 10~15mm。

(3) 在构件两端及中部应设置灌浆孔或排气孔,灌浆孔或排气孔孔距不宜大于 12m。

(4) 凡制作时需要预先起拱的构件,预留孔道宜随构件同时起拱。

(5) 灌浆用的水泥浆宜采用不低于 32.5 级普通硅酸盐水泥配置的水泥浆,水泥浆应有足够的强度。较好的流动性、干缩性和泌水性；灌浆顺序宜先灌注下层孔道,再灌注上层孔道；对较大的孔道或预埋管孔道,宜采用二次灌浆法。

要求预留孔道位置应正确,孔道平顺,接头不漏浆,端部预埋钢板应垂直于孔道中心线等。

2. 构件端部的加强措施

(1) 构件端部尺寸应考虑锚具和布置、张拉设备的尺寸和局部受压的要求,必要时应适当加大。

(2) 构件端部锚固区,应按本章第四节的相关规定进行局部受压承载力计算,并配置间接钢筋。

(3) 在预应力钢筋锚具下及张拉设备的支承处,应设置预埋钢垫板并按上述规定设置间接钢筋和附加构造钢筋。

(4) 当构件在端部有局部凹进时,应增设折线构造钢筋或其他有效的构造钢筋,如图 4-6 所示。当有足够依据时,亦可采用其他的端部附加钢筋的配置方法。

(5) 对外露金属锚具,应采取涂刷油漆、砂浆封闭等可靠的防锈措施。

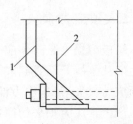

图 4-6 端部凹进处的构造钢筋
1-折线构造钢筋；2-竖向构造钢筋

第三节 张拉控制应力与预应力损失

一、张拉控制应力

张拉控制应力是指张拉预应力钢筋时所应达到的规定的应力数值,以 σ_{con} 表示。从充分发挥预应力特点的角度出发,张拉控制应力应定得高一些,以使混凝土获得较高的预压应力,从而提高构件的抗裂度,减小挠度。但若将张拉控制应力定得过高,将使构件的开裂弯矩和极限弯矩接近,构件破坏时变形小,延性差,没有明显的预兆;另外在施工阶段会引起构件某些部位受到过大的预拉力以致开裂;再者,若 σ_{con} 太高,因钢筋质量不一定每根都相同,个别钢筋可能因超过其屈服强度而产生塑性变形,混凝土的预压力反而减小。因此,对预应力钢筋的张拉应力必须控制适当。张拉控制应力的大小与钢种和施工方法有关,规范规定,预应力钢筋的张拉控制应力 σ_{con} 不宜超过表 4-1 规定的数值,且不应小于 $0.4f_{ptk}$ (f_{ptk} 为预应力钢筋强度标准值)。

表 4-1 张拉控制应力限值

钢 筋 种 类	张拉方法	
	先张法	后张法
消除应力钢丝、钢绞线	$0.75f_{ptk}$	$0.75f_{ptk}$
热处理钢筋	$0.7f_{ptk}$	$0.65f_{ptk}$

注:下列情况表 4-1 中的张拉控制应力限值可提高 $0.05f_{ptk}$:
1. 要求提高构件在施工阶段的抗裂性能而在使用阶段受压区内设置预应力钢筋;
2. 要求部分抵消由于应力松弛、摩擦,钢筋分批张拉以及预应力钢筋与张拉台座之间的温差等因素产生的预应力损失。

二、预应力损失

预应力损失是指预应力钢筋张拉后,由于材料特性、张拉工艺等原因,使预应力值从张拉开始直到安装使用各个过程中不断产生的降低。故而,正确地认识预应力损失,是预应力混凝土结构设计、施工成败的重要影响因素。

产生预应力损失的原因如下所述:

(1)张拉端锚具变形和钢筋内缩引起的损失 σ_{l1}

预应力钢筋经张拉后,便锚固在台座或构件上,由于锚具、垫板和构件之间的缝隙被压紧,以及预应力钢筋在锚具中滑动产生回缩,从而造成预应力钢筋拉应变减小,造成张拉端锚具变形和钢筋内缩引起的预应力损失。

(2) 摩擦损失 σ_{l2}

采用后张法张拉预应力钢筋时,由于钢筋与孔道壁之间产生摩擦力,因此预应力值将随距张拉端距离的增加而减小,造成预应力钢筋与孔道壁之间的摩擦引起的预应力损失。

(3) 温差损失 σ_{l3}

对于采用先张法施工的预应力混凝土构件,当进行蒸汽养护时,因台座与地面相连,温度较低,而张拉后的预应力钢筋则受热膨胀,在混凝土硬结前,造成混凝土加热养护时,预应力钢筋与台座之间温差引起的预应力损失。

(4) 应力松弛损失 σ_{l4}

钢筋在高应力状态下,即使其长度保持不变,其应力亦会随时间的增长而不断降低,这种现象称为钢筋的应力松弛,钢筋的应力松弛会引起预应力损失。

(5) 收缩和徐变损失 σ_{l5}

混凝土在硬结时会发生体积的收缩,同时在预压力作用下,混凝土又会产生沿压力方向的徐变。混凝土的收缩、徐变都会使构件的长度缩短,则预应力钢筋也随之回缩,造成混凝土的收缩、徐变引起的预应力损失。

(6) 环形配筋损失 σ_{l6}

在圆筒形预应力混凝土构件中(如水池、水管、筒仓),采用螺旋形预应力钢筋,由于预应力钢筋对混凝土的挤压(图4-7),使环形构件的直径减小,造成环形构件采用螺旋预应力钢筋时所引起的预应力损失。

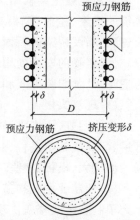

图 4-7 环形配筋预应力构件

第五章　钢筋混凝土楼盖

第一节　钢筋混凝土楼盖概述

钢筋混凝土梁板结构是土木工程中常用的结构。它广泛应用于工业与民用建筑的楼盖、屋盖、筏板基础、阳台、雨篷、楼梯等，还可应用于蓄液池的底板、顶板、挡土墙及桥梁的桥面结构。钢筋混凝土屋盖、楼盖是建筑结构的重要组成部分，对建筑物的安全使用和经济性有重要的意义。混凝土楼盖按施工方法可分为现浇式、预制装配式和装配整体式三种。

(1) 现浇式楼盖

整体性好、刚度大、防水性好和抗震性强，并能适应于房间的平面形状、设备管道、荷载或施工条件比较特殊的情况。但受施工方法所限，现浇式楼盖还有现场劳动量大，模板消耗多、工期长、施工受季节的限制等缺点。

(2) 预制装配式楼盖

预制装配式楼盖由现浇（或预制）梁和预制板结合而成，其中，楼板采用预制构件在现场安装连接而成，便于工业化生产，具有施工进度快、工人劳动强度小等优点，在多层民用建筑和多层工业厂房中得到广泛应用。但是，这种楼面由于整体性、防水性和抗震性较差，不便于开设孔洞，故不适用于高层建筑、有抗震设防要求的建筑以及使用上有防水和开设孔洞要求的楼面。

(3) 装配整体式楼盖

装配整体式楼盖则兼具现浇式和装配式楼盖的优点，其整体性比装配式好，又比现浇式的节省模板和支撑。但这种楼盖需要二次浇筑混凝土，有时还须增加焊接工作量，故对施工进度和造价都带来不利影响。因此，这种楼盖仅适用于荷载较大的多层工业厂房、高层民用建筑及有抗震设防要求的建筑。

现浇混凝土楼盖主要有单向板肋梁楼盖、双向板肋梁楼盖、井字楼盖、无梁楼盖等四种形式（如图 5-1）。

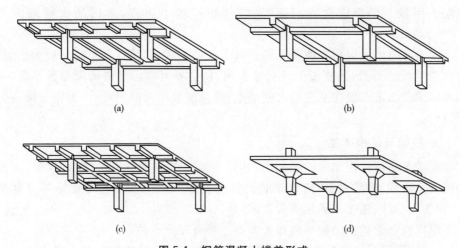

图 5-1 钢筋混凝土楼盖形式
(a)单向板肋梁楼盖;(b)双向板肋梁楼盖;(c)井字楼盖;(d)无梁楼盖

第二节 单向板肋形楼盖

一、结构平面布置

平面楼盖结构布置的主要任务是要合理地确定柱网和梁格,它通常是在建筑设计初步方案提出的柱网和承重墙布置基础上进行的。

1. 柱网布置

柱网布置应与梁格布置统一考虑。柱网尺寸(即梁的跨度)过大,梁的截面过大而增加了材料用量和工程造价;反之柱网尺寸过小,会使柱和基础的数量增多,也会使造价增加,并将影响房屋的使用。因此,柱网布置应综合考虑房屋的使用要求和梁的合理跨度。通常次梁的跨度取 4~6m,主梁的跨度取 5~8m 为宜。

2. 梁格布置

梁格布置除需确定梁的跨度外,还应考虑主、次梁间的方向和次梁的间距,并与柱网布置相协调。

主梁可沿房屋横向布置,它与柱构成横向刚度较强的框架体系,但因次梁平行侧窗,而使顶棚上形成次梁的阴影;主梁也可沿房屋纵向布置,它便于通风等管道的通过,并且因次梁垂直侧窗而使顶棚明亮,但横向刚度较差。次梁间距(即板的跨度)增大,可使次梁数量减少,但会增大板厚而增加整个楼盖的混凝土用量。在确定次梁间距时,应使板厚较小为宜,常用的次梁间距为 1.7～2.7m。

在主梁跨度内以布置两根及两根以上次梁为宜,以使其弯矩变化较为平缓,有利于主梁的受力;当楼板上开有较大洞口,必要时应沿洞口周围布置小梁;主梁和次梁应力求布置在承重的窗间墙上,避免搁置在门窗洞口上,否则过梁应另行设计。

3. 柱网与梁格布置

在满足房屋使用要求的基础上,柱网与梁格的布置应力求简单、规整,以使结构受力合理、节约材料、降低造价。同时板厚和梁的截面尺寸也应尽可能统一,以便于设计、施工及满足美观要求。

单向板肋梁楼盖结构平面布置方案主要有以下三种:

(1)主梁沿横向布置,次梁沿纵向布置[图 5-2(a)]该方案的优点是主梁和柱可形成横向框架,横向抗侧移刚度大,各榀横向框架由纵向次梁相连,房屋整体性好。

(2)主梁纵向布置,次梁横向布置[图 5-2(b)]这种布置适用于横向柱距比纵向柱距大得多的情况。它的优点是减小了主梁的截面高度,可增加室内净高。

(3)只布置次梁,不设置主梁[图 5-2(c)]此方案适用于有中间走道的砌体墙承重混合结构房屋。

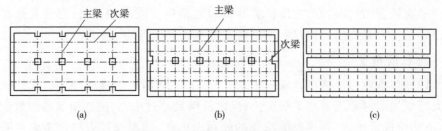

图 5-2 单向板肋梁楼盖结构布置
(a)主梁沿横向布置;(b)主梁沿纵向布置;(c)不设主梁

二、计算简图

单向板肋梁楼盖的板、次梁、主梁和柱均整体浇筑在一起,形成一个复杂体系,但由于板的刚度很小,次梁的刚度又比主梁的刚度小很多,因此可以将板看作被简单支承在次梁上的结构部分,将次梁又看作被简单支承在主梁上的结构部分,则整个楼盖体系即可以分解为板、次梁和主梁几类构件单独进行计算。作用在板面上的荷载传递路线则为:荷载→板→次梁→主梁→柱或墙,板和主次梁可视为多跨连续梁(板),其计算简图应表示出梁(板)的跨数、计算跨度、支座的特点以及荷载的形式、位置及大小等。

1. 支座特点

在肋梁楼盖中,当板或梁支承在砖墙(或砖柱)上时,由于其嵌固作用较小,可假定为铰支座,其嵌固的影响可在构造设计中加以考虑。

当板的支座是次梁,次梁的支座是主梁,则次梁对板、主梁对次梁都将有一定的嵌固作用,为简化计算通常亦假定为铰支座,由此引起的误差将在内力计算时加以调整。

若主梁的支座是柱,其计算简图应根据梁柱抗弯刚度比而定,如果梁的抗弯刚度比柱的抗弯刚度大很多时(通常认为主梁与柱的线刚度比大于 3~4),可将主梁视为铰支于柱上的连续梁进行计算,否则应按框架梁设计。

2. 计算跨数

连续梁任何一个截面的内力值与其跨数、各跨跨度、刚度以及荷载等因素有关,但对某一跨来说,相隔两跨以上的上述因素对该跨内力的影响很小。因此,为了简化计算,对于跨数多于五跨的等跨度(或跨度相差不超过 10%)、等刚度、等荷载的连续梁(板),可近似地按五跨计算。从图 5-3 中可知,实际结构 1、2、3 跨的内力按五跨连续梁(板)计算简图采用,其余中间各跨(第 4 跨)内力均按五跨连续梁(板)的第 3 跨采用。这种简化,在工程上已具有足够的精度,因而被广为应用。

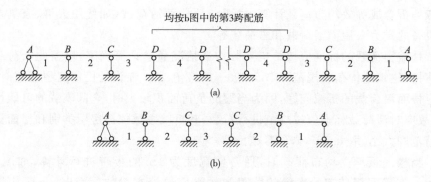

图 5-3 连续梁(板)计算简图

3. 计算跨度

梁、板的计算跨度是指在内力计算时所应采用的跨间长度,其值与支座反力分布有关,即与构件本身刚度和支承条件有关。在设计中,梁、板的计算跨度 l_0 一般按表 5-1 的规定取用。

表 5-1 梁和板的计算跨度 l_0

跨数	支座情形		计算跨度 l_0	
			板	梁
单跨	两端简支		$l_0 = l_n + h$	
	一端简支,一端与梁整体连接		$l_0 = l_n + h$	$l_0 = l_n + a \leqslant 1.05 l_n$
	两端与梁整体连接		$l_0 = l_n$	
多跨	两端简支		当 $a \leqslant 0.1 l_c$ 时,$l_0 = l_c$ 当 $a > 0.1 l_c$ 时,$l_0 = 1.1 l_n$	当 $a \leqslant 0.05 l_c$ 时,$l_0 = l_c$ 当 $a > 0.05 l_0$ 时,$l_0 = 1.05 l_n$
	一端嵌入墙内另端与梁整体连接	按塑性计算	$l_0 = l_n + 0.5h$	$l_0 = l_n + 0.5a$
		按弹性计算	$l_0 = l_n + (h + a')/2$	$l_0 = l_c \leqslant 1.025 l_n + 0.5a$
	两端均与梁整体连接	按塑性计算	$l_0 = l_n$	$l_0 = l_n$
		按弹性计算	$l_0 = l_c$	$l_0 = l_c$

注:l_n-支座间净距;l_c-支座中心间的距离;h-板的厚度;a-边支座宽度;a'-中间支座宽度;l_0-计算跨度。

4. 荷载取值

楼盖上的荷载有恒荷载和活荷载两种。恒荷载一般为均布荷载,它主要包括结构自重、各构造层自重、永久设备自重等。活荷载的分布通常是不规则的,一般均折合成等效均布荷载计算,主要包括楼面活荷载(如使用人群、家具及一般设备的重力)、屋面活荷载和雪荷载等。

楼盖恒荷载的标准值按结构实际构造情况通过计算确定,楼盖的活荷载标准值按《建筑结构荷载规范》GB 50009—2012 确定。在设计民用房屋楼盖时,应注意楼面活荷载的折减问题,因为当梁的负荷面积较大时,全部满载的可能性较小,故应对活荷载标准值按规范进行折减,其折减系数依据房屋类别和楼面梁的负荷范围大小,取 0.55~1.0 不等。

当楼面板承受均布荷载时,通常取宽度为 1m 的板带进行计算,如图 5-3 所示。在确定板传递给次梁的荷载和次梁传递给主梁的荷载时,一般均忽略结构的连续性而按简单支承进行计算。所以,对次梁取相邻板跨中线所分割出来的面积作为它的受荷面积;次梁所承受荷载为次梁自重及其受荷面积上板传来的荷载;对于主梁,则承受主梁自重以及由次梁传来的集中荷载,但由于主梁自重与次梁传来的荷载相比较一般较小,故为了简化计算,一般可将主梁的均布自重荷载折算为若干集中荷载一并计算。板、次梁、主梁的计算简图如图 5-4 所示。

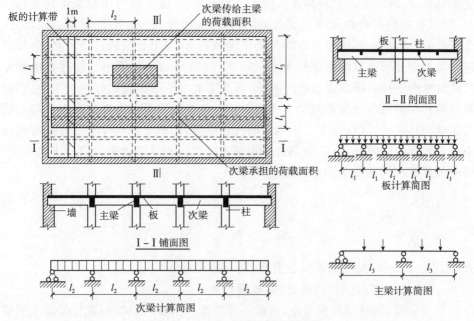

图 5-4 单向板肋梁楼盖计算简图

如前所述,在计算梁(板)内力时,假设梁板的支座为铰接,这对于等跨连续板(或梁),当活荷载沿各跨均为满布时是可行的,因为此时板(或梁)在中间支座发生的转角很小,按简支计算与实际情况相差甚微。但是,当活荷载 q 隔跨布置时情况则不同。现以图 5-5 所示支承在次梁上的连续板为例予以说明,当按铰

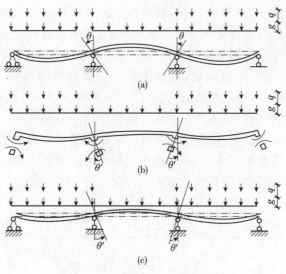

图 5-5 连续梁(板)的折算荷载

支座计算时,板绕支座的转角 θ 值较大。而实际上,由于板与次梁整体现浇在一起,当板受荷载弯曲在支座发生转动时,将带动次梁(支座)一同转动。同时,次梁因具有一定的抗扭刚度且两端又受主梁的约束,将阻止板的自由转动,最终只能产生两者变形协调的约束转角 θ',如图5-5(b)所示。其值小于前述自由转角 θ,转角减小使板的跨中弯矩有所降低,而支座负弯矩则相应的有所增加,但不会超过两相邻跨布满活荷载时的支座负弯矩。类似的情况也会发生在次梁与主梁及主梁与柱之间,这种由于支承构件的抗扭刚度,使被支承构件跨中弯矩有所减小的有利影响,在设计中一般通过采用增大恒荷载和减小活荷载的办法来考虑,即将恒荷载和活荷载分别调整为 g' 和 q'。

对于板: $\qquad g'=g+\dfrac{q}{2} \quad q'=\dfrac{q}{2} \qquad$ (5-1)

对于次梁: $\qquad g'=g+\dfrac{q}{4} \quad q'=\dfrac{3q}{4} \qquad$ (5-2)

式中:g'、q'——调整后的折算恒荷载、活荷载设计值;

$\qquad g$、q——实际的恒荷载、活荷载设计值。

对于主梁,因转动影响很小,一般不予考虑。当板(或梁)搁置在砌体或钢结构上时,荷载不做调整。

三、截面计算和构造要求

1. 板的计算和构造要求

(1)板的计算要点。板的内力可按塑性理论方法计算;在求得单向板的内力后,可根据正截面抗弯承载力计算,确定各跨跨中及各支座截面的配筋;板在一般情况下均能满足斜截面受剪承载力要求,设计时可不进行受剪承载力计算;连续板跨中由于正弯矩作用引起截面下部开裂,支座由于负弯矩作用引起截面上部开裂,这就使板的实际轴线成拱形(图5-6)。如果板的四周存在有足够刚度的梁,即板的支座不能自由移动时,则作用于板上的一部分荷载将通过拱的作用直接传给边梁,而使板的最终弯矩降低。考虑到这一有利作用,可对周边与梁整体连接的单向板中间跨跨中截面及中间支座截面的计算弯矩折减20%。但对于边跨的跨中截面及第二支座截面,由于边梁侧向刚度不大(或无边梁),难以提供足够的水平推力,因此其计算弯矩不予降低。

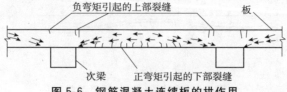

图5-6 钢筋混凝土连续板的拱作用

(2)板的构造要求。单向板的构造要求主要为板的尺寸和配筋两方面。

1)板的跨度一般在梁格布置时已确定。板的厚度直接关系到混凝土的用量和配筋,故在取用时除应满足建筑功能的要求外,主要还应考虑板的跨度及其所受的荷载。从刚度要求出发,根据设计经验,单向板的最小厚度不应小于跨度的1/40(连续板)、1/30(简支板)及1/10(悬臂板)。同时,单向板的最小厚度还不应小于表5-2规定的数值。板的配筋率一般为 0.3%~0.8%。

表 5-2　现浇钢筋混凝土板的最小厚度

板 的 类 别		最小厚度(mm)
单向板	屋面板	60
	民用建筑楼板	60
	工业建筑楼板	70
	行车道下的楼板	80
双向板		80
密肋板	肋间距不大于 700mm	40
	肋间距大于 700mm	50
悬臂板	板的悬臂长度不大 500mm	60
	板的悬臂长度大于 500mm	80
无梁楼板		150

2)在现浇钢筋混凝土单向板中的钢筋,分受力钢筋和构造钢筋两种。布设时应分别满足以下的要求。

①单向板中的受力钢筋应沿板的短跨方向在截面受拉一侧布置,其截面面积由计算确定。板中受力钢筋一般采用 HRB335 级或 HPB300 级钢筋,在一般厚度的板中,钢筋的常用直径为 $\phi6$、$\phi8$、$\phi10$、$\phi12$ 等。对于支座负钢筋,为便于施工,其直径一般不小于 $\phi8$。对于绑扎钢筋,当板厚 $h \leqslant 150$mm 时,间距不宜大于 200mm;当板厚 $h > 150$mm 时,不宜大于 $1.5h$,且不宜大于 250mm。简支板或连续板下部纵向受力钢筋伸入支座的锚固长度不应小于 $5d$(d 为下部纵向受力钢筋直径)。当连续板内温度、收缩应力较大时,伸入支座的锚固长度宜适当增加。

连续板受力钢筋的配筋方式有弯起式和分离式两种。前者是将跨中正弯矩钢筋在支座附近弯起一部分以承受支座负弯矩,如图 5-7(a)所示。这种配筋方式锚固好,并可节省钢筋,但施工较复杂;后者是将跨中正弯矩钢筋和支座负弯矩钢筋分别设置,如图 5-7(b)所示。这种方式配筋施工方便,但钢筋用量较大且锚固较差，故不宜用于承受动荷载的板中。当板厚 $h\leqslant 120\mathrm{mm}$，且所受动荷载不大时，亦可采用分离式配筋。

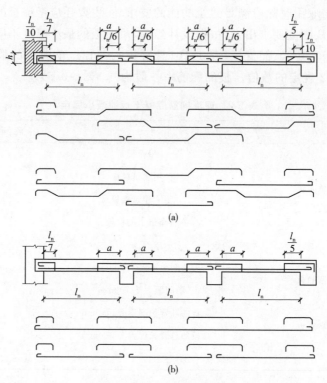

图 5-7　单向板的配筋方式
(a)弯起式配筋；(b)分离式配筋

当 $q\leqslant 3g$ 时，$a=l_n/4$；当 $q>3g$ 时，$a=l_n/3$。其中 q 为均布活荷载设计值；g 为均布恒荷载设计值；l_n 为板的计算跨度。

跨中正弯矩钢筋，当采用分离式配筋时，宜全部伸入支座，支座负弯矩钢筋向跨内的延伸长度应满足覆盖负弯矩图和钢筋锚固的要求；当采用弯起式配筋时，可先按跨中正弯矩确定其钢筋直径和间距，然后在支座附近将跨中钢筋按需要弯起 1/2(隔一弯一)以承受负弯矩，但最多不超过 2/3(隔一弯二)。如弯起钢筋的截面面积不够，可另加直钢筋。弯起钢筋弯起的角度一般采用 30°，当板厚 $h>120\mathrm{mm}$ 时，可采用 45°。

②在单向板中除了按计算配置受力钢筋外，通常还按要求设置以下四种构造钢筋。

分布钢筋：垂直于板的受力钢筋方向，并在受力钢筋内侧按构造要求配置。其作用除固定受力钢筋位置外，主要承受混凝土收缩和温度变化所产生的应力，控制温度裂缝的开展；同时还可将局部板面荷载更均匀地传给受力钢筋，并承受在计算中未计及但实际存在的长跨方向的弯矩。分布钢筋的截面面积应不小于受力钢筋的15%，且不宜小于板面截面面积的0.15%。分布钢筋间距不宜大于250mm(集中荷载较大时，间距不宜大于200mm)，直径不宜小于6mm；在受力钢筋的弯折处亦应设置分布钢筋。

与主梁垂直的上部构造钢筋：单向板上荷载将主要沿短边方向传到次梁，此时板的受力钢筋与主梁平行，由于板和主梁整体连接，在靠近主梁两侧一定宽度范围内，板内仍将产生一定大小与主梁方向垂直的负弯矩。为承受这一弯矩和防止产生过宽的裂缝，应配置与主梁垂直的上部构造钢筋，如图5-8所示。其数量不宜少于板中受力钢筋的1/3，且不少于每米5ϕ8，伸出主梁边缘的长度不宜小于$l_0/4$。

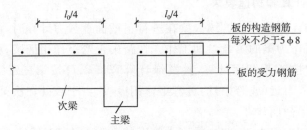

图5-8 与主梁垂直的上部构造钢筋

嵌固在墙内或与钢筋混凝土梁整体连接的板端上部构造钢筋，嵌固在承重砖墙内的单向板，计算时按简支考虑，但实际上由于墙的约束有部分嵌固作用，而将产生局部负弯矩，因此对嵌固在承重砖墙内的现浇板，在板的上部应设置与板垂直的不少于每米5ϕ8的构造钢筋，其伸出墙边的长度不宜小于$l_0/7$(l_0为板短跨计算跨度)；当现浇板的周边与混凝土梁或混凝土墙整体连接时，亦应在板边上部设置与其垂直的构造钢筋，其数量不宜小于相应方向跨中纵筋截面面积的1/3；其伸出梁边或墙边的长度不宜小于$l_0/5$；在双向板中不宜小于$l_0/4$。

板角构造钢筋：对两边均嵌固在墙内的板角部分，当受到墙体约束时，亦将产生负弯矩，在板顶引起圆弧形裂缝，因此应在板的上部双向配置构造钢筋，以承受负弯矩和防止裂缝的扩展，其数量不宜小于该方向跨中受力钢筋的1/3。其由墙边伸出到板内的长度不宜小于$l_0/4$(图5-9)。

在温度、收缩应力较大的现浇板区域内，钢筋间距宜为150～200mm，并应在板的未配筋表面布置温度收缩钢筋。板的上、下表面沿纵、横两个方向的配筋率均不宜小于0.1%。温度收缩钢筋可利用原有钢筋贯通布置，也可另行设置构造钢筋网，并与原有钢筋按受拉钢筋的要求搭接，或在周边构件中锚固。

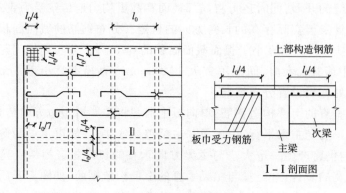

图 5-9 板的构造钢筋

2. 次梁的计算和构造要求

(1) 次梁的计算要点。连续次梁在进行正截面承载力计算时,由于板与次梁整体连接,板可作为梁的翼缘参加工作。在跨中正弯矩作用区段,板处在次梁的受压区,次梁应按 T 形截面计算,其翼缘计算宽度 b'_f 可按第三章第一节有关规定确定。在支座附近(或跨中)的负弯矩作用区段,由于板处在次梁的受拉区,此时次梁应按矩形截面计算。

次梁的跨度一般为 4~6m,梁高为跨度的 1/18~1/12,梁宽为梁高的 1/3~1/2。纵向钢筋的配筋率为 0.6%~1.5%。

次梁的内力可按塑性理论方法计算。

(2) 次梁的配筋构造要求。次梁的钢筋组成及其布置可参见图 5-10。次梁伸入墙内的长度一般应不小于 240mm。

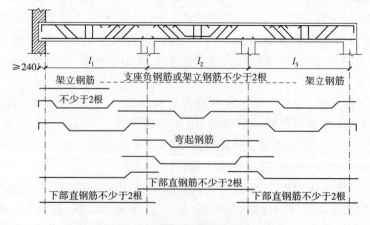

图 5-10 次梁的钢筋组成及其布置

当次梁相邻跨度相差不超过 20%,且均布活荷载与恒荷载设计值之比 q/g ≤3 时,其纵向受力钢筋的弯起和切断可按图 5-11 进行,否则应按弯矩包络图确定。

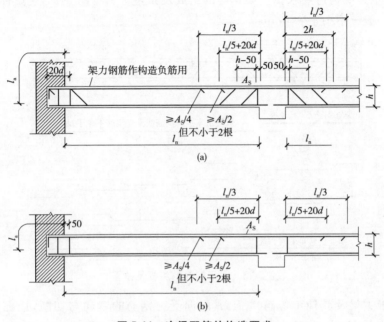

图 5-11 次梁配筋的构造要求

3. 主梁的计算和构造要求

(1)主梁的计算要点。主梁的正截面抗弯承载力计算与次梁相同,通常跨中按 T 形截面计算,支座按矩形截面计算。当跨中出现负弯矩时,跨中亦应按矩形截面计算。

主梁的跨度一般在 5~8m 为宜,常取梁高为跨度的 $1/15 \sim 1/10$,梁宽为梁高的 $1/3 \sim 1/2$。主梁除承受自重和直接作用在主梁上的荷载外,主要是承受次梁传来的集中荷载。为计算方便,可将主梁的自重等效简化成若干集中荷载,并作用于次梁位置处。

由于在主梁支座处,次梁与主梁负弯矩钢筋相互交叉重叠,而主梁负筋位于次梁和板的负筋之下(图 5-12),故截面有效

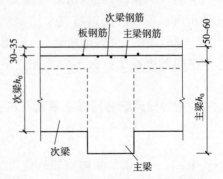

图 5-12 主梁支座处截面的有效高度

高度在支座处有所减小。具体取值为(对一类环境)：当受力钢筋单排布置时，$h_0=h-(50\sim60)$mm；当钢筋双排布置时，$h_0=h-(70\sim80)$mm。

主梁的内力通常按弹性理论方法计算，不考虑塑性内力重分布。

(2)主梁的构造要求。主梁钢筋的组成及布置可参见图5-13，主梁伸入墙内的长度一般应不小于370mm。

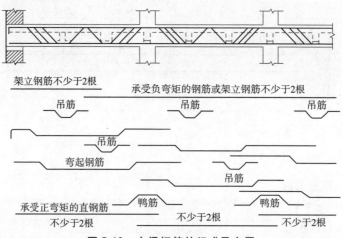

图5-13 主梁钢筋的组成及布置

对于主梁及其他不等跨次梁，其纵向受力钢筋的弯起与切断，应在弯矩包络图上作材料图，来确定纵向钢筋的切断和弯起位置，并应满足有关构造要求。

在次梁与主梁相交处，次梁顶部在负弯矩作用下将产生裂缝，如图5-14(a)所示。因此，次梁传来的集中荷载将通过其受压区的剪切面传至主梁截面高度的中、下部，使其下部混凝土可能产生斜裂缝而引起局部破坏。为此，需设置附加的横向钢筋(吊筋或箍筋)，以使次梁传来的集中力传至主梁上部的受压区。附加横向钢筋宜采用箍筋，并应布置在长度为s的范围内，此处$s=2h_1+3b$，如图5-14(b)所示；当采用吊筋时，其弯起段应伸至梁上边缘，且末端水平段长度在受拉区不应小于$20d$，受压区不应小于$10d$（d为弯起钢筋的直径）。

附加横向钢筋所需总截面面积应符合下列规定：

$$A_{sv}\geqslant\frac{P}{f_{yv}\sin\alpha} \tag{5-3}$$

式中：A_{sv}——附加横向钢筋总截面面积；
　　　P——作用在梁下部或梁截面高度范围内的集中荷载设计值；
　　　α——附加横向钢筋与梁轴线的夹角。

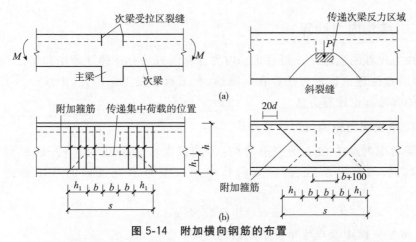

图 5-14 附加横向钢筋的布置
(a)次梁和主梁相交处的裂缝状态;(b)承受集中荷载处附加横向钢筋的布置

3. 鸭筋的设置

主梁承受的荷载较大,剪力也较大,因此除配置一定数量的箍筋外,往往需要同时由弯起钢筋共同承担剪力才能满足斜截面的承载力要求。因主梁剪力图为矩形,同一最大剪力值的区段较长,常因跨中受力钢筋的弯起数量有限而不能满足要求。此时,即应根据需要补充设置附加的斜钢筋(此附加的斜钢筋两端应固定在受压区),通称鸭筋(图 5-13)。

第三节 现浇双向板肋梁楼盖

一、结构平面布置

现浇双向板肋梁楼盖的结构平面布置如图 5-15 所示。当空间不大且接近正方形时(如门厅),可不设中柱,双向板的支承梁为两个方向均支承在边墙(或柱)上,且截面相同的井式梁[图 5-15(a)];当空间较大时,宜设中柱,双向板的纵、横向支承梁分别为支承在中柱和边墙(或柱)上的连续梁[图 5-15(b)];当柱距较大时,还可在柱网格中再设井式梁[图 5-15(c)]。

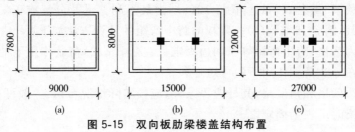

图 5-15 双向板肋梁楼盖结构布置

二、结构内力计算

内力计算的顺序是先板后梁。内力计算的方法有按弹性理论和塑性理论两种,但因塑性理论计算方法存在局限性,在工程中很少采用,这里仅介绍工程中常用的弹性理论计算方法。

1. 单块双向板的内力计算方法

需考虑两个方向上的变形协调,公式复杂。为简化设计,一般可直接查用"双向板的弯矩系数表"。双向板中间板带每米宽度内的弯矩可由下式计算:

$$m = 弯矩系数 \times (g+q)l^2 \tag{5-4}$$

式中:m——跨中及支座单位板宽内的弯矩;

g、q——均布恒、活载的设计值;

l——板沿短边方向的计算跨度。

对于跨中弯矩,尚需考虑横向变形的影响,再按下式计算:

$$m_{y,v} = m_y + v m_x \tag{5-5}$$

式中:$m_{x,v}$、$m_{y,v}$——考虑横向变形,跨中沿 l_x、l_y 方向单位板宽的弯矩。

对于钢筋混凝土,规范规定 $v=0.2$。

2. 连续双向板的实用计算方法

多跨连续双向板内力的精确计算是很复杂的,为简化计算,一般采用"实用计算方法"。该法对双向板的支承情况和活荷载的最不利位置提出了既接近实际,又便于计算的原则,从而很方便地利用单跨双向板的计算系数表进行计算。

实用计算法的基本假定是:支承梁的抗弯刚度很大,其垂直位移可忽略不计;而支承梁的抗扭刚度很小,板在支座处可自由转动。实用计算法的适用范围是:同一方向的相邻最小跨度与最大跨度之比大于 0.75。实用计算法的基本方法是:考虑活荷载的不利位置布置,利用单跨板的计算系数表进行计算。

(1)求跨中最大弯矩

活荷载按"棋盘式"布置[图 5-16(a)]为最不利。将其分解成正对称活载和反对称活载[图 5-16(b)、(c)],则板的跨中弯矩的计算方法如下:

对于内区格,跨中弯矩等于四边固定板在 $(g+q/2)$ 荷载作用下的弯矩与四边简支板在 $q/2$ 荷载作用下的弯矩之和。

对于边区格和角区格,其外边界条件,应按实际情况考虑:一般可视为简支,有较大边梁时可视为固定端。

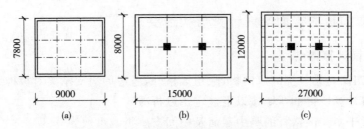

图 5-16　连续双向板的计算简图
(a)活荷载的不利分布；(b)正对称荷载分布；(c)反对称荷载分布

(2)求支座最大负弯矩

近似取活载满布(总荷载为 $g+q$)的情况考虑。这时，内区格的四边均可看作固定端，边、角区格的外边界条件则应按实际情况考虑。当相邻两区格的情况不同，其共用支座的最大负弯矩近似取为两区格计算值的平均值。

3. 双向板支承梁的内力计算

(1)荷载情况(图 5-17)

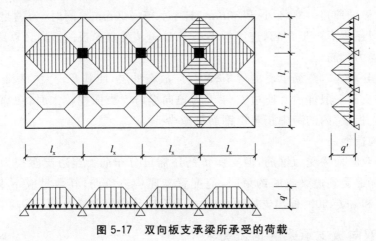

图 5-17　双向板支承梁所承受的荷载

板的荷载就近传给支承梁。因此，可从板角作 45°角平分线来分块。传给长梁的是梯形荷载，传给短梁的是三角形荷载。梁的自重为均布(矩形)荷载。

(2)内力计算

中间有柱时，纵、横梁一般可按连续梁计算，但当梁柱线刚度比不大于 5 时，宜按框架计算。中间无柱的井式梁，可用"力法"进行计算，或从有关设计手册上直接查用。

井式梁计算时，一般将梁板荷载简化为节点集中力 P，但这样处理时应注意在梁端剪力中另加 $0.25P$，具体计算方法见有关设计手册。

· 105 ·

三、双向板的截面配筋计算与构造要求

1. 截面计算特点

对于四周与梁整浇的双向板,除角区格外,考虑周边支承梁对板推力的有利影响,可将计算所得的弯矩按以下规定予以折减:

(1)对于中间区格板的跨中截面及中间支座折减系数为 0.8。

(2)对于边区格板的跨中截面及从楼板边缘算起的第二支座截面。

当 $l_c/l<1.5$ 时,折减系数为 0.8;当 $1.5 \leqslant l_c/l \leqslant 2$ 时,折减系数为 0.9。

其中,l_c 为沿楼板边缘方向的计算跨度;l 为垂直于楼板边缘方向的计算跨度。

(3)对于角区格的各截面,不应折减。

由于双向板在两个方向均配置受力筋,且长筋配在短筋的内层,故在计算长筋时,截面的有效高度 h_0 小于短筋。

2. 构造要求

(1)板厚

双向板的厚度一般不小于 80mm,且不大于 160mm。同时,为满足刚度要求,简支板还应不小于 $l/45$,连续板不小于 $l/50$,l 为双向板的短向计算跨度。

(2)受力钢筋

常用分离式。短筋承受的弯矩较大,应放在外层,使其有较大的截面有效高度。支座负筋一般伸出支座边 $l_n/4$,l_n 为短向净跨。当面积较大时,在靠近支座 $l_n/4$ 的"边板带"内的跨中正弯矩钢筋可减少 50%。

(3)构造钢筋

底筋双向均为受力钢筋,但支座负筋还需设分布筋。当边支座视为简支计算,但实际上受到边梁或墙约束时,应配置支座构造负筋,其数量应不少于 1/3 受力钢筋和 $\phi 8@200$,伸出支座边 $l_n/4$,l_n 为双向板的短向净跨度。

四、双向板支承梁的构造要求

连续梁的截面尺寸和配筋方式一般参照次梁,但当柱网中再设井式梁时应参照主梁。

井式梁的截面高度可取为 $(1/18 \sim 1/12)l$,l 为短梁的跨度;纵筋通长布置。考虑到活荷载仅作用在某一梁上时,该梁在节点附近可能出现负弯矩,故上部纵筋数量不宜小于 $A_s/4$,且不少于 $2 \phi 12$。在节点处,纵、横梁均宜设置附加箍筋,防止活载仅作用在某一方向的梁上时,对另一方向的梁产生间接加载作用。

图 5-18~图 5-20 为活载为 6kN/m 的双向板肋梁楼盖板和梁结构的施工图,其计算和绘图工作均由计算机完成。

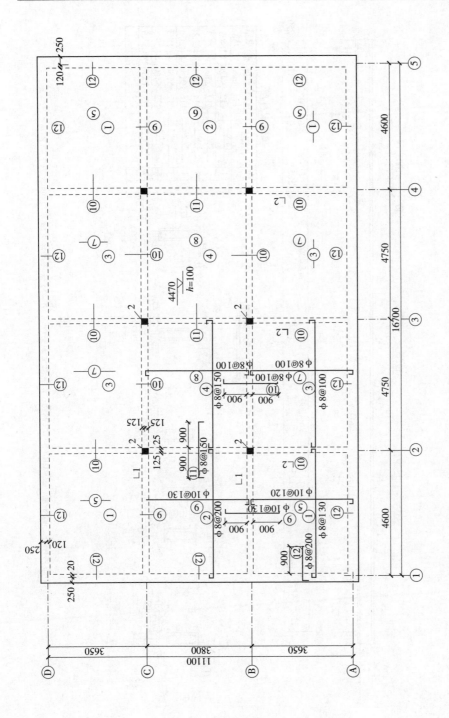

图5-18 一层楼盘结构平面施工图（1:50）

1-ф为HPB 235级钢筋，Φ为HRB 335级钢筋；2-混凝土强度等级为C25；3-主筋保护层为25 mm（板）。

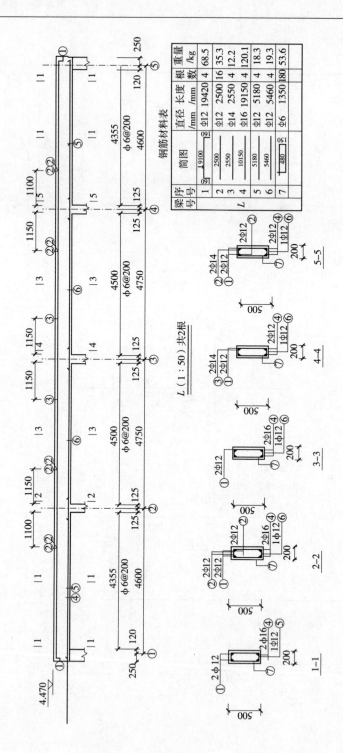

图5-19 L_1施工图

1—ф为HPB 235级钢筋，Φ为HRB 335级钢筋；2—混凝土强度等级为C25；3—主筋保护层为25 mm（板）。

第五章 钢筋混凝土楼盖

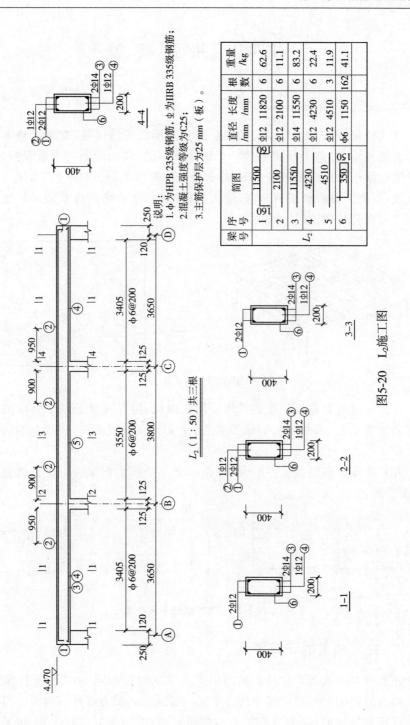

图5-20 L_2 施工图

第四节 井式楼盖

一、井式楼盖的组成及特点

井式楼盖(图 5-21)是由交叉梁系和双向板组成的楼盖,交叉梁格支承在四边的大梁或墙上,整个楼盖就像一个四边支承的、双向带肋的大型双向板,其受力性能较好。在相同荷载条件下,井式楼盖的跨度比较大,梁的截面尺寸却不一定很大,有利于提高楼层的净高,增大使用空间,且井格的建筑效果较好。井式楼盖多用在公共建筑门厅或大厅中。

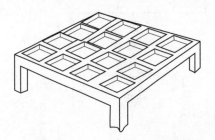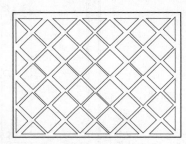

图 5-21 井式楼盖

井式楼盖与双向板肋梁楼盖均采用双向板,但井式楼盖两个方向的交叉梁没有主次之分,二者相互协同承受荷载;梁交叉点一般无柱,楼板是四边支承的双向板。

井式楼盖的网格边长一般为 2~3m,交叉梁通常布置为正交正放或正交斜放(图 5-22)。

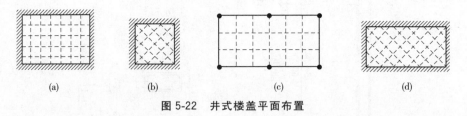

图 5-22 井式楼盖平面布置

二、井式楼盖的计算要点

井式楼盖中板的计算与一般四边支承的双向板相同,不考虑支撑梁的变形对板内力的影响。井式楼盖中的井字梁一般采用近似方法计算内力。当井式楼盖的区格数较少时,可忽略交叉点的扭矩影响,按交叉梁进行计算,将梁荷载化为交叉点的集中荷载 P,将 P 分为作用于梁上且处于正交方向的两个力 P_x、P_y。利用两交叉梁节点挠度相等的条件,联立方程求出 P_x、P_y,进而求得两个方向梁的弯矩(其弯矩、剪力系数见相应结构计算手册)。

井字梁的正截面配筋计算与 T 形截面梁相同。井字梁截面等高,在梁内纵向钢筋相交处,短向梁的受力钢筋应放置在长向梁的受力钢筋之下,因此长短方向梁的截面有效高度 h_0 并不相同。

三、井式楼盖的构造要求

井式楼盖的短边长度不宜大于 15m,井字梁的间距宜为 2.5～3.3m,且周边梁的刚度和强度应加强。

平面尺寸长宽比在 1.5 以内时,常采用正交梁格,否则采用斜交梁格。为满足井字梁的刚度要求,井字梁的高度一般取 $h=(1/16\sim1/18)l$,l 为井字梁短边跨的跨度;梁宽 $b=(1/2\sim1/3)h$。当短边跨度较大时,井字梁的跨中在施工时要提拱。支承井字梁的边梁高度,一般要超出井字梁梁底 50～100mm,便于井字梁中纵向钢筋的穿入配置。

在井字梁交点的梁顶,两个方向的梁应各配置相当于各自纵向主筋的 20%～50% 的纵向构造负筋,负筋长度为由梁的交点起向四个方向外伸各自梁格宽度的 1/4 加梁宽的 1/2,以保证在荷载不均匀的情况下承受负弯矩。为避免梁在交叉点处的相互冲切作用,可采用加密箍筋或增加吊筋的方法来解决。

第五节 装配式楼盖

一、结构平面布置方案

1. 横墙承重方案

房屋的横墙间距较小,将楼板直接搁置在横墙上,由横墙承重(图 5-23)。这种方案就是横墙承重,房屋的整体性好,抗震性能好,且纵墙上可以开设较大窗沿。住宅、集体宿舍等建筑常采用此种方案。

2. 纵墙承重方案

房屋内部空间较大,横墙间距较大,

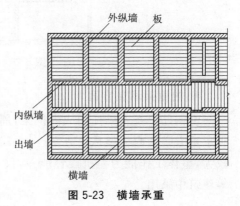

图 5-23 横墙承重

一般采用纵墙承重。当房屋进深不大时,楼板直接搁置在纵墙上[图 5-24(a)];当房屋进深较大时,可将梁搁置在纵墙上,再将楼板搁置在梁上[图 5-24(b)]。这种方案房屋整体性较差,抗震性能不如横墙承重方案,在纵墙上开窗洞受到一定限制。教学楼、办公楼、食堂等建筑常采用这种方案。

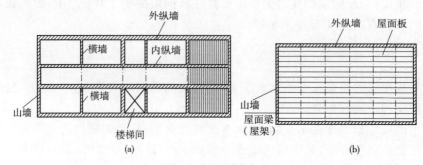

图 5-24　纵墙承重

(a)楼板直接搁置在纵墙上;(b)楼板搁置在梁上,梁搁置在纵墙上

3. 纵横墙承重方案

如房屋横墙间距大小兼有,可将横墙间距小的楼板搁置在横墙上,由横墙承重,将横墙间距大的部分布置成纵墙承重,这种方案称为纵横墙承重方案(图 5-25)。它集中了横墙承重方案和纵墙承重方案的优点,其整体性介于横墙承重方案和纵墙承重方案之间。带内走廊的教学楼等建筑常采用此种方案。

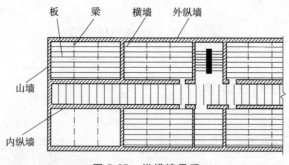

图 5-25　纵横墙承重

4. 内框架承重方案

由钢筋混凝土梁柱构成内框架,周边为砖墙,楼板沿纵向搁置在大梁上,这种承重方案为内框架承重方案(图 5-26)。此方案因内框架与周边墙体刚度差异较大,整体工作能力差抗震性能差,仅在少数无抗震设防要求的多层厂房、商店等建筑中采用。

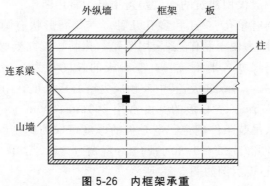

图 5-26 内框架承重

二、装配式楼盖的构件类型

1. 板

装配式楼盖中板的主要类型有实心板、空心板、槽形板。此外，还有单肋板、双 T 板、V 形折叠板等形式，这些类型板多用于工业建筑的楼（屋）面。按是否施加预应力，又可分为预应力板和非预应力板。我国大部分地区均编有预制板定型通用图集，可直接根据需要选用。

（1）实心板

实心板表面平整、构造简单、施工方便，但自重大，刚度小。常用于房屋中的走道板、管沟盖板、楼梯平台板。板长一般为 1.2～2.4m，板宽一般为 500～1000mm，板厚 $h \geqslant l/30$，一般为 50～100mm。实心板示例如图 5-27 所示。

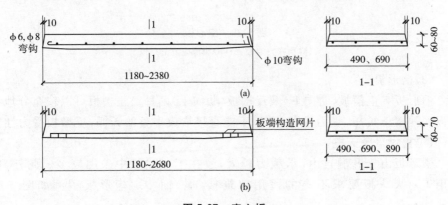

图 5-27 实心板
(a)非预应力板；(b)预应力板

（2）空心板

空心板刚度大、自重轻、受力性能好、隔声隔热效果好、施工简便，但板面不能任意开洞。在一般民用建筑的楼(屋)盖中最为常用。

空心板的孔洞有单孔、双孔和多孔几种。其孔洞形状有圆形孔、方形孔、矩形孔和椭圆形孔等,为便于制作,多采用圆孔。孔洞数量视板宽而定。

空心板的规格尺寸各地不统一。空心板的长度常为 2.7m、3.0m、3.3m…5.7m、6.0m,一般按 0.3m 进级,其中非预应力空心板长度在 4.8m 以内,预应力空心板长度可达 7.5m。空心板的宽度常用 500mm、600mm、900mm、1200mm,应根据制作、运输、吊装条件确定。空心板的厚度可取为跨度的 1/25～1/20(普通钢筋混凝土板)和 1/35～1/30(预应力混凝土板),常用 120mm、180mm、240mm 几种。空心板示例如图 5-28 所示。

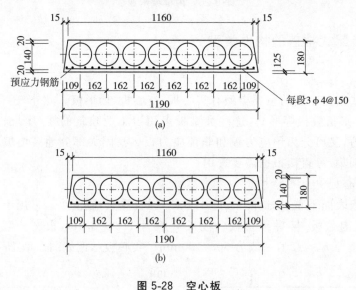

图 5-28 空心板
(a)预应力空心板;(b)非预应力空心板

(3)槽形板

槽形板有正槽板(肋向下)及反槽板(肋向上)两种。正槽板可以较充分地利用板面混凝土抗压,受力性能好,但不能直接形成平整的天棚;反槽板受力性能差,但可提供平整天棚。

槽形板由于开洞自由,承载力较大,故在工业建筑中采用较多。此外,也可用于对天花板要求不高的民用建筑楼(屋)面中。槽形板示例如图 5-29 所示。

值得注意的是,在房间预制板布置时,应力要求板数为整数块。如确有困难,可采取调整板缝宽度(但不超过 30mm)、做非标准尺寸的插入板、做现浇板带或墙上挑砖等措施解决。此外,布板时还应注意避免预制板三边支承。

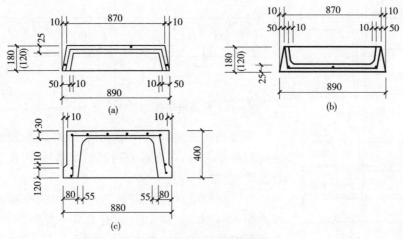

图 5-29 正槽板与反槽板

2. 梁

装配式楼盖中的梁,可为预制或现浇,视梁的尺寸和吊装能力而定。梁的截面形式有:矩形、T形、倒T形、十字形或花篮形等(图 5-30)。矩形梁外形简单,施工方便,应用最为广泛。当梁高较大时,为保证房屋净空高度,可采用倒T形梁、十字形或花篮梁。梁的截面尺寸和配筋,可根据计算和构造要求确定。

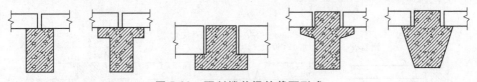

图 5-30 预制楼盖梁的截面形式

三、装配式楼盖的连接构造

装配式楼盖各构件间的相互连接是设计与施工中的重要问题,可靠的连接构造可以保证楼盖本身的整体工作以及楼盖与房屋其他构件间的共同工作,传力可靠,从而保证房屋的整体刚度。

1. 板与板的连接

板与板之间的连接常采用灌板缝的方法解决。一般的[图 5-31(a)、(b)],当板缝宽大于 20mm 时,宜用强度等级不低于 C15 的细石混凝土灌筑;当缝宽不大于 20mm 时,宜用强度不低于 15N/mm² 的水泥砂浆灌筑;当板缝宽不小于 50mm 时,则应按板缝上作用有楼面荷载的现浇板带计算配筋[图 5-31(c)],并用比构件混凝土强度等级高两级的细石混凝土灌筑。

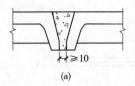 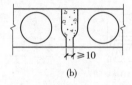 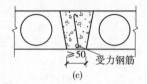

图 5-31 板与板的连接

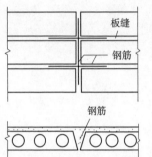

图 5-32 板缝间加设短钢筋

当楼面有振动荷载作用,对板缝开裂和楼盖整体性有较高要求时,可在板缝内加短钢筋后,再用细石混凝土灌筑(图 5-32)。

当对楼面整体性要求更高时,可在预制板面设置厚度为 40~50mm 的 C20 细石混凝土整浇层,并于整浇层内配置 $\phi6@250$ 的双向钢筋网。

2. 板与墙、板与梁的连接

一般情况下,在板端支承处的墙或梁上,用 20mm 厚水泥砂浆坐浆找平后,预制板即可直接搁置在墙或梁上,预制板在墙上的支承长度,不宜小于 100mm,预制板在梁上的支承长度,不宜小于 80mm(图 5-33)。当空心板端头上部要砌筑砖墙时,为防端部被压坏,需将空心板端头孔洞用堵头堵实。

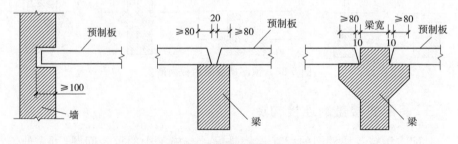

图 5-33 预制板的搁置长度

对于装配式楼盖整体性有较高要求时,预制板与墙或梁的连接构造如图 5-34 所示。

3. 梁与墙的连接

梁搁置在砖墙上时,其支承端底部应用 20mm 水泥砂浆坐浆找平,梁端支承长度应不小于 180mm。

在对楼盖整体性要求较高的情况下,在预制梁端应设置与墙体的拉结筋。

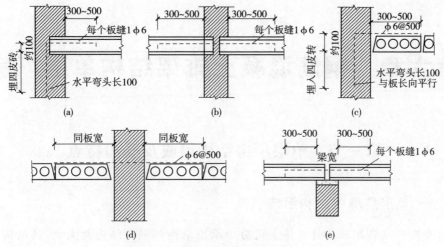

图 5-34 板与墙、梁的连接构造(mm)

第六章 钢筋混凝土排架结构单层厂房

第一节 单层厂房结构组成及受力特点

一、单层厂房的结构组成

单层厂房各组成构件大体上可分为承重结构和围护结构两大类,其结构和构件组成如图 6-1 所示。

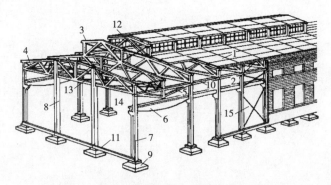

图 6-1 单层钢筋混凝土厂房结构组成

1-屋面板;2-天沟板;3-天窗架;4-屋架;5-托架;6-起重机梁;
7-排架柱;8-抗风柱;9-基础;10-连系梁;11-基础梁;12-天窗架垂直支撑;
13-屋架下弦横向水平支撑;14-屋架端部垂直支撑;15-柱间支撑

1. 承重结构

承重结构构件包括屋面板、天窗架、屋架、柱、吊车梁和基础等,这些构件又分别组成屋盖结构、横向平面排架、纵向平面排架结构。

(1)屋盖结构

屋盖结构分为有檩体系和无檩体系两种。有檩屋盖由小型屋面板或槽板(瓦)、檩条或屋架或屋面梁、屋盖支撑系统组成。其整体刚度较差,只适用于一般中小型的厂房。无檩屋盖由大型屋面板、屋架和屋盖支撑系统组成,其整体刚度较大,适用于各种类型的厂房。为了保证采光的需要,屋盖结构中还设置天窗及其支撑系统。

(2)横向排架或横向刚架

钢筋混凝土单层厂房的横向承重结构,通常有排架和刚架两种形式,如图6-2所示。排架是厂房的基本承重结构,承受结构自重、屋面活荷载、雪荷载和起重机的竖向荷载以及起重机的刹车制动力、地震的作用,并将它们传至基础和地基。

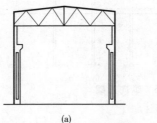 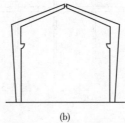

(a) (b)

图6-2 钢筋混凝土单层厂房横向承重结构的形式

(a)排架结构;(b)刚架结构

排架结构由屋架或屋面梁与柱和基础组成。排架的柱子与屋架或屋面梁铰接与基础刚接。根据厂房生产工艺和使用要求的不同,排架结构可以做成等高、不等高和锯齿形多种形式(图6-3)。

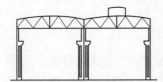 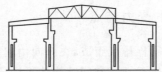 

图6-3 排架结构的形式

目前,常用的刚架结构是装配式门式刚架。门式刚架的特点是柱和横梁刚接为同一构件,柱与基础通常为铰接。门式刚架顶节点做成铰接的称为三铰门架,也可以做成两铰门式刚架(图6-4)。为了便于施工吊装,两铰门式刚架通常做成三段,常在横梁中弯矩为零(或弯矩较小)的截面处设置接头,用焊接或螺栓连接成整体。

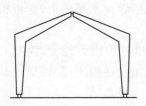 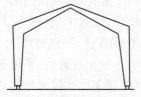 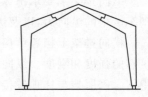

图6-4 刚架结构的形式

(3)纵向排架

纵向排架由纵向柱列、连系梁、起重机梁和柱间支撑组成(图6-5)。其作用是保证厂房结构的纵向稳定性和刚度,并承受作用在山墙的纵向风荷载以及起重机纵向水平荷载和地震纵向作用以及温度变化产生的应力等。

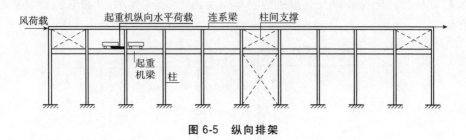

图 6-5 纵向排架

2. 围护结构

围护结构由纵墙、横墙(山墙)、连系梁、抗风柱(有时设抗风梁或桁架)和基础梁等构件组成,兼有围护和承重作用。主要是承受自重及作用在墙面上的风荷载。厂房围护墙面积大且薄,为保证稳定,需紧贴山墙的内墙面设置专门的抗风柱;纵墙面则可以紧贴排架柱砌筑,以加强墙体抵抗风荷载的能力。

二、单层厂房结构的受力特点

单层厂房在横向由若干榀排架组成,在纵向由起重机梁、连系梁将横向排架连接在一起形成空间结构体系。按空间结构体系进行内力分析厂房结构属于多次超静定结构,比较复杂。在厂房结构设计中,一般按纵、横两个方向拆分为横向排架和纵向排架分别进行计算,即假定作用于某一平面排架上的荷载,完全由该排架承担,其他各结构构件不受其影响。

横向排架承担厂房的主要荷载,包括:屋盖荷载(屋盖自重、雪荷载、屋面活荷载等)、起重机(起重机的竖向荷载及刹车引起的水平荷载)、风荷载、水平和竖向地震作用,以及纵横墙的等,如图6-6所示。

纵向排架主要承担纵向的水平荷载,如由山墙传来的纵向水平风力,起重机刹车产生的纵向力,以及纵向水平地震作用(图6-5)。

横向排架承担着厂房的主要荷载,而且跨度大,所以柱中内力较大,需具有足够的强度和刚度。纵向排架一般比较薄弱,所以必须增设柱间支撑,以保证其稳定。因屋架与柱顶铰接,须依靠支撑系统来传递水平力至基础。

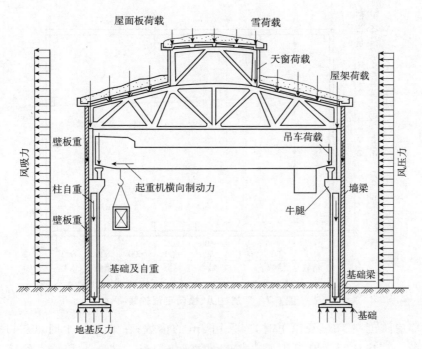

图 6-6 横向排架的荷载

第二节 单层厂房的结构布置

单层厂房的结构布置主要包括柱网布置、变形缝设置、支撑体系和围护结构布置等。

一、柱网布置

柱网指厂房承重柱(或承重墙)的纵向和横向定位轴线在平面上排列所形成的网格。柱网布置就是确定柱子纵向定位轴线之间的尺寸(跨度)和横向定位轴线之间的尺寸(柱距)。

柱网布置的一般原则是:符合生产工艺和正常使用的要求;建筑和结构方案经济合理;在施工方法上具有可操作性和合理性;符合厂房建筑统一化标准化的基本原则;适应生产发展和技术进步的要求。

定位轴线的确定原则:纵向定位轴线对于边柱,一般取柱外侧边,中柱取柱中心;横向定位轴线取柱中心。但对于厂房两端的第1根横向定位轴线应取山墙内侧边,排架柱分别内移 600mm,如图 6-7 所示。

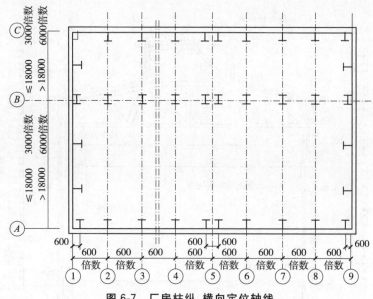

图 6-7　厂房柱纵、横向定位轴线

厂房跨度在 18m 及以下时,应采用 3m 的倍数;在 18m 以上时,应采用 6m 的倍数。厂房柱距一般采用 6m 或 6m 的倍数。当工艺布置和技术经济有明显的优越性时,也可扩大柱距,采用 21m、27m 和 33m 跨度和 9m 柱距或其他柱距。

二、变形缝设置

变形缝包括伸缩缝、沉降缝和防震缝三种。

(1)伸缩缝

当房屋的长度或宽度过大时,为减小房屋结构中的温度应力,应设置伸缩缝。伸缩缝最大间距见表 6-1。

表 6-1　伸缩缝的最大间距(m)

结构类型	施工方法	最大间距	结构类型	施工方法	最大间距
排架结构	装配式	100	框架结构	现浇	55
		70(露天时)	剪力墙结构	现浇	45

沿厂房的横向伸缩缝应从基础顶面开始,将相邻两个温度区段的上部结构构件完全分开,并留出一定宽度的缝隙,使上部结构在温度变化时,沿纵向可自由变形。伸缩缝处应采用双排柱、双屋架(屋面梁),伸缩缝处双柱基础可不分开,做成连在一起的双杯口基础。

房屋伸缩缝的做法:从基础顶面开始,设竖向缝隙将相邻区段的上部结构彻底分开,并保证缝隙具有一定宽度,以使变形积累值在缝隙宽度范围内自由伸缩。使过长的房屋平面分隔成几个尺寸较小的独立变形单元,每个独立变形单元又称为一个温度区段,可通过结构类型和温差决定温度区段的最大长度,保证每个单元的变形积累不致过大,以避免危害。

(2)沉降缝

当相邻厂房高度相差悬殊(10m以上)、地基土的压缩性有显著差异、厂房结构(或基础)类型有明显不同、厂房各部分的施工时间先后相差较长时,为避免由于地基不均匀沉降在结构中产生附加应力使结构破坏,应设置沉降缝。

沉降缝应从屋顶至基础完全分开,以使缝两侧结构发生不同沉降时互不影响,从而保证房屋的安全和使用功能。沉降缝的最小宽度不得小于50mm,沉降缝可兼做伸缩缝。

沉降缝的做法:将建筑物从基础到屋顶完全分开,形成独立的沉降单元,防止因不均匀沉降造成结构过大附加应力和附加变形而造成建筑结构失稳。

(3)防震缝

防震缝是为了减轻地震震害而采取的措施之一,当相邻跨厂房高度相差悬殊、厂房结构类型和刚度有明显不同时,应设置防震缝将房屋划分为简单规则的结构单元,使其在地震作用下互不影响。

三、支撑体系

支撑的主要作用是加强厂房结构的空间刚度,保证结构构件在安装和使用阶段的稳定和安全,有效传递纵向水平荷载(风荷载、吊车纵向水平荷载及地震作用等);同时还起着把风荷载、吊车水平荷载和水平地震作用等传递到相应承重构件的作用。单层厂房的支撑体系包括屋盖支撑和柱间支撑。

1. 屋盖支撑系统

屋盖支撑系统包括上弦横向水平支撑、下弦横(纵)向水平支撑、垂直支撑、纵向水平系杆以及天窗架支撑。

(1)上弦横向水平支撑

屋盖上弦横向水平支撑是指布置在屋架上弦(或屋面梁上翼缘)平面内的水平支撑,是由交叉角钢和屋架上弦杆组成的水平桁架,布置在厂房端部及温度区段两端的第一或第二柱间,如图6-8所示。其作用是增强屋盖的整体刚度,保证屋架上弦或屋面梁上翼缘的侧向稳定,将山墙抗风柱传来的风荷载传至两侧柱列上。

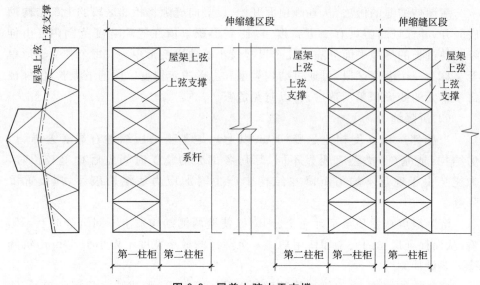

图 6-8 屋盖上弦水平支撑

对跨度较大的无檩体系屋盖且无天窗时,若采用大型屋面板且与屋架有可靠连接(有三点焊牢且屋面板纵肋间的空隙用 C15 或 C20 细石混凝土灌实),则可认为屋面板能起到上弦横向水平支撑的作用,而不需设置上弦横向水平支撑。

(2)屋盖下弦水平支撑

屋盖下弦水平支撑系指布置在屋架下弦平面内的水平支撑,包括下弦横向水平支撑和下弦纵向水平支撑(如图 6-9)。

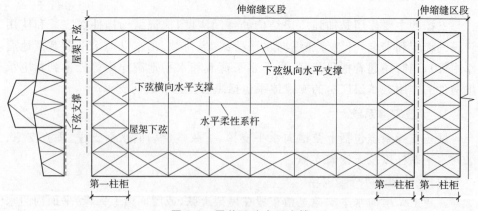

图 6-9 屋盖下弦水平支撑

下弦横向水平支撑的作用是承受垂直支撑传来的荷载,并将山墙风荷载传递至两旁柱上。设置下弦横向水平支撑的目的是作为屋盖垂直支撑的支点,将屋架下弦受到的纵向水平荷载传至纵向排架柱列,防止下弦杆产生振动。当厂

房跨度 $L \geqslant 18$ 时,宜设于厂房端部及伸缩缝处第一柱间。

屋盖下弦纵向水平支撑是由交叉角钢等钢杆件和屋架下弦第一节间组成的水平桁架。其作用是加强屋盖结构在横向水平面内的刚度,保证横向水平荷载的纵向分布,增强各排架间的空间作用。在屋盖设有托架时,还可以保证托架上翼缘的侧向稳定,并将托架区域内的横向水平荷载有效地传到相邻柱上。当设置下弦纵向水平支撑时,为保证厂房空间刚度,必须同时设置相应的下弦横向水平支撑,形成封闭的水平支撑系统。

(3) 屋架(或屋面梁)间垂直支撑和水平系杆

垂直支撑是指在相邻两榀屋架之间由角钢与屋架的直腹杆组成的垂直桁架。垂直支撑和水平系杆的作用是保证屋架在安装和使用阶段的侧向稳定,防止在吊车工作时屋架下弦的侧向颤动;上弦水平系杆则可保证屋架上弦或屋面梁受压翼缘的侧向稳定。

(4) 天窗架支撑

天窗架支撑包括设置在天窗两端第一柱间的上弦横向水平支撑和沿天窗架两侧边设置的垂直支撑。其作用是保证天窗架上弦的侧向稳定,将天窗端壁上的风荷载传递给屋架。

天窗架支撑应设置在天窗架两端的第一柱距内,一般与屋架上弦横向水平支撑布置在同一柱间。

2. 柱间支撑系统

柱间支撑是由交叉的型钢和相邻两柱组成的立面桁架,柱间支撑按其位置分为上柱柱间支撑和下柱柱间支撑,其分别位于吊车梁上部和下部。

柱间支撑的主要作用是增强厂房的纵向刚度和稳定性;承受由山墙传来的风荷载、由屋盖结构传来的纵向、水平地震作用以及由吊车梁传来的纵向、水平荷载,并将它们传至基础。柱间支撑一般设置在伸缩缝区段两端与屋盖横向水平支撑相对应的柱距以及伸缩缝区段中央或临近中央的柱距,并在柱顶设置通长的刚性连系杆以传递水平作用力。

柱间支撑一般采用交叉钢斜杆组成,交叉杆件的倾角在 $35°\sim55°$ 之间。当柱间因交通、设备布置或柱距较大而不能采用交叉斜杆式支撑时,可采用门架式支撑,如图 6-10 所示。

四、围护结构布置

(1) 抗风柱

抗风柱设置在山墙内侧,将山墙分成几个区格,并承受山墙传来的风荷载。抗风柱一般与基础刚接,与屋架上弦铰接。其中,与屋架的连接须满足两点要求:一是在水平方向必须与屋架有可靠的连接,以保证有效地传递风荷载;二是

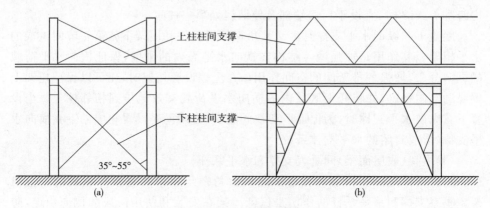

图 6-10 柱间支撑
(a)交叉斜杆式柱间支撑;(b)门架式柱间支撑

在竖向应允许两者之间有一定的竖向相对位移,以防止厂房与抗风柱沉降不均匀时产生不利影响。所以,抗风柱和屋架一般采用竖向可以移动、水平向又有较大刚度的弹簧板连接;若厂房沉降较大时,则宜采用螺栓连接。

(2)圈梁

圈梁的作用是将墙体与厂房柱箍在一起,以增强厂房的整体刚度,防止由于地基不均匀沉降或较大振动荷载等对厂房产生不利影响。圈梁设在墙内,并与柱用钢筋拉接。

(3)连系梁

连系梁的作用是连系纵向柱列,以增强厂房的纵向刚度并传递风荷载到纵向柱列;此外,还承受其上部墙体的自重。连系梁通常是预制的,两端搁置在柱牛腿上,用螺栓连接或焊接。

(4)过梁

过梁的作用是承受门窗洞口上的墙体自重。在进行厂房结构布置时,应尽可能将圈梁、连系梁和过梁结合起来,以节约材料,简化施工。

(5)基础梁

在一般厂房中,基础梁的作用是承受围护墙体的自重,并将其传给柱下单独基础,而不另设墙基础。基础梁底部离地基土表面应预留100mm的空隙,使梁可随柱基础一起沉降而不受地基土的约束,同时还可防止地基土冻胀时将梁顶裂。

第三节 几种承重构件的选型

钢筋混凝土单层厂房结构的构件,除柱和基础外,一般都可以根据工程的具体情况,从工业厂房结构构件标准图集中选择合适的标准构件。以下介绍几种主要承重构件的选型。

一、屋面板

在单层厂房中的屋面板的造价和材料用量均最大,它既承重又起围护作用。屋面板在厂房中比较常用的形式有:预应力混凝土大型屋面板、预应力混凝土F形屋面板、预应力混凝土单肋板、预应力混凝土空心板等(图6-11)。它们都适用于无檩体系。小型屋面板(如预应力混凝土槽瓦)、瓦材用于有檩体系。

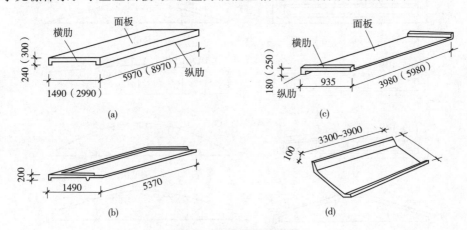

图 6-11 屋面板的类型
(a)预应力混凝土大型屋面板;(b)预应力混凝土F形板;
(c)预应力混凝土单肋板;(d)预应力混凝土空心板

预应力混凝土大型屋面板[图6-11(a)]由纵肋、横肋和面板组成。由这种屋面板组成的屋面水平刚度好,适用于柱距为6m或9m的大多数厂房,以及振动较大、对屋面刚度要求较高的车间。

预应力混凝土F形屋面板[图6-11(b)]由纵肋、横肋和带悬挑的面板组成。板沿纵向互相搭接,横缝及脊缝加盖瓦和脊瓦,屋面用料省,但屋面水平刚度及防水效果不如预应力混凝土大型屋面板,适用于跨度、荷载较小的非保温屋面,不宜用于对屋面刚度及防水要求高的厂房。

预应力混凝土单肋板[图6-11(c)]由单根纵肋、横肋及面板组成。与F形板类似,板沿纵向互相搭接,横缝及脊缝加盖瓦和脊瓦。屋面用料省但刚度差,适用于跨度和荷载较小的非保温屋面,而不宜用于对屋面刚度和防水要求高的厂房。

预应力混凝土空心板[图6-11(d)]广泛用于楼盖,也可作为屋面板用于柱距为4m左右的车间和仓库。

二、屋面梁和屋架

屋面梁和屋架是厂房结构最主要的承重构件之一，它除承受屋面板传来的荷载及其自重外，有时还承受悬挂起重机、高架管道等荷载。

屋面梁常用的有预应力混凝土单坡或双坡薄腹I形梁及空腹梁［图6-12(a)、(b)、(c)］。这种梁式结构，便于制作和安装，但自重大、费材料，适用于跨度不大(18m和18m以下)、有较大振动或有腐蚀性介质的厂房。

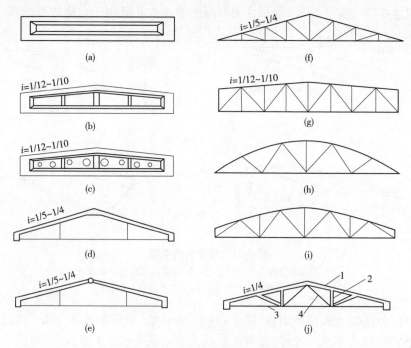

图6-12 屋面梁和屋架的类型
(a)单坡屋面梁；(b)双坡屋面梁；(c)空铰屋面梁；(d)两铰拱屋架；(e)三铰拱屋架；
(f)三角形屋架；(g)梯形屋架；(h)拱形屋架；(i)折线形屋架；(j)组合屋架
1、2-钢筋混凝土上弦及压腹杆；3、4-钢下弦及拉腹杆

屋架可做成拱式和桁架式两种。拱式屋架常用的有钢筋混凝土两铰拱屋架［图6-12(d)］，其上弦为钢筋混凝土，而下弦为角钢。若顶节点做成铰接，则为三铰拱屋架［图6-12(e)］。这种屋架构造简单，自重较轻，但下弦刚度小，适用于跨度为15m和15m以下的厂房。三铰拱屋架，如上弦做成先张法预应力混凝土构件，下弦仍为角钢，即成为预应力混凝土三铰拱屋架，其跨度可达到18m。

桁架式屋架有三角形、梯形、拱形和折线形等多种［图6-12(f)、(g)、(h)、(i)］。三角形屋架，上、下弦杆内力不均匀，腹杆内力亦较大，因而自重较大，一

一般不宜采用。预应力混凝土梯形屋架,由于刚度好,屋面坡度平缓$\frac{1}{12}\sim\frac{1}{10}$,适用于卷材防水的大型、高温及采用井式或横向天窗的厂房。

预应力拱形屋架,外形合理,可使上、下弦杆受力均匀,腹杆内力亦小,因而自重轻,可用于跨度 18~36m 的厂房。这种屋架由于端部坡度太陡,屋面施工较为困难。因此,在厂房中广泛采用端部加高的外形接近拱形的预应力混凝土折线形屋架[图 6-12(i)]。当桁架式屋架跨度较小(18m 以内),也可采用三角形组合屋架[图 6-12(j)]。

三、起重机梁

起重机梁简支在牛腿上,是有起重机厂房的重要构件,它承受起重机荷载(竖向荷载及纵、横向水平制动力)、起重机轨道及起重机梁自重,并将荷载分别传至横向或纵向排架或刚架。起重机梁的形式见表 6-2。

表 6-2 起重机梁的形式

名 称	构 件 简 图	适用范围
钢筋混凝土起重机梁	(等截面矩形梁,高 900~1200)	(1) 跨度不大于 6m; (2) 起重机起重量:轻级工作制不大于 30t/5;重级工作制不大于 20t/5t
预应力混凝土土起重机梁	(T 形截面梁,高 900~1400,三种形式)	(1) 柱距 6m 时,轻级工作制不大于 150/20t;重级工作制不大于 100t/20t; (2) 柱距不小于 12m 时,中级工作制起重机重量不大于 100t/20t;重级工作制起重机起重量不大于 75t
钢起重机梁	(工字形钢梁)	(1) 起重机起重量较大或有震动设备的厂房; (2) 钢柱厂房或有硬钩起重机的厂房

起重机梁通常做成 T 形截面,以便在其上安放起重机轨道。腹板如采用厚腹的,可做成等截面梁[图 6-13(a)],如采用薄腹的,则腹板在梁端局部加厚,为

便于布筋采用 I 形截面[图 6-13(b)]。厚腹和薄腹起重机梁,均可做成普通钢筋混凝土与预应力混凝土的。跨度一般为 6m,起重机最大起重量则视起重机工作制的不同而有所区别。以等截面厚腹普通钢筋混凝土起重机梁为例,对轻级工作制起重机起重量最大可达 750kN,中级工作制最大起重量为 300kN,而重级工作制最大起重量为 200kN。由于预应力可提高起重机梁的抗疲劳性能,因此,预应力混凝土起重机梁重级工作制最大起重量也可达 750kN。

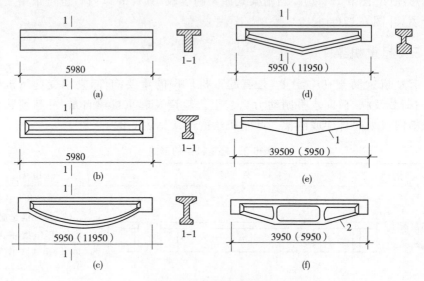

图 6-13　起重机梁形式
(a)厚腹起重机梁;(b)薄膜起重机梁;(c)鱼腹式起重机梁;(d)折线形起重机梁;(e)、(f)桁架式起重机梁
1-钢下弦;2-钢筋混凝土下弦

根据简支起重机梁弯矩包络图跨中弯矩最大的特点,也可做成变高度的起重机梁,如预应力混凝土鱼腹式起重机梁[图 6-13(c)]和预应力混凝土折线式起重机梁[图 6-13(d)]。这种起重机梁外形合理,但施工较麻烦,故多用于起重量大(100~1200kN)、柱距大(6~12m)的工业厂房。对于柱距 4~6m,起重量不大于 50kN 的轻型厂房,也可采用结构轻巧的桁架式起重机梁[图 6-13(e)、(f)]。

四、基础

柱下单独基础,按施工方法可分为预制柱下基础和现浇柱下基础。现浇柱下基础通常用于多层现浇框架结构,预制柱下基础则用于装配式单层厂房结构。单层厂房柱下基础常用的形式是单独基础。这种基础有阶形和锥形两种[图 6-14(a)、(b)]。由于它们与预制柱的连接部分做成杯口,故统称为杯形基础。当柱下基础与设备基础或地坑冲突,以及地质条件差等原因,需要深埋时,为不使预制柱过长,且能与其他柱长一致,可做成图 6-14(c)所示的高杯口基础,它由杯口、短柱以及阶形或锥形底板组成。短柱是指杯口以下的基础上阶部分(即图中Ⅰ—Ⅰ剖面到Ⅱ—Ⅱ剖面之间的一段)。基础的截面尺寸及配筋一般通过计算确定。

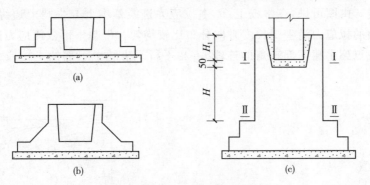

图 6-14 柱下单独基础的形式
(a)阶形基础;(b)锥形基础;(c)高杯口基础

第四节 排 架 柱

一、排架柱的受力特点

排架柱承受起重机荷载作用。桥式起重机荷载包括竖向荷载和横向水平荷载,是一种通过起重机梁传给排架柱的移动集中荷载,也是一种重复荷载,并且具有冲击和振动作用。水平起重机荷载可以反向。

风荷载分为风压力和风吸力,作用于厂房外墙面、天窗侧面和屋面,并在排架平面内传给柱。作用于柱顶以上的风荷载通过屋架,以水平集中荷载的形式作用在柱顶;作用于柱顶以下的风荷载可近似视为均布荷载。

排架柱为偏心受压构件。由于起重机荷载和风荷载等水平荷载方向的不确定性,排架柱一般采用对称配筋。

二、牛腿的受力特点与构造

1. 牛腿的受力特点

在单层厂房中,通常采用柱侧伸出的牛腿来支撑屋架、起重机梁等构件。由于这些构件大多负载较大或承受动荷载作用,所以牛腿虽小,却是一个很重要的构件。

根据牛腿荷载 Q 的作用点到牛腿下部与柱边缘交接点的水平距离 a 的大小,一般把牛腿分成两类(图 6-15):当 $a \leqslant h_0$ 时为短牛腿;当 $a > h_0$ 时为长牛腿。

长牛腿的受力情况与悬臂梁相似。支承起重机梁等构件的牛腿均为短牛腿,它实质是一变截面悬臂深梁,其受力性能与普通悬臂梁不同。

图 6-16 所示为 $a/h_0=0.5$ 的环氧树脂牛腿模型进行光弹性试验得到的主应力迹线。由图可见,在牛腿上部,主拉应力迹线基本上与牛腿上边缘平行,牛腿上表面的拉应力沿牛腿长度方向分布比较均匀。牛腿下部主压应力迹线大致与从加载点到牛腿下部转角的连线 ab 相平行。牛腿中下部的主拉应力迹线是倾斜的。

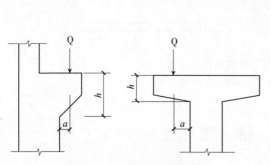

图 6-15 牛腿的类型

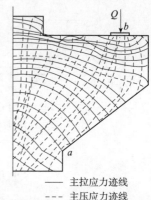

图 6-16 牛腿模型的主应力迹线

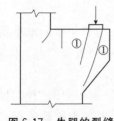

图 6-17 牛腿的裂缝

对钢筋混凝土牛腿试验表明,一般在极限荷载的20%~40%时出现垂直裂缝,但它开展很小,对牛腿的受力影响不大。当荷载加至极限荷载的40%~60%时,在加载板内侧附近出现斜裂缝①(图 6-17)。在荷载加至极限荷载的80%时突然出现裂缝②,这预示牛腿即将破坏。在牛腿使用过程中,所谓允不允许出现裂缝均指裂缝①而言。

根据试验观察,a/h_0 值的不同,牛腿大致有以下三种主要的破坏形态:

(1)剪切破坏

当 $a/h_0 \leqslant 0.1$,或 a/h_0 值虽较大而自由边高度 h_1 较小时,可能发生沿加载板内侧接近垂直截面的剪切破坏[图 6-18(a)],这时牛腿内纵向受拉钢筋的应力较小。

(2)斜压破坏

斜压破坏大多发生在 $0.1 < a/h_0 \leqslant 0.75$ 的范围内。其特征:首先出现斜裂缝①。加载至极限荷载的 70%~80%时,在这条裂缝外侧整个受压区内出现大量短小斜裂缝,当这些斜裂缝逐渐贯通时,受压区内混凝土剥落崩出,牛腿破坏[图 6-18(b)]。也有少数牛腿在裂缝①发展到相对稳定后,当加载到某级荷载

时,突然从加载板内侧出现一条通长斜裂缝②,然后很快沿此斜裂缝破坏[图 6-18(c)]。

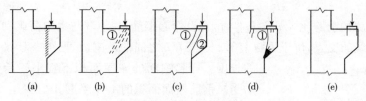

图 6-18 牛腿的破坏形态

(3)弯压破坏

当 $a/h_0 > 0.75$ 和纵筋配筋率较低时,一般发生弯压破坏。其特征:当出现斜裂缝①后,随着荷载的增加,裂缝不断向受压区延伸,纵筋应力不断增加并达到屈服强度,这时斜裂缝①外侧部分绕牛腿下部与柱交接点转动,致使受压区混凝土压碎而引起破坏[图 6-18(d)]。

此外,还有由于加载板过小而导致加载板下混凝土局部压碎破坏[图 6-18(e)]和由于纵筋锚固不良而被拔出等破坏形态。

2. 牛腿的构造要求

牛腿的外边缘高度 h_1 不应小于 $h/3$ 且不应小于 200mm。

沿牛腿顶部配置的纵向受力钢筋,宜采用 HRB335 或 HRB400 级钢筋。纵向受拉钢筋配筋率 $\rho = A/(bh_0)$ 不小于 0.2% 及 0.45 f_t/f_y,也不应大于 0.6%,其数量不小于 4 根,直径不小于 12mm,其余如图 6-19 所示。

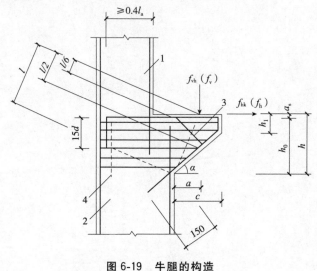

图 6-19 牛腿的构造
1-上柱;2-下柱;3-弯起钢筋;4-水平钢筋

牛腿应设置水平箍筋直径宜为 6～12mm，间距宜为 100～150mm，且在上部 $2h_0/3$ 范围内，水平箍筋总截面面积不宜小于承受竖向力的受拉纵筋截面面积的 1/2。

当牛腿的剪跨比 $a/h_0 \geqslant 0.3$ 时，宜设弯起钢筋，并使其与集中荷载到牛腿斜边下端点连线的交点，位于牛腿上部 $l/6$ 至 $l/2$ 之间的范围内，见图 6-19，l 为该连线的长度。弯起钢筋的截面面积不宜小于承受竖向力的受拉钢筋截面面积的 1/2，数量不宜少于 2 根，直径不宜小于 12mm，纵向钢筋不得兼做弯起钢筋。

当牛腿设于上柱的柱顶时，宜将牛腿对边的柱外侧纵向受力钢筋沿柱顶平弯入牛腿，作为牛腿的纵向受拉钢筋使用；当牛腿顶面纵向受拉钢筋与牛腿对边的柱外侧纵向钢筋分开配置时，牛腿顶面纵向受拉钢筋应弯入柱外侧，并应符合图 6-20 所示的搭接规定。

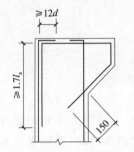

图 6-20　柱顶牛腿的配筋构造

第七章 多层、高层房屋结构

第一节 概　　述

高层建筑是指 10 层及 10 层以上或房屋高度大于 28m 的住宅建筑和房屋高度大于 24m 的其他高层民用建筑。目前,多层房屋常采用混合结构和钢筋混凝土结构,而高层建筑常采用钢筋混凝土结构、钢结构、钢－混凝土组合结构。由于钢结构造价较高,目前我国中、高层建筑多采用钢筋混凝土结构。

一、多高层房屋结构体系简介

多高层房屋结构的受力构件由钢筋混凝土梁、柱、剪力墙和基础等组成,各构件相互连接成为一体,形成稳定的承重结构,将荷载传至基础。除剪力墙外,墙体不承重,内、外墙只起分隔和围护作用。

多高层房屋上的荷载分为竖向荷载和水平荷载两种。随着房屋高度的增加,竖向荷载在底层结构中产生的内力仅轴力 N 成线性增加,弯矩 M 和剪力 V 并不增加。而水平荷载(风或地震)在结构中的作用(弯矩和剪力)却随着房屋高度的增长出现快速增长的情况(图 7-1)。换言之,随着房屋高度的增加,水平荷载对结构的影响越来越大。因此,在结构设计中,当房屋高度不大时,竖向荷载对结构设计起控制作用,当房屋的高度较大时,水平荷载与竖向荷载共同控制房屋的结构设计。当房屋高度更大时,水平荷载对结构设计起绝对控制作用,为有效地提高结构抵抗水平荷载的能力和增加结构的侧向刚度,随高度的变化,结构也就相应的有以下几种不同的体系。

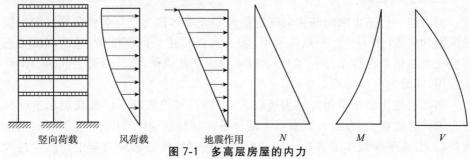

图 7-1　多高层房屋的内力

1. 框架结构

图7-2 框架结构

框架结构是指由楼板、梁、柱及基础等承重构件组成的结构体系。一般由框架梁、柱与基础形成多个平面框架,作为主要的承重结构,各平面框架再通过连系梁加以连接而形成一个空间结构体系(图7-2)。另外,根据建筑需要可形成多层多跨框架[图7-3(a)]。框架可以是等跨的或不等跨的,层高相等的或不相等的,有时因工艺或使用要求而在某层缺柱或某跨缺梁[图7-3(b)]。

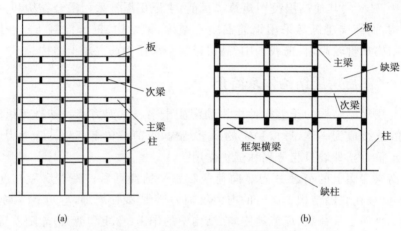

图7-3 框架竖向承重单体的形式
(a)一般框架;(b)复式框架

该体系的特点是平面布局灵活,易于满足建筑物设置大房间的要求,承受竖向荷载很合理。但框架的侧向刚度较小,抵抗水平荷载的能力较差,限制了其建设高度。框架结构常用于办公楼、旅馆、学校、商店和住宅等建筑。

2. 剪力墙结构

剪力墙结构是由纵向和横向的钢筋混凝土墙体作为竖向承重和抵抗侧力构件的结构体系(图7-4)。一般情况下,剪力墙结构楼盖内不设梁,采用现浇楼板直接支承在钢筋混凝土墙上,剪力墙既承受水平荷载作用,又承受全部的竖向荷载作用,同时起分隔作用。

当高层剪力墙结构的底部需要较大空间时,可将底部一层或几层取消部分剪力墙代之以框架,即成为框支剪力墙体系。这种结构体系由于上、下层的刚度变化较大,水平荷载作用下框架与剪力墙连接部位易导致应力集中而产生过大的塑性变形,所以抗震性能较差。

剪力墙结构体系具有刚度大,空间整体性好,抗震性能好,对承受水平荷载有利等优点。但由于横墙较多、间距较密,房屋被剪力墙分割成较小的空间,因而结构自重大,建筑平面布置局限性较大,难以获得大空间,一般用于高层住宅及旅馆、办公楼建筑(图7-5)。

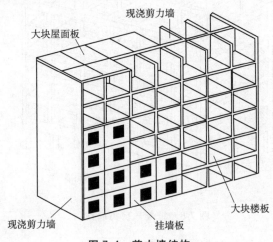

图7-4 剪力墙结构

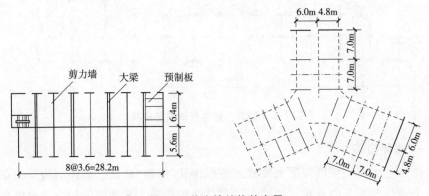

图7-5 剪力墙结构的布置

3. 框架－剪力墙结构

框架－剪力墙结构体系是指由若干个框架和局部剪力墙共同组成的多高层房屋结构体系(图7-6)。当房屋层数超过15层,房屋的侧向位移和底层柱内力明显加大,这时可在框架结构内局部设剪力墙。竖向荷载主要由框架承受,水平荷载则主要由剪力墙承受(大约可承受70%～90%的水平荷载)。

该体系兼有框架体系和剪力墙体系两者的优点,建筑平面布置灵活,也能满足结构承载力和侧向刚度的要求。广泛应用于高层办公楼、旅馆、公寓等建筑（图 7-7）。

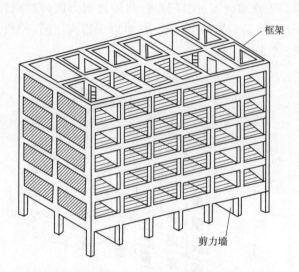

图 7-6　框架－剪力墙结构

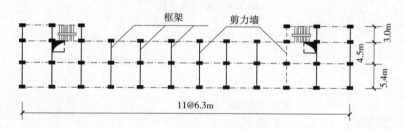

图 7-7　框架－剪力墙结构的布置

4. 筒体结构

筒体是由实心钢筋混凝土墙或密集框架柱（框筒）构成。筒体结构是由单个或几个筒体作为竖向承重结构的高层房屋结构体系。其外形采用形状规则的几何图形，如圆形、方形、矩形、正多边形。筒体结构一般又可分为内筒体（或称为核心筒）、外筒体、筒中筒和多筒体等几种（图 7-8）。

根据开孔的多少，筒体结构有空腹筒和实腹筒之分（图 7-9）。实腹筒开孔少，一般由电梯井、楼梯间、设备管道井的钢筋混凝土墙体形成，常位于房屋中部，故又称为核心筒。空腹筒由布置在房屋四周的密排立柱和高跨比很大的横梁（又称窗裙梁）组成，也称为框筒。

筒体结构体系由钢筋混凝土墙围成侧向刚度很大的筒状结构。将剪力墙集

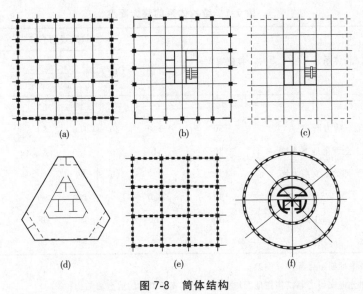

图 7-8 筒体结构

(a)框筒;(b)筒体—框架;(c)筒中筒;(d)多筒体;(e)成束筒;(f)多重筒

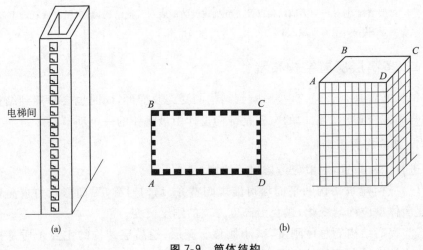

图 7-9 筒体结构

(a)实腹筒;(b)空腹筒

中到房屋的内部和外围,形成空间封闭筒体,使结构体系既有极大的抗侧力刚度,又能因为剪力墙的集中而获得较大的空间,使建筑平面设计获得良好的灵活性。筒体结构一般应用于超高层建筑。

各种体系适用的房屋最大高度限值,一般按《高层建筑混凝土结构技术规程》JGJ3 的 A 级规定取用,详见表 7-1。

表 7-1 结构体系的最大高度

结构体系		非抗震设计	抗震设防烈度				
			6度	7度	8度		9度
					0.20g	0.30g	
框架		70	60	50	40	35	—
剪力墙	框架—剪力墙	150	130	120	100	80	50
	全部落地剪力墙	150	140	120	100	80	60
	部分框支剪力墙	130	120	100	80	50	不应采用
筒体	框架—核心筒	160	150	130	100	90	70
	筒中筒	200	180	150	120	100	80
板柱—剪力墙		110	80	70	55	40	不应采用

注:1. 表中框架不含异形柱框架;

2. 部分框支剪力墙结构指地面以上有部分框支剪力墙的剪力墙结构;

3. 甲类建筑,6、7、8度时宜按本地区抗震设防烈度提高一度后符合本表的要求,9度时应专门研究;

4. 框架结构、板柱—剪力墙结构以及 9 度抗震设防的表列其他结构,当房屋高度超过本表数值时,结构设计应有可靠依据,并采取有效的加强措施。

二、多高层房屋结构布置

结构布置是否合理,直接影响到结构的受力及变形,同时也会影响到结构的经济与施工合理性。结构的布置是结构设计中最重要的一个环节。

1. 结构布置原则

进行结构布置,一般应考虑以下原则:

(1)应使建筑结构的平面尽可能规则整齐、均匀对称,平面形状力求简单规则,立面体型应均匀变化,避免沿高度方向的刚度突变。

(2)提高结构的总体刚度,减小侧移。高层、超高层结构的主要矛盾是控制侧移,应从选择合理的结构体系、平面体型及立面变化等方面考虑减小结构的侧移。

(3)考虑地基沉降、温度收缩及结构体型变化复杂等因素对结构的不利影响,合理地布置变形缝:伸缩缝、沉降缝和防震缝。

2. 结构平面布置

在高层建筑中,水平荷载往往起着控制作用。在高层建筑的一个独立结构单元内,结构平面形状宜简单、规则,质量、刚度和承载力分布宜均匀。不应采用严重不规则的平面布置。

从抗风的角度看,具有圆形、椭圆形等流线形周边的建筑物受到的风荷载较小;从抗震角度看,平面对称、结构侧向刚度均匀、平面长宽比较接近,则抗震性能较好。因此《高层建筑混凝土结构技术规程》JGJ3－2010中,对抗震设计的钢筋混凝土高层建筑的平面布置提出如下具体要求。

(1)平面布置宜简单、规则、对称,减小偏心。

(2)平面长度l不宜过长,突出部分长度不宜过大,宽度不宜过小。

(3)建筑平面不宜采用角部重叠或细腰形平面布置。

2. 结构竖向布置

高层建筑结构沿竖向体型宜规则、均匀,避免有过大的外挑和收进。结构的侧向刚度宜下大上小,逐渐均匀变化,不应采用竖向布置严重不规则的结构。结构竖向布置应做到刚度均匀而连续,避免由于刚度突变而形成薄弱层。在地震区的高层建筑的立面宜采用矩形、梯形、金字塔形等均匀变化的几何形状。

高层建筑结构的竖向抗侧移刚度的分布宜从下而上逐渐减小,不宜突变。在实际工程中往往沿竖向分段改变构件截面尺寸和混凝土强度等级,截面尺寸的减小与混凝土强度等级的降低应在不同楼层,改变次数也不宜太多。

3. 房屋的高宽比限值

除了满足结构平面及竖向布置的要求外,高层建筑还应控制房屋结构的高宽比。为了保证结构设计的合理性,一般要求建筑物总高度与宽度之比不宜过大,高宽比过大的建筑物很难满足侧移控制、抗震和整体稳定性的要求。钢筋混凝土高层建筑结构的高宽比(H/B)不宜超过表7-2的规定。

表7-2 混凝土高层建筑结构适用的最大高宽比

结构体系	非抗震设计	抗震设防烈度		
		6度、7度	8度	9度
框架	5	4	3	—
板柱－剪力墙	6	5	4	—
框架－剪力墙、剪力墙	7	6	5	4
框架－核心筒	8	7	6	4
筒中筒	8	8	7	5

4. 变形缝

在高层建筑中,由于变形缝的设置会给建筑设计带来一系列的困难,如屋面防水处理、地下室渗漏、立面效果处理等,因而在设计中宜通过调整平面形状和尺寸,采取相应的构造和施工措施,尽量少设缝或不设缝。当建筑物平面形状复杂而又无法调整其平面形状和结构布置使之成为较规则的结构时,宜通过变形缝将结构划分为较为简单的几个独立结构单元。

(1)伸缩缝

当高层建筑物的长度超过规定限值,又未采取可靠的构造措施或施工措施时,其伸缩缝间距不宜超过表 7-3 的限值。

表 7-3　伸缩缝的最大间距

结构类型	施工方法	最大间距(m)	结构类型	施工方法	最大间距(m)
框架结构	现浇	55	剪力墙结构	现浇	45

当屋面无隔热或保温措施时,或位于气候干燥地区、夏季炎热且暴雨频繁地区的结构,可适当减小伸缩缝的间距。

当采取下列构造或施工措施时,伸缩缝间距可适当增大。

①在顶层、底层、山墙和纵墙端开间等温度影响较大的部位提高配筋率;

②顶层加强保温隔热措施或采用架空通风屋面;

③顶部楼层改为刚度较小的结构形式或顶部设局部温度缝,将结构划分为长度较短的区段;

④30～40m 设 800～1000mm 宽的后浇带。

(2)沉降缝

当建筑物出现下列情况,可能造成较大的沉降差异时,宜设置沉降缝。①建筑物存在有较大的荷载差异、高度差异处;②地基土层的压缩性有显著变化处;③上部结构类型和结构体系不同,其相邻交接处;④基底标高相差过大,基础类型或基础处理不一致处。

由于沉降缝的设置常常使基础构造复杂,特别使地下室的防水十分困难,因此,当采取以下措施后,主楼与裙房之间可以不设沉降缝:①采用桩基,或采取减少沉降的有效措施并经计算,沉降差在允许范围内;②主楼与裙房采用不同的基础形式,先施工主楼后施工裙房,通过调整土压力使后期沉降基本接近;③当沉降计算较为可靠时,将主楼与裙房的标高预留沉降差,使最后两者标高基本一致;④把主楼与裙房放在一个刚度很大的整体基础上或从主楼结构基础上悬挑出裙房基础等。

(3)防震缝

当房屋平面复杂、不对称或房屋各部分刚度、高度、重量相差悬殊时,应设置防震缝。防震缝将房屋划分为简单规则的形状,使每一部分成为独立的抗震单元,使其在地震作用下互不影响。设置防震缝时,一定要留有足够的宽度,以防止地震时缝两侧的独立单元发生碰撞。防震缝的最小宽度宜满足规范的要求。

沉降缝必须从基础分开,而伸缩缝和防震缝处的基础可以连在一起。在地震区,伸缩缝和沉降缝的宽度均应符合防震缝的宽度和构造要求。

第二节 框架结构

一、框架结构的形式

框架结构按施工方法可分为装配式框架、装配整体式框架、全现浇式框架和半现浇式框架四种形式(图 7-10)。

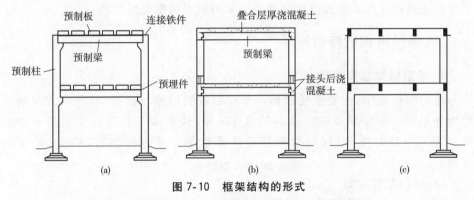

图 7-10 框架结构的形式
(a)装配式框架;(b)装配整体式框架结构;(c)全现浇框架

(1)装配式框架

将梁、板、柱全部预制,然后在现场进行装配、焊接而成的框架称为装配式框架。装配式框架的构件可采用先进的生产工艺在工厂进行大批量的生产,在现场以先进的组织管理方式进行机械化装配,因而构件质量容易保证,并可节约大量模板,改善施工条件,加快施工进度,但其结构整体性差,节点预埋件多,总用钢量较全现浇框架多,施工需要大型运输和吊装机械,在地震区不宜采用。

(2)装配整体式框架

装配整体式框架是将预制梁、柱和板在现场安装就位后,再在构件连接处现浇混凝土,使之成为整体。

与装配式框架相比,装配整体式框架保证了节点的刚性,提高了框架的整体性,省去了大部分的预埋铁件,节点用钢量减少,故应用较广泛。缺点是增加了现场浇筑混凝土量。

(3)全现浇框架

全现浇框架的全部构件均在现场浇筑。这种形式的优点是,整体性及抗震性能好,预埋铁件少,较其他形式的框架省钢材,建筑平面布置灵活等,缺点是模板消耗量大,现场湿作业多,施工周期长,在寒冷地区冬季施工困难等。对使用要求较高,功能复杂或处于抗震烈度高的区域的框架房屋,宜采用全现浇框架。

(4)半现浇框架

这种框架是将房屋结构中的梁、板和柱部分现浇,部分预制装配而形成的。常见的做法有两种:一种是梁、柱现浇,板预制;另一种是柱现浇,梁、板预制。

半现浇框架的施工方法比全现浇简单,而整体受力性能比全装配优越。梁、柱现浇,节点构造简单,整体性好;而楼板预制,又比全现浇框架节约模板,省去了现场支模的麻烦。半现浇框架是目前采用较多的框架形式之一。

二、框架结构的结构布置

1. 承重框架布置方案

在框架体系中,主要承受楼面和屋面荷载的梁称为框架梁,另一方向的梁称为连系梁。框架梁和柱组成主要承重框架,连系梁和柱组成非主要承重框架。若采用双向板,则双向框架都是承重框架。承重框架有以下三种布置方案:

(1)横向布置方案

框架梁沿房屋横向布置,连系梁和楼(屋)面板沿纵向布置(图7-11)。由于房屋纵向刚度较强,而横向刚度较弱,采用这种布置方案有利于增加房屋的横向刚度,提高抵抗水平作用的能力,因此在实际工程中应用较多。缺点是由于主梁截面尺寸较大,当房屋需要较大空间时,其净空间较小。

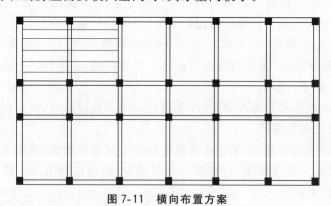

图 7-11 横向布置方案

(2)纵向布置方案

框架梁沿房屋纵向布置,楼板和连系梁沿横向布置(图7-12)。其房间布置灵活，采光和通风好，利于提高楼层净高，需要设置集中通风系统的厂房常采用这种方案。但因其横向刚度较差，在民用建筑中一般采用较少。

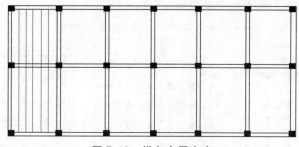

图 7-12　纵向布置方案

（3）纵横向布置方案

沿房屋的纵向和横向都布置承重框架（图 7-13）。采用这种布置方案，可使两个方向都获得较大的刚度，因此，柱网尺寸为正方形或接近正方形，地震区的多层框架房屋以及由于工艺要求需双向承重的厂房常用这种方案。

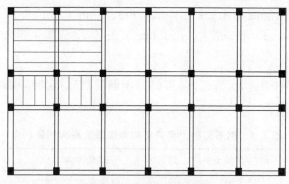

图 7-13　纵横向布置方案

2. 柱网布置和层高

框架结构房屋的柱网和层高，应根据生产工艺、使用要求、建筑材料、施工条件等因素综合考虑，并应力求简单规则，有利于装配化、定型化和工业化。柱网尺寸，即平面框架的跨度（进深）及其间距（开间）。

民用建筑的柱网尺寸和层高因房屋用途不同而变化较大，但一般按 300mm 进级。常用跨度是 4.8m、6.4m、6m、6.6m 等，常用柱距为 3.9m、4.5m、4.8m、6.1m、6.4m、6.7m、6m。采用内廊式时，走廊跨度一般为 2.4m、2.7m、3m。常用层高为 3.0m、3.3m、3.6m、3.9m、4.2m。

工业建筑典型的柱网布置形式有内廊式、等跨式、对称不等跨式等（图 7-14）。采用内廊式布置时，常用跨度（房间进深）为 6m、6.6m、6.9m，走廊宽度常用2.4m、2.7m、3m,开间方向柱距为3.6~8m。等跨式柱网的跨度常用6m、7.5m、9m、12m,柱距一般为6m。对称不等跨柱网一般用于建筑平面宽度较大的厂房,常用柱网尺寸有(5.8m+6.2m+6.2m+5.8m)×6.0m、(8.0m+12.0m+8.0m)×6.0m、(7.5m+7.5m+12.0m+7.5m+7.5m)×6.0m等。

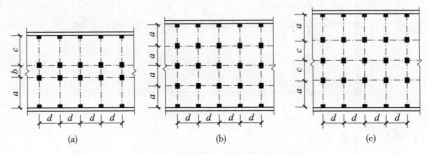

图7-14 框架结构柱网布置形式
(a)内廊式;(b)等跨式;(c)对称不等跨式

工业建筑底层往往有较大设备和产品,甚至有起重运输设备,故底层层高一般较大。底层常用层高为4.2m、4.5m、4.8m、5.4m、6.0m、7.2m、8.4m,楼层常用层高为3.9m;4.2m、4.5m、4.8m、5.6m、6.0m、7.2m等。

3. 变形缝

变形缝包括伸缩缝、沉降缝、防震缝。钢筋混凝土框架结构伸缩缝的最大间距见表7-4。

表7-4 钢筋混凝土框架结构伸缩缝的最大间距(m)

结构类别	室内或土中	露天	结构类别	室内或土中	露天
装配式框架	75	50	装配整体式、现浇式框架	55	35

钢筋混凝土框架结构的沉降缝一般设置在地基土层压缩性有显著差异或房屋高度或荷载有较大变化等处。

当建筑平面过长、高度或刚度相差过大以及各结构单元的地基条件有较大差异时,钢筋混凝土框架结构应考虑设置防震缝,其最小宽度应符合下列要求:

(1)当高度不超过15m时防震缝可采用70mm;超过15m时,6度每增加5m,7度每增加4m,8度每增加3m,9度每增加2m,防震缝宜加宽20mm。

(2)防震缝两侧结构类型不同时,宜按需要较宽防震缝的结构类型和较低的房屋高度确定缝宽。

设置变形缝对构造、施工、造价及结构整体性和空间刚度都不利,基础防水也不易处理。因此,实际工程中常通过采用合理的结构方案、可靠的构造措施和施工措施(如设置后浇带)减少或避免设缝。在需要同时设置一种以上变形缝时,应合并设置。

三、框架结构的受力特点

框架结构承受的作用包括竖向荷载、水平荷载和地震的作用。竖向荷载包括结构自重及楼(屋)面活荷载,一般为分布荷载,有时有集中荷载;水平荷载为风荷载;地震作用主要是水平作用。

框架结构是一个空间结构体系,沿房屋的长向和短向可分别视为纵向框架和横向框架。纵、横向框架分别承受纵向和横向水平荷载,而竖向荷载传递路线则根据楼(屋)布置方式而不同:现浇平板楼(屋)盖主要向距离较近的梁上传递,预制板楼盖传至支承板的梁上。

在多层框架结构中,影响结构内力的主要是竖向荷载,而结构变形则主要考虑梁在竖向荷载作用下的挠度,一般不必考虑结构侧移对建筑物使用功能和结构可靠性的影响。随着房屋高度增大,增加最快的是结构位移,弯矩次之(图7-15)。因此在高层框架结构中,竖向荷载的作用与多层建筑相似,柱内轴力随层数增加而增加,而水平荷载的内力和位移则将成为控制因素。同时,多层建筑中柱以轴力为主,而高层框架中的柱受到压、弯、剪的复合作用,其破坏形态更为复杂。

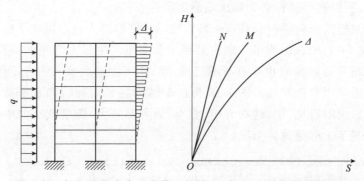

图 7-15 框架结构在水平荷载下的轴力、弯矩、侧移与荷载的关系

框架结构在水平荷载作用下的变形特点如图 7-14 所示。框架结构的侧移由两部分组成:第一部分侧移由柱和梁的弯曲变形产生,柱和梁都有反弯点,形成侧向变形。框架下部的梁、柱内力大,层间变形也大,愈到上部层间变形愈小[图 7-16(a)]。第二部分侧移由柱的轴向变形产生。在水平力作用下,柱的拉伸和压缩使结构出现侧移。这种侧移在上部各层较大,愈到底部层间变形愈小[图 7-16(b)]。在两部分侧移[图 7-16(c)]中第一部分侧移是主要的,随着建筑高度加大,第二部分变形比例逐渐加大。结构过大的侧向变形不仅会使人不舒服,影响使用,而且会

使填充墙或建筑装修出现裂缝或损坏,还会使主体结构出现裂缝、损坏,甚至倒塌。因此,高层建筑的框架结构不仅需要较大的承载能力,而且需要较大的刚度。框架结构抗侧刚度主要取决于梁、柱的截面尺寸。通常梁柱截面惯性矩小,侧向变形较大,所以称框架结构为柔性结构。虽然通过合理设计,可以使钢筋混凝土框架获得良好的延性,但由于框架结构层间变形较大,在地震区,高层框架结构容易引起非结构构件的破坏。因此限制了框架结构的使用高度。

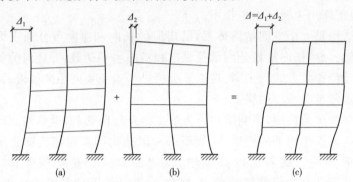

图 7-16　框架结构在水平荷载作用下的变形
(a)柱和梁的弯曲变形;(b)柱的轴向变形;(c)两部分变形的叠加

除装配式框架外,一般可将框架结构的梁、柱节点视为刚性节点,柱固结于基础顶面,所以框架结构多为高次超静定结构。

框架结构的竖向活荷载具有不确定性,梁、柱的内力将随竖向活荷载的位置而变化,图 7-17(a)、(b)所示分别为梁跨中和支座产生最大弯矩的活荷载位置。框架结构所受的风荷载也具有不确定性,梁、柱可能受到反向的弯矩作用,所以框架柱一般采用对称配筋。图 7-18 为框架结构在竖向荷载和水平荷载作用下的内力图。由图可见,梁、柱端弯矩、剪力、轴力都较大,跨度较小的中间跨框架梁甚至出现了上部受拉的情况。

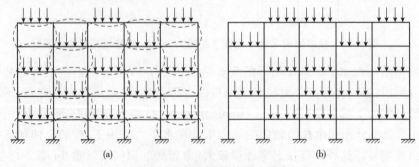

图 7-17　框架结构的受力特点
(a)梁跨中弯矩最不利活荷载位置;(b)梁支座弯矩最不利活荷载位置

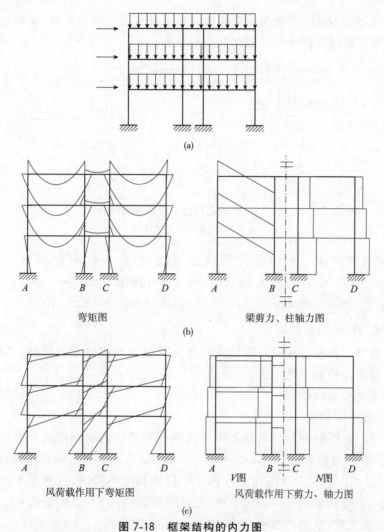

图 7-18 框架结构的内力图

(a)计算简图;(b)竖向荷载作用下的内力图;(c)左向水平荷载作用下的内力图

四、框架结构的构造

1. 梁、柱截面形状及尺寸

框架梁的截面形状,现浇框架多做成矩形,装配整体式框架多做成花篮形,装配式框架可做成矩形、T 形或花篮形[图 7-19(a)]。连系梁的截面多做成 T 形、倒 L 形、L 形、形、Z 形等[图 7-19(b)]。框架梁的截面高度 hb 可按(1/18~1/10)l_b(其中l_b为框架梁的计算跨度)确定,但不宜大于净跨的 1/4;梁的截面宽度不宜小于$h_b/4$,也不宜小于 200mm,一般取梁高的 1/3~1/2,实际工程中通常取 250mm、300mm，以便使用定型模板。为了避免框架节点处纵、横钢筋相互干扰，框架梁底部通常较连系梁底部低 50mm 以上。

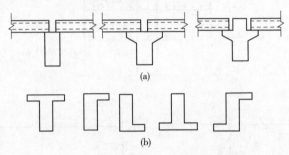

图 7-19　框架梁和连系梁的截面形状
(a)框架梁；(b)连系梁

柱的截面形状一般做成方形或矩形，其截面尺寸不宜小于 400mm×350mm，也不宜大于柱净高的 1/4，通常采用 400mm×400mm、450mm×450mm、500mm×500mm、550mm×550mm、600mm×600mm 等。

2. 现浇框架节点构造

梁、柱节点构造是保证框架结构整体空间受力性能的重要措施。现浇框架的梁、柱节点应做成刚性节点。

(1)框架梁纵向钢筋

1)上部纵向钢筋

当采用直线锚固形式时，框架梁上部纵向钢筋伸入中间层端节点的锚固长度不应小于 l_a，且应伸过柱中心线不宜小于 $5d$（d 为梁上部纵向钢筋的直径)[图 7-20(a)]。当上部纵向钢筋在节点内水平锚固长度不够时，应伸至节点对边并向下弯折，但弯折前的水平锚固长度(包括弯弧段在内)不应小于 $0.4 l_a$，弯折后的竖直锚固长度(包括弯弧段在内)应取为 $15d$[图 7-20(b)]。

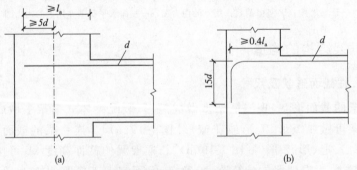

图 7-20　框架梁中间层端节点纵向钢筋的锚心
(a)直线锚固形式；(b)90°弯折的锚固形式

框架梁上部纵向钢筋应贯穿中间节点，如图7-21所示。

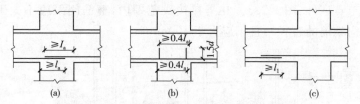

图7-21 中间层中间节点的钢筋锚固与搭接
(a)节点中的直线锚固；(b)节点中的弯折锚固；(c)节点范围外的搭接

2)下部纵向钢筋

框架梁下部纵向钢筋在中间节点处应满足下列锚固要求：

当计算中不利用该钢筋强度时，其伸入节点的锚固长度l_{as}，带肋钢筋不应小于$12d$，光面钢筋不应小于$15d$（d为纵向钢筋直径）；

当计算中充分利用钢筋的抗拉强度时，下部纵向钢筋应锚固在节点内。此时，可采用直线锚固形式[图7-21(a)]，也可采用带90°弯折的锚固形式[图7-21(b)]，也可伸出节点并在梁中弯矩较小处设置搭接接头[图7-21(c)]。

当计算中充分利用钢筋的抗压强度时，下部纵向钢筋应按受压钢筋锚固在中间节点内。此时，其直线锚固长度不应小于$0.7l_a$；下部纵向钢筋也可伸过节点范围并在梁中弯矩较小处设置搭接接头。框架梁下部纵向钢筋在端节点的锚固要求与中间节点相同。

(2)框架柱纵向钢筋

顶层中间节点的柱纵向钢筋及顶层端节点的内侧柱纵向钢筋可用直线方式锚入顶层节点，其自梁底标高算起的锚固长度不应小于l_a，且必须伸至柱顶[图7-22(a)]。当顶层节点处梁截面高度不足时，柱纵向钢筋应伸至柱顶并向节点内水平弯折。当充分利用柱纵向钢筋的抗拉强度时，其锚固段弯折前的竖直投影长度不应小于$0.5l_a$，弯折后的水平投影长度不应小于$12d$（d为纵向钢筋的直径)[图7-22(b)]。当柱顶有现浇板且板厚不小于80mm、混凝土强度等级不低于C20时，柱纵向钢筋也可向外弯折，弯折后的水平投影长度不应小于$12d$[图7-22(c)]。

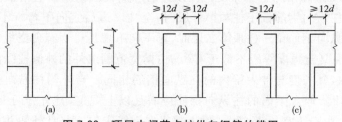

图7-22 顶层中间节点柱纵向钢筋的锚固
(a)直线锚固；(b)向节点内弯折；(c)向外弯折

框架柱的纵向钢筋应贯穿中间层中间节点和中间层端节点,柱纵向钢筋接头应设在节点区外(图 7-23)。在搭接接头范围内,箍筋间距应不大于 $5d$(d 为柱较小纵向钢筋的直径),且不应大于 100mm。

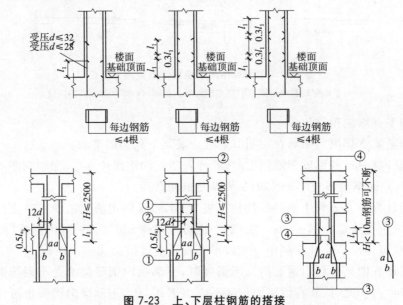

图 7-23　上、下层柱钢筋的搭接

注:当上下柱内钢筋直径不同时,搭接长度应按上柱内钢筋直径计算。

(3) 顶层端节点梁上部纵向钢筋和柱外侧纵向钢筋

框架顶层端节点处的梁、柱端均主要受负弯矩作用,相当于一段 90°的折梁。为了保证梁、柱钢筋在节点区的搭接传力,应将柱外侧纵向钢筋的相应部分弯入梁内作梁上部纵向钢筋使用(当梁上部钢筋和柱外侧钢筋匹配时),或将梁上部纵向钢筋与柱外侧纵向钢筋在顶层端节其附近部位搭接,而不允许采用将柱筋伸至柱顶、将梁上部钢筋锚入节点的做法。搭接方法有下列两种:

1) 搭接接头沿顶层端节点外侧及梁端顶部布置[图 7-24(a)]。此时,搭接长度不应小于 $1.5 l_a$,伸入梁内的外侧柱纵向钢筋截面面积不宜小于外侧柱纵向钢筋全部截面面积的 65%;梁宽范围以外的外侧柱纵向钢筋宜沿节点顶部伸至柱内边,当柱纵向钢筋位于柱顶第一层时,至柱内边后宜向下弯折不小于 $8d$ 后截断;当柱纵向钢筋位于柱顶第二层时,可不向下弯折。当有现浇板且板厚不小于 80mm、混凝土强度等级不低于 C20 时,梁宽范围以外的外侧柱纵向钢筋可伸入现浇板内,其长度与伸入梁内的柱纵向钢筋相同。当外侧柱纵向钢筋配筋率大于 1.2% 时,伸入梁内的柱纵向钢筋应满足以上规定,且宜分两批截断,其截断点之间的距离不宜小于 $20d$。梁上部纵向钢筋应伸至节点外侧并向下弯至梁下边缘高度后截断。此处,d 为柱外侧纵向钢筋的直径。

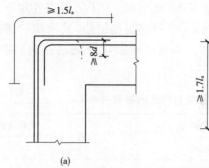
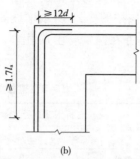

图 7-24　梁上部钢筋和柱外侧钢筋在顶层端节点的搭接
(a)位于节点外侧和梁端顶部的弯折搭接接头；(b)位于柱顶部外侧的直线搭接接头

该方案的优点是，梁上部钢筋不伸入柱内，利于在梁底标高处设置混凝土施工缝。但当梁上部和柱外侧钢筋数量过多时，将造成节点顶部钢筋拥挤，不利于混凝土浇筑。该方案适用于梁上部和柱外侧钢筋不太多的情况。

2)搭接接头沿柱顶外侧布置[图 7-24(b)]。此时，搭接长度竖直段不应小于 $1.7l_a$。当梁上部纵向钢筋的配筋率大于 1.2% 时，弯入柱外侧的梁上部纵向钢筋应满足以上规定的搭接长度，且宜分两批截断，其截断点之间的距离不宜小于 $20d$（d 为梁上部纵向钢筋的直径）。柱外侧纵向钢筋伸至柱顶后宜向节点内水平弯折，弯折段的水平投影长度不宜小于 $12d$（d 为柱外侧纵向钢筋的直径）。该方案可用于梁上部和柱外侧钢筋较多的情况。

为了防止因梁上部和柱外侧钢筋配筋率过高而引起顶层端节点核心区混凝土的斜压破坏，框架顶层端节点处梁上部纵向钢筋的截面面积应符合下式规定：

$$A_s \leqslant 0.35\beta_c f_c b_b h_0 / f_y \tag{7-1}$$

式中：b_b——梁腹板宽度；
h_0——梁截面有效高度；
β_c——混凝土强度影响系数，当混凝土强度等级不大于 C50 时，$\beta_c=1.0$；当混凝土强度等级为 C80 时，$\beta_c=0.8$；中间值按直线内插法取用。

试验表明，当梁上部纵向钢筋与柱外侧纵向钢筋的弯弧半径过小时，弯弧下的混凝土可能发生局部受压破坏，尤其是在顶层节点外上角处。因此，梁上部纵向钢筋与柱外侧纵向钢筋在节点角部的弯弧半径 r_b（图 7-25）不宜小于

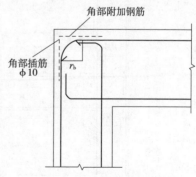

图 7-25　节点弯折钢筋弯弧半径及角部附加钢筋

表 7-5 的规定。当负弯矩钢筋直径 $d \geqslant 25\mathrm{mm}$ 时,为了使节点外角不出现过大的素混凝土区,应按图 7-25 所示增设 $3\phi 10$ 角部附加钢筋,其两端的搭接长度不宜小于 200mm,并在两端与主筋扎牢。当有框架边梁纵筋通过时,图中角部插筋可不设置。

表 7-5 梁柱弯折钢筋的弯弧内半径

钢筋弯折位置	弯折钢筋直径 d(mm)		钢筋弯折位置	弯折钢筋直径 d(mm)	
	$d \leqslant 25$	$d > 25$		$d \leqslant 25$	$d > 25$
顶层端节点上角处	6d	8d	其他部位	4d	6d

(4) 框架节点内的箍筋设置

在框架节点内应设置水平箍筋,但间距不宜大 250mm。对四边均有梁与之相连的中间节点,由于除四角以外的柱纵向钢筋外,均不存在过早压屈的危险,故节点内可只设置沿周边的矩形箍筋,不必设置复合箍筋,当顶层端节点内设有梁上部纵向钢筋和柱外侧纵向钢筋的搭接接头时,柱内水平箍筋应符合关于纵向受力钢筋搭接长度范围内箍筋的规定。高层框架梁、柱纵向钢筋在框架节点区的锚固和搭接如图 7-26 所示。

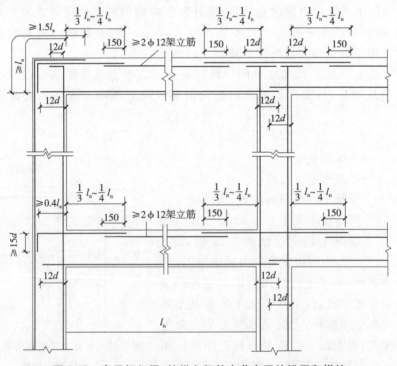

图 7-26 高层框架梁、柱纵向钢筋在节点区的锚固和搭接

第三节　剪力墙结构

一、剪力墙结构的布置

剪力墙既可以承受水平荷载,也可以承受竖向荷载,而其承受平行于墙体平面的水平荷载最有利。在抗震设防区,水平荷载还包括水平地震作用,因此钢筋混凝土剪力墙也称为抗震墙。同时,剪力墙的厚度很小,宽度和高度比厚度大得多,且以承受水平荷载为主的竖向结构。剪力墙平面内的刚度很大,而平面外的刚度很小。为了保证剪力墙的侧向稳定,各层楼盖对它的支撑作用很重要。

剪力墙宜沿结构的主轴方向双向或多向布置,宜使两个方向的刚度接近,避免结构某一方向刚度很大而另一方向刚度较小。剪力墙墙肢截面宜简单、规则,剪力墙沿建筑物整个高度宜贯通对齐,上下不错层、不中断,以避免沿高度方向墙体刚度产生突变。较长的剪力墙可用楼板或弱的连梁分为若干个独立墙段,每个独立墙段的总高度与长度之比不宜小于2。

剪力墙的门窗洞口宜上下对齐、成列布置,以形成明显的墙肢和连梁,不宜采用错洞墙,洞口设置应避免墙肢刚度相差悬殊。墙肢截面长度与厚度之比不宜小于3。

多层大空间剪力墙结构的底层应设置落地剪力墙或筒体。在平面为长矩形的建筑中,落地横向剪力墙的数量不能太少,一般不宜少于全部横向剪力墙的30%(非抗震设计)。底层落地剪力墙和筒体应加厚,并可提高混凝土强度等级以补偿底层的刚度。落地剪力墙和筒体的洞口宜布置在墙体的中部。非抗震设计时,落地剪力墙的间距应符合以下规定:

$$l_w \leqslant 3B, \quad l_w \leqslant 36m \quad (B\text{为楼面宽度})$$

二、剪力墙结构的分类及受力特点

用房屋的钢筋混凝土墙体承受竖向和水平力的结构称为剪力墙结构。根据剪力墙面开洞的情况,剪力墙分为以下四类。

(1)整体剪力墙

无洞口剪力墙或剪力墙上开洞面积不超过墙体面积的15%,且洞口至墙边的净距及洞口之间的净距大于洞口长边尺寸时,可忽略洞口对墙体的影响,这种墙体称为整体剪力墙。

整体剪力墙的受力相当于一个竖向的悬臂构件,在水平力作用下,在墙肢的整个高度上,弯矩图不突变,也无反弯点,剪力墙的变形为弯曲形。剪力墙水平截面内的正应力分布在整个截面高度范围内呈线性分布或接近于线性分布,如图7-27所示。

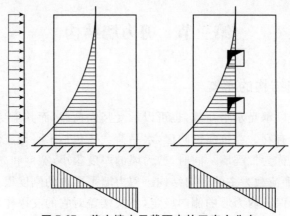

图 7-27　剪力墙水平截面内的正应力分布

(2) 整体小开口剪力墙

当剪力墙上开洞面积超过墙体面积的 15%,或洞口至墙边的净距及洞口之间的净距小于洞口长边尺寸时,在水平力作用下,剪力墙的弯矩图在连梁处发生突变(图 7-28),在墙肢高度上个别楼层中,弯矩图出现反弯点,剪力墙截面的正应力分布偏离了直线分布的规律。但当洞口不大、墙肢中的局部弯矩不超过墙体整体弯矩的 15% 时,剪力墙的变形仍以弯曲型为主,其截面变形仍接近于整体剪力墙,这种剪力墙被称为整体小开口剪力墙。

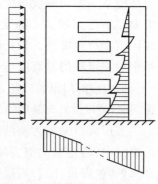

图 7-28　整体小开口剪力墙正应力分布

(3) 联肢剪力墙

当剪力墙沿竖向开有一列或多列较大洞口时,剪力墙截面的整体性被破坏,截面变形不再符合平截面假定。开有一列洞口的联肢墙称为双肢墙,开有多列洞口时称为多肢墙,其弯矩图和截面应力分布与整体小开口剪力墙类似,如图 7-29 所示。

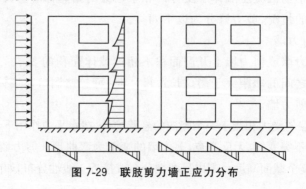

图 7-29　联肢剪力墙正应力分布

(4)壁式框架

当剪力墙的洞口尺寸较大,墙肢宽度较小,连梁的线刚度接近于墙肢的线刚度时,剪力墙的受力性能接近于框架,这种剪力墙称为壁式框架。壁式框架柱的弯矩图在楼层处突变,在大多数楼层中出现反弯点,剪力墙的变形以剪切型为主,如图 7-30 所示。

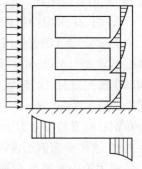

图 7-30 壁式框架正应力分布

三、剪力墙的构造

(1)剪力墙的配筋形式

剪力墙中常配有抵御偏心受拉或偏心受压的纵向受力钢筋 A_s 和 A'_s,抵抗剪力的水平分布钢筋 A_{sh} 和竖向分布钢筋 A_{sv},此外还配有箍筋和拉结钢筋,其中 A_s 和 A'_s 集中配置在墙肢的端部组成暗柱,如图 7-31 所示。

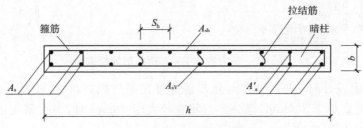

图 7-31 剪力墙的配筋形式

(2)材料

为保证剪力墙的承载能力和变形能力,钢筋混凝土剪力墙的混凝土强度等级不应低于 C20,墙中分布钢筋和箍筋一般采用 HPB235 钢筋,其他钢筋可采用 HRB335 或 HRB400 钢筋。

(3)截面尺寸

为保证墙体平面的刚度和稳定性,钢筋混凝土剪力墙的厚度不应小于 140mm,同时不应小于楼层高度的 1/25。

(4)墙肢纵向钢筋

剪力墙两端和洞口两侧应按规范设置构造边缘构件。非抗震设计剪力墙端部应按正截面承载力计算,配置不少于 4 根 12mm 的纵向受力钢筋,沿纵向钢筋应配置不少于直径 6mm,间距为 250mm 的拉筋。

(5)分布钢筋

为使剪力墙有一定的延性,防止突然的脆性破坏,减少因温度或施工拆模等原因产生的裂缝,剪力墙中应配置水平和竖向分布钢筋。当墙厚小于 400mm

时,可采用双排配筋,当墙厚为 400~700mm 时,应采用三排配筋,当墙厚大于 700mm 时,应采用四排配筋。

为使分布钢筋起作用,非地震区剪力墙中分布钢筋的配筋率不应小于 0.20%,间距不应大于 300mm,直径不应小于 8mm。对房屋顶层、长矩形平面房屋的楼梯间和电梯间、端部山墙、纵墙的端开间剪力墙分布钢筋的配筋率不应小于 0.25%,间距不应大于 200mm。为保证分布钢筋与混凝土之间具有可靠的黏结力,剪力墙分布钢筋的直径不宜大于墙肢截面厚度的 1/10。为施工方便,竖向分布钢筋可放在内侧,水平分布钢筋放在外侧,且水平与纵向分布钢筋宜同直径同间距。

剪力墙中水平分布钢筋的搭接、锚固及连接如图 7-32 所示。

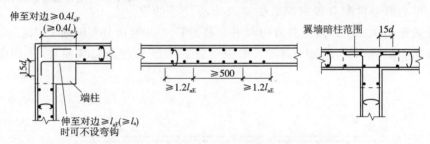

图 7-32 剪力墙水平分布钢筋的连接构造

非抗震设计时,剪力墙竖向分布钢筋可在同一截面搭接,搭接长度不小于 $1.2l_a$,且不应小于 300mm,当分布钢筋直径大于 28mm 时,不宜采用搭接接头,其连接构造见图 7-33。

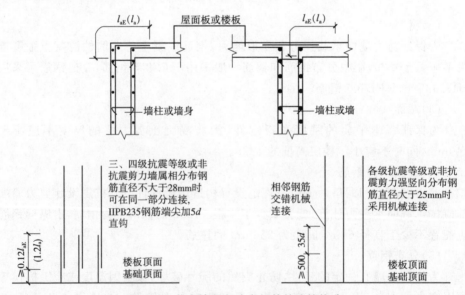

图 7-33 剪力墙竖向分布钢筋的连接构造

(6)连系梁的配筋构造(图7-34)

连系梁受反弯矩作用,通常跨高比较小,易出现剪切斜裂缝,为防止脆性破坏,《高层建筑混凝土结构技术规程》JGJ3中规定:

连梁顶面、底面纵向受力钢筋伸入墙内的锚固长度不应小于 l_a,且不应小于600mm;沿连梁全长的箍筋直径不应小于6mm,间距不应大于150mm;顶层连梁纵向钢筋伸入墙体的长度范围内,应配置间距不大于150mm的构造箍筋,箍筋直径应与该连梁的箍筋直径相同;墙体水平分布钢筋应作为连梁的腰筋在连梁范围内拉通连续配置;当连梁截面高度大于700mm时,其两侧面沿梁高范围设置的纵向构造钢筋(腰筋)的直径不应小于10mm,间距不应大于200mm;对跨高比不大于2.5的连梁,梁两侧的纵向构造钢筋(腰筋)率不应小于0.3%。

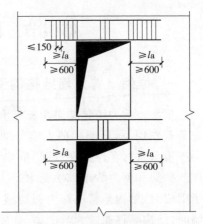

图7-34 连梁配筋构造

(7)剪力墙墙面和连梁开洞时的构造

当剪力墙墙面开洞和连系梁上开洞时应进行洞口补强。《高层建筑混凝土结构技术规程》中规定:

当剪力墙墙面开有非连续小洞口(其各边长度小于800mm),且在整体计算中不考虑其影响时,应将洞口处被截断的分布钢量分别集中配置在洞口上、下和左、右两边[图7-35(a)],且钢筋直径不应小于12mm;穿过连梁的管道宜预埋套管,洞口上、下的有效高度不宜小于梁高的1/3,且不宜小于200mm,洞口处宜配置补强钢筋[图7-35(b)]。

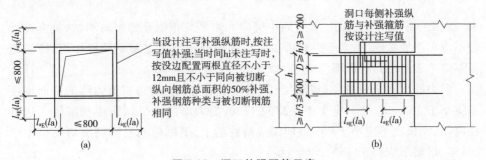

图7-35 洞口补强配筋示意

第四节　框架－剪力墙结构

一、框架－剪力墙结构的受力特点

框架－剪力墙结构是由框架和剪力墙共同承受竖向和水平力的结构。在竖向荷载作用下,框架和剪力墙分别承担其受荷范围内的荷载,在水平力作用下,由于楼盖将两者连接在一起,框架和剪力墙将协同工作共同抵抗水平力。

框架和剪力墙单独承受水平力时的变形特性完全不同,当水平力单独作用于框架时,结构侧移曲线为剪切型,如图7-36(a)所示;当侧向力单独作用于剪力墙时,结构侧移曲线为弯曲型,如图7-36(b)所示,当侧向力作用于框架－剪力墙时,由于楼盖结构的连接作用,框架与剪力墙必协同工作,其侧移曲线为弯剪型,如图7-36(c)所示。另外,框架与剪力墙对整个结构侧移曲线的影响将沿结构高度方向发生变化,在结构的底部,框架结构的层间位移大,剪力墙结构的层间位移小,因此,剪力墙将负担较多的剪力。在结构的顶部,恰好相反,框架将负担较多的剪力,框架与剪力墙共同工作后的变形曲线如图7-36(d)中虚线。

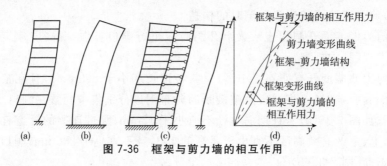

图7-36　框架与剪力墙的相互作用

二、框架－剪力墙结构的构造

框架－剪力墙结构中,剪力墙中竖向和水平分布钢筋的配筋率,非抗震设计时不应小于0.2%,并应至少双排布置。各排分布钢筋之间应设置拉筋,拉筋直径不应小于6mm,间距不应大于600mm。

剪力墙周边应设置梁(或暗梁)及端柱组成边框。带边框剪力墙的截面厚度不应小于160mm,且不应小于层高的1/20,剪力墙的水平钢筋应全部锚入边框柱内,锚固长度不应小于l_a。边框梁或暗柱的上、下纵向钢筋配筋率均不应小于0.2%,箍筋不应少于$\phi 6@200$。

框架－剪力墙结构中的框架及剪力墙应符合框架结构和剪力墙结构的有关构造要求。

第八章 砌体结构

第一节 砌体的材料及分类

一、砌体的块材

块材是砌体的主要部分,目前我国常用的块材可以分为砖、砌块和石材三大类。

(1)砖

砖的种类包括烧结普通砖、烧结多孔砖、蒸压灰砂砖和蒸压粉煤灰砖。我国标准砖的尺寸为 240mm×115mm×53mm。块体的强度等级符号以"MU"表示,单位为 MPa(N/mm^2)。《砌体结构设计规范》GB 50003(以下简称《砌体规范》)将烧结普通砖、烧结多孔砖的强度等级分成五级:MU30、MU25、MU20、MU15、MU10。

划分砖的强度等级,一般根据标准试验方法所测得的抗压强度确定,对于某些砖,还应考虑其抗折强度的要求。

砖的质量除按强度等级区分外,还应满足抗冻性、吸水率和外观质量等要求。

(2)砌块

砌块包括混凝土砌块、轻集料混凝土砌块等,其强度等级分为五级:MU20、MU15、MU10、MU7.5 和 MU5。

砌块的强度等级是根据单个砌块的抗压破坏荷载,按毛截面计算的抗压强度确定的。

(3)石材

天然石材一般多采用花岗石、砂岩和石灰石等几种。表观密度大于 $18kN/m^3$ 者以用于基础砌体为宜,而表观密度小于 $18kN/m^3$ 者则用于墙体更为适宜。石材强度等级分为七级:MU100、MIU80、MU60、MU50、MU40、MU30 和 MU20。

石材的强度等级是根据边长为 70mm 立方体试块测得的抗压强度确定的。如采用其他尺寸立方体作为试块,则应乘以规定的换算系数。

以上砌体材料的强度等级均是承重结构的块体强度等级,自承重墙的块体强度等级参见《砌体规范》的相关要求。

二、砌体的砂浆

砂浆是由无机胶结料、细集料和水组成的。胶结料一般有水泥、石灰和石膏等。砂浆的作用是将块材连接成整体而共同工作,保证砌体结构的整体性;还可找平块体接触面,使砌体受力均匀;此外,砂浆填满块体缝隙,减小了砌体的透气性,提高了砌体的隔热性。对砂浆的基本要求是强度、流动性(可塑性)和保水性。

按组成材料的不同,砂浆可分为水泥砂浆、石灰砂浆及混合砂浆。

(1)水泥砂浆:由水泥、砂和水拌和而成。它具有强度高、硬化快、耐久性好的特点,但和易性差、水泥用量大。适用于砌筑受力较大或潮湿环境中的砌体。

(2)石灰砂浆:由石灰、砂和水拌和而成。它具有保水性、流动性好的特点。但强度低、耐久性差,只适用于低层建筑和不受潮的地上砌体中。

(3)混合砂浆:由水泥、石灰、砂和水拌和而成。它的保水性能和流动性比水泥砂浆好,便于施工而强度高于石灰砂浆,适用于砌筑一般墙、柱砌体。

砂浆的强度等级是用边长为70.7mm的立方体标准试块,在温度为20℃±3℃和相对湿度:水泥砂浆在90%以上,混合砂浆在60%~80%的环境下硬化,龄期为28d的抗压强度确定的。砂浆的强度等级符号以"M"表示,单位为MPa(N/mm^2)。《砌体规范》将普通砂浆强度等级分为五级:M15、M10、M7.5、M5、M2.5。

砌块专用砂浆由水泥、砂、水及根据需要掺入的掺和料和外加剂等组成,按一定比例,采用机械拌和制成,专门用于砌筑混凝土砌块。强度等级以符号"Mb"表示。

当验算施工阶段砂浆尚未硬化的新砌砌体承载力时,砂浆强度应取为零。

三、对砌体材料的耐久性要求

建筑物所采用的材料,除满足承载力要求外,尚需提出耐久性要求。耐久性是指建筑结构在正常维护下,材料性能随时间变化,仍应能满足预定的功能要求。当块体的耐久性不足时,在使用期间,因风化、冻融等会引起面部剥蚀,有时这种剥蚀相当严重,会影响建筑物的承载力。

砌体材料的选用应本着因地制宜、就地取材、充分利用工业废料的原则,并考虑建筑物耐久性要求、工作环境、受力特点、施工技术力量等各方面因素。

设计使用年限为50年时,砌体材料的耐久性应符合以下规定:

(1)地面以下或防潮层以下的砌体、潮湿房间的墙或环境类别 2 的砌体,所用材料的最低强度等级应符合表 8-1 的规定;

表 8-1 地面以下或防潮层以下的砌体、潮湿房间的墙所用材料的最低强度等级

潮湿程度	烧结普通砖	混凝土普通砖、蒸压普通砖	混凝土砌块	石材	水泥砂浆
稍潮湿的	MU15	MU20	MU7.5	MU30	M5
很潮湿的	MU20	MU20	MU10	MU30	M7.5
含水饱和的	MU20	MU25	MU15	MU40	M10

注:1. 在冻胀地区,地面以下或防潮层以下的砌体,不宜采用多孔砖,如采用时,其孔洞应用不低于 M10 的水泥砂浆预先灌实。当采用混凝土砌块时,其孔洞应采用强度等级不低于 Cb20 的混凝土预先灌实;
2. 对安全等级为一级或设计使用年限大于 50 年的房屋,表中材料强度等级应至少提高一级。

(2)处于环境类别 3~5 等有侵蚀性介质的砌体材料应符合下列规定:
①不应采用蒸压灰砂普通砖、蒸压粉煤灰普通砖;
②应采用实心砖,砖的强度等级不应低于 MU20,水泥砂浆的强度等级不应低于 M10;
③混凝土砌块的强度等级不应低于 MU15,灌孔混凝土的强度等级不应低于 Cb30,砂浆的强度等级不应低于 Mb10;
④应根据环境条件对砌体材料的抗冻指标、耐酸、碱性能指出要求,或符合有关规范的规定。

四、砌体的种类

由不同尺寸和形状的块体用砂浆砌筑而成的墙、柱称为砌体。根据块体的类别和砌筑形式的不同,砌体主要分为以下几类。

(1)砖砌体

由砖和砂浆砌筑而成的砌体称为砖砌体,它是采用最普遍的一种砌体。在房屋建筑中,砖砌体大量用作内外承重墙及隔墙。其厚度根据承载力及稳定性等要求确定,但外墙厚度还需考虑保温和隔热要求。承重墙一般多采用实心砌体。

实心砌体常采用一顺一丁、梅花丁和三顺一丁砌筑方法(图 8-1)。当采用标准砖砌筑砖砌体时,墙体的厚度常采用 120mm(半砖)、240mm(1 砖)、370mm$\left(1\frac{1}{2}砖\right)$、490mm(2 砖)、620mm$\left(2\frac{1}{2}砖\right)$、740mm(3 砖)等。有时为节约材料,还可结合侧砌做成 180mm、300mm、420mm 等厚度。

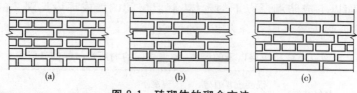

图 8-1 砖砌体的砌合方法

(a)一顺一丁;(b)梅花丁;(c)三顺一丁

(2)砌块砌体

由砌块和砂浆砌成的砌体称为砌块砌体。我国目前采用较多的有混凝土小型空心砌块砌体及轻集料混凝土小型砌块砌体。砌块砌体,为建筑工厂化、机械化,提高劳动生产率,减轻结构自重开辟了新的途径。

(3)天然石材砌体

由天然石材和砂浆砌筑的砌体称为石砌体。石砌体分为料石砌体和毛石砌体。石材价格低廉,可就地取材,它常用于挡土墙、承重墙或基础,但石砌体自重大,隔热性能差,作外墙时厚度一般较大。

(4)配筋砌体

为了提高砌体的承载力和减小构件的截面尺寸,可在砌体内配置适量的钢筋形成配筋砌体。配筋砌体有横向配筋砖砌体和组合砌体等。在砖柱或墙体的水平灰缝内配置一定数量的钢筋网,称为横向配筋砖砌体[图 8-2(a)]。在竖向灰缝内或在预留的竖槽内配置纵向钢筋和浇筑混凝土,形成组合砌体,也称为纵向配筋砌体[图 8-2(b)]。这种砌体适用于承受偏心压力较大的墙和柱。

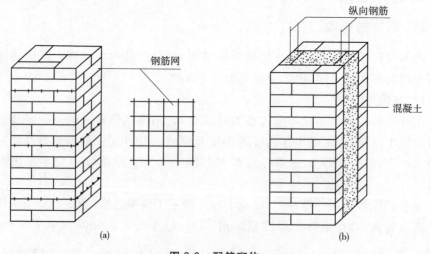

图 8-2 配筋砌体

(a)网状配筋砖砌体;(b)组合砖砌体

第二节　砌体结构的力学性能

一、砌体的抗压强度

1. 砌体受压破坏机理

砌体是由两种性质不同的材料(块材和砂浆)黏结而成,它的受压破坏特征将不同于单一材料组成的构件。砌体在建筑物中主要用作承压构件,因此了解其受压破坏机理就显得十分重要。根据国内外对砌体所进行的大量试验研究得知,轴心受压砌体在短期荷载作用下的破坏过程大致经历了以下三个阶段。

第一阶段:从开始加载到大约极限荷载的50%～70%时,首先在单块砖中产生细小裂缝。以竖向短裂缝为主,也有个别斜向短裂缝[图 8-3(a)]。这些细小裂缝是因砖本身形状不规整或砖间砂浆层不均匀、不平而受弯、剪产生的。如不增加荷载,这种单块砖内的裂缝不会继续发展。

第二阶段:随着外载增加,单块砖内的初始裂缝将向上、向下扩展,形成穿过若干皮砖的连续裂缝。同时产生一些新的裂缝[图 8-3(b)]。此时即使不增加荷载,裂缝也会继续发展。这时的荷载约为极限荷载的80%～90%,砌体已接近破坏。

第三阶段:继续加载,裂缝急剧扩展,沿竖向发展成上下贯通整个试件的纵向裂缝。裂缝将砌体分割成若干半砖小柱体[图 8-3(c)]。因各个半砖小柱体受力不均匀,小柱体将因失稳向外鼓出,其中某些部分被压碎,最后导致整个构件破坏。即将压坏时砌体所能承受的最大荷载即为极限荷载。

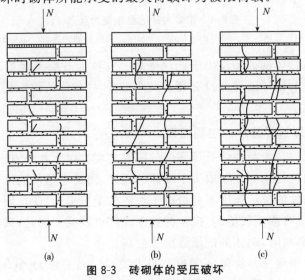

图 8-3　砖砌体的受压破坏
(a)单块砖内出现裂缝;(b)裂缝扩展;(c)裂缝贯通

试验表明,砌体的破坏,并不是由于砖本身抗压强度不足,而是竖向裂缝扩展连通使砌体分割成小柱体,最终砌体因小柱体失稳而破坏。分析认为产生这一现象的原因除砖与砂浆接触不良,使砖内出现弯剪应力[图8-4(a)]外,使砌体裂缝随荷载不断发展的另一个原因是由于砖与砂浆的受压变形性能不一致造成的。当砌体在受压产生压缩变形的同时还要产生横向变形,但在一般情况下砖的横向变形小于砂浆的横向变形(因砖的弹性模量一般高于砂浆的弹性模量),又由于两者之间存在着黏结力和摩擦力,故砖将阻止砂浆的横向变形,使砂浆受到横向压力,但反过来砂浆将通过两者间的黏结力增大砖的横向变形,使砖受到横向拉力[图8-4(b)]。砖内产生的附加横向拉应力将加快裂缝的出现和发展。另外砌体的竖向灰缝往往不饱满、不密实,这将造成砌体在竖向灰缝处的应力集中[图8-4(c)],也加快了砖的开裂,使砌体强度降低。

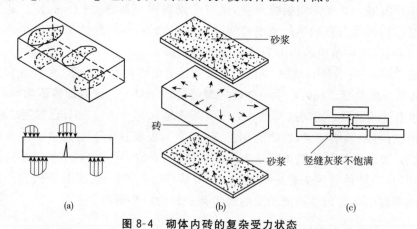

图 8-4　砌体内砖的复杂受力状态
(a)砖内有弯剪应力;(b)砖内有拉应力;(c)竖向灰缝处的砖内有应力集中现象

综上可见,砌体的破坏是由于砖块受弯、剪、拉而开裂及最后小柱体失稳引起的,所以砖块的抗压强度并没有真正发挥出来,故砌体的抗压强度总是远低于砖的抗压强度。

2. 影响砌体抗压强度的主要因素

根据试验分析,影响砌体抗压强度的因素主要有以下几个方面。

(1)砌体的抗压强度主要取决于块体的强度,因为它是构成砌体的主体。但试验也表明,砌体的抗压强度不只取决于块体的受压强度,还与块体的抗弯强度有关。块体的抗弯强度较低时,砌体的抗压强度也较低。因此,只有块体抗压强度和抗弯强度都高时,砌体的抗压强度才会高。

(2)砌体抗压强度与块体高度也有很大关系。高度越大,其本身抗弯、剪能力越强,会推迟砌体的开裂。且灰缝数量减少,砂浆变形对块体影响减小,砌体抗压强度相应提高。

(3)块体外形平整,使砌体强度相对提高。因平整的外观使块体内的附加弯矩、剪力影响相对较小,砂浆也易于铺平,应力分布不均匀现象会得到改善。

(4)砂浆强度等级越高,则其在压应力作用下的横向变形与块材的横向变形差会相对减小,因而改善了块材的受力状态,这将提高砌体强度。

(5)砂浆和易性和保水性越好,则砂浆容易铺砌均匀,灰缝饱满程度就越高,块体在砌体内的受力就越均匀,减少了砌体的应力集中,故砌体强度得到提高。

另外砌体的砌筑质量也是影响砌体抗压强度的重要因素,其影响并不亚于其他各项因素。因此,规范中规定了砌体施工质量控制等级。它根据施工现场的质保体系、砂浆和混凝土的强度、砌筑工人技术等级方面的综合水平划分为A、B、C三个等级,设计时一般按 B 级考虑。

3. 砌体的抗压强度计算

(1)各类砌体轴心抗压强度平均值 f_m

近年来我国对各类砌体的强度作了广泛的试验,通过统计和回归分析,《砌体规范》给出了适用于各类砌体的轴心抗压强度平均值计算公式:

$$f_m = k_1 f_1^\alpha (1 + 0.07 f_2) k_2 \tag{8-1}$$

式中:k_1——砌体种类和砌筑方法等因素对砌体强度的影响系数;

k——砂浆强度对砌体强度的影响系数;

f_1、f_2——分别为块材和砂浆抗压强度平均值;

α——与砌体种类有关的系数。

k_1、k_2、α 三个系数可由表 8-2 查到。

表 8-2 轴心抗压强度平均值 f_m (N/mm²)

砌体种类	$f_m = k_1 f_1^\alpha (1 + 0.07 f_2) k_2$		
	k_1	α	k_2
烧结普通砖、烧结多孔砖、蒸压灰砂砖、蒸压粉煤灰砖	0.78	0.5	当 $f_2 < 1$ 时,$k_2 = 0.6 + 0.4 f_2$
混凝土砌块	0.46	0.9	当 $f_2 = 1$ 时,$k_2 = 0.8$
毛料石	0.79	0.5	当 $f_2 < 1$ 时,$k_2 = 0.6 + 0.4 f_2$
毛石	0.22	0.5	当 $f_2 > 2.5$ 时,$k_2 = 0.4 + 0.24 f_2$

注:k_2 在表列条件以外时均等于1。

(2)各类砌体的轴心抗压强度标准值 f_k

抗压强度标准值是表示各类砌体抗压强度的基本代表值。在砌体验收及砌体抗裂等验算中,需采用砌体强度标准值。砌体抗压强度的标准值为:

$$f_k = f_m(1 - 1.645\delta_f) \tag{8-2}$$

式中：δ_f——砌体强度的变异系数。

把由式(8-1)求得的各类砌体的抗压强度平均值代入式(8-2)，即得其标准值。

(3) 各类砌体的轴心抗压强度设计值

对砌体进行承载力计算时，砌体强度应具有更大的可靠概率，需采用强度的设计值。砌体的抗压强度设计值为：

$$f = \frac{f_k}{\gamma_f} \tag{8-3}$$

式中：γ_f——砌体结构的材料性能分项系数，对各类砌体及各种强度均取 $\gamma_f = 1.6$。

根据式(8-3)可求出各类砌体的抗压强度设计值。

二、砌体的抗拉、抗弯与抗剪强度

砌体的抗压强度比抗拉、抗弯、抗剪强度高得多，因此砌体大多用于受压构件，以充分利用其抗压性能。但实际工程中有时也遇到受拉、受弯、受剪的情况。例如圆形水池的池壁受到液体的压力，在池壁内引起环向拉力；挡土墙受到侧向土压力使墙壁承受弯矩作用；拱支座处受到剪力作用等(图 8-5)。

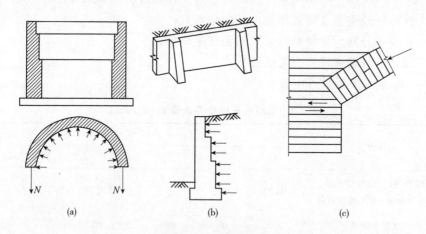

图 8-5 砌体受力形式
(a)水池池壁受拉；(b)挡土墙受弯；(c)砖拱下墙体的水平受剪

1. 砌体的轴心抗拉和弯曲抗拉强度

试验表明，砌体的抗拉、抗弯强度主要取决于灰缝与块材的黏结强度，即取决于砂浆的强度和块材的种类。一般情况下，破坏发生在砂浆和块材的界面上。砌体在受拉时，发生破坏有以下三种可能[图 8-6(a)、(b)、(c)]：沿齿缝截面破坏,沿通缝截面破坏,沿竖向灰缝和块体截面破坏。其中前两种破坏是在块体强度较高而砂浆强度较低时发生,而最后一种破坏是在砂浆强度较高而块体强度较低时发生。因为法向黏结强度,数值极低,且不易保证,故在工程中不应设计成利用法向黏结强度的轴心受拉构件[图 8-6(b)]。砌体受弯也有三种破坏可能,与轴心受拉时类似[图 8-7(a)、(b)、(c)]。

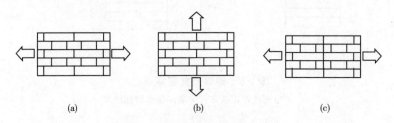

图 8-6　砌体轴心受拉破坏形态
(a)沿齿缝截面破坏;(b)沿通缝截面破坏;(c)沿块材和竖向灰缝截面破坏

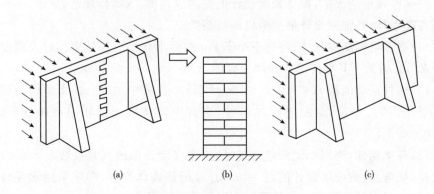

图 8-7　砌体受弯破坏形态
(a)沿齿缝破坏;(b)沿通缝破坏;(c)沿竖缝破坏

根据实验分析,《砌体规范》给出了各类砌体轴心抗拉强度平均值 $f_{t,m}$ 和弯曲抗拉强度平均值 $f_{tm,m}$ 的计算方法。同时类似轴心受压砌体,也给出了砌体轴心抗拉和弯曲抗拉强度标准值。同理,将强度标准值除以材料强度分项系数得出各强度的设计值。

2. **砌体的抗剪强度**

砌体的受剪是另一较为重要的性能。在实际工程中砌体受纯剪的情况几乎不存在,通常砌体截面上受到竖向压力和水平力的共同作用(图 8-8)。

砌体受剪时,既可能发生齿缝破坏,也可能发生通缝破坏。但根据试验结果,两种破坏情况可取一致的强度值,不必区分。

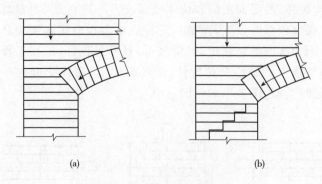

图 8-8 砌体受剪破坏形态
(a)沿通缝截面破坏;(b)沿阶梯形截面破坏

三、砌体强度设计值的调整

在某些特定情况下,砌体强度设计值需加以调整。《砌体规范》规定,下列情况的各类砌体,其强度设计值应乘以调整系数 γ_a:

(1)有起重机房屋砌体、跨度不小于 9m 的梁下烧结普通砖砌体以及跨度不小于 7.5m 的梁下其他砖砌体和砌块砌体,$\gamma_a=0.9$。

(2)构件截面面积 $A<0.3\mathrm{m}^2$ 时,$\gamma_a=A+0.7$(式中 A 以 m^2 为单位);砌体局部受压时,$\gamma_a=1$。对配筋砌体构件,当其中砌体截面面积 $A<0.2\mathrm{m}^2$ 时,$\gamma_a=A+0.8$。

(3)各类砌体,当用水泥砂浆砌筑时,抗压强度计值的调整系数 $\gamma_a=0.9$;对于抗拉、抗弯、抗剪强度设计值,$\gamma_a=0.8$。对配筋砌体构件,砌体采用水泥砂浆砌筑时,仅对砌体的强度设计值乘以上述的调整系数。

(4)当验算施工中房屋的构件时,$\gamma_a=1.1$。

(5)当施工质量控制等级为 C 级时,$\gamma_a=0.89$。

四、砌体的弹性模量、摩擦系数和线膨胀系数

当计算砌体结构的变形或计算超静定结构时,需要用到砌体的弹性模量。砌体在轴心压力作用下的应力—应变关系曲线如图 8-9,它与混凝土受轴压的应力—应变曲线有类似之处。应力较小时,砌体基本上处于弹性阶段工作,随着应力的增加,其应变将逐渐加快,砌体进入弹塑性阶段。这样在不同的应力阶段,砌体具有不同的模量值。在应力—应变曲线原点作曲线的切线,该切线的斜率为原点弹性模量 E_0,也称初始弹性模量:

$$E_0=\tan\alpha_0 \tag{8-4}$$

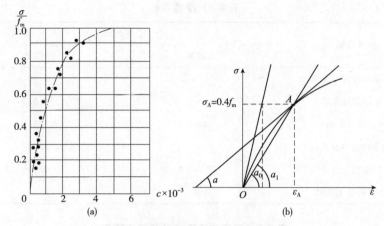

图 8-9 砌体受压时应力-应变曲线

当砌体在压应力作用下,描述其应变与应力间关系的模量有两种。一种是 $\sigma-s$ 曲线在 A 点的切线的斜率,即 $E=\tan\alpha$。它不能描述砌体压应力与总应变的关系,故工程上常采用砌体的割线模量,即 OA 连线的斜率来表示砌体压应力与总应变的关系。

$$E' = \tan\alpha_1 \tag{8-5}$$

由于砌体在正常工作阶段的应力一般在 $\sigma_A = 0.4 f_m$ 左右,故《砌体规范》为方便使用,就定义应力 $\sigma = 0.43 f_m$ 的割线模量作为受压砌体的弹性模量,而不像混凝土那样取原点切线模量作为弹性模量。《砌体规范》规定的各类砌体弹性模量 E 见表 8-3。

表 8-3 砌体的弹性模量(N/mm²)

砌体种类	砂浆强度等级			
	≥M10	M7.5	M5	M2.5
烧结普通砖、烧结多孔砖砌体	1600f	1600f	1600f	1390f
蒸压灰砂砖、蒸压粉煤灰砖砌体	1060f	1060f	1060f	960f
混凝土砌块砌体	1700f	1600f	1500f	—
粗料石、毛料石、毛石砌体	7300f	5650f	4000f	2250f
细料石、半细料石砌体	2200f	17000f	12000f	6750f

注:轻集料混凝土砌块砌体的弹性模量,可按表中混凝土砌块砌体的弹性模量采用。

砌体剪变模量 G 可近似取为:

$$G = 0.4E \tag{8-6}$$

砌体与常用材料间的摩擦系数及砌体的线膨胀系数和收缩率见表 8-4、表 8-5,砌体的变形验算及抗剪强度验算等可参考。

表 8-4　摩擦系数

材料类别	摩擦面情况	
	干燥的	潮湿的
砌体沿砌体或混凝土滑动	0.70	0.60
木材沿砌体滑动	0.60	0.50
钢沿砌体滑动	0.45	0.35
砌体沿砂或卵石滑动	0.60	0.50
砌体沿粉土滑动	0.55	0.40
砌体沿黏性土滑动	0.50	0.30

表 8-5　砌体的线膨胀系数和收缩率

砌体种类	线膨胀系数(10^{-6}/℃)	收缩率(mm/m)
烧结黏土砖砌体	5	−0.1
蒸压灰砂砖、蒸压粉煤灰砖砌体	8	−0.2
混凝土砌块砌体	10	−0.2
轻集料混凝土砌块砌体	10	−0.3
料石和毛石砌体	8	—

注：表中的收缩率系由达到收缩允许标准的块体砌筑 28d 的砌体收缩率。当地方有可靠的砌体收缩试验数据时，亦可采用当地的试验数据。

第三节　无筋砌体受压构件承载力计算

砌体的特点是抗压承载力远大于抗拉、抗弯承载力，因此在工程中砌体构件往往作为受压构件而存在，如承重墙、柱，这些受压构件是砌体结构房屋中用量最多的构件。

一、无筋砌体受压构件的破坏特征

以砖砌体为例研究无筋砌体受压构件破坏特征，砖砌体是由单块砖和砂浆黏结而成的整体。通过试验发现，砖砌体受压构件从加载受力起到破坏大致经历如图 8-10 的三个阶段：

（1）从加载开始到个别砖块上出现初始裂缝为止是第Ⅰ阶段，出现初始裂缝时的荷载为破坏荷载的 50%～70%，其特点是荷载不增加，裂缝也不会继续扩展，裂缝仅仅是单砖裂缝。

第八章 砌体结构

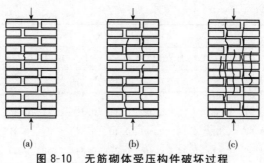

图 8-10 无筋砌体受压构件破坏过程
(a)第Ⅰ阶段；(b)第Ⅱ阶段；(c)第Ⅲ阶段

(2)若继续加载,砌体进入第Ⅱ阶段,其特点是荷载增加,原有裂缝不断开展,单砖裂缝贯通形成穿过几皮砖的裂缝,同时有新的裂缝出现,若不继续加载,裂缝也会缓慢发展。

(3)当荷载达到破坏荷载的 80%～90% 时,砌体进入第Ⅲ阶段,此时荷载增加不多,裂缝也会迅速发展,砌体被通长裂缝分割为若干个半砖小立柱,由于小立柱受力极不均匀,最终砖砌体会因小立柱的失稳或压碎而破坏。

二、基本计算公式

在试验研究和理论分析的基础上,规范规定无筋砌体受压构件的承载力应按下式计算

$$N \leqslant \varphi f A \tag{8-7}$$

式中：N——轴向力设计值；

φ——高度比 β 和轴向力的偏心距 e 对受压构件承载力的影响系数,可由表 8-6 查得；另还有与砂浆强度等级 M2.5、M5.0 对应的影响系数 φ 值表,可查阅《砌体规范》取用；

f——砌体抗压强度设计值；按表 8-7～表 8-13 采用；

A——截面面积,对各类砌体均按毛截面计算。

表 8-6 影响系数 φ（砂浆强度等级≥M5）

β	e/h 或 e/h_T												
	0	0.25	0.05	0.075	0.1	0.125	0.15	0.175	0.2	0.225	0.25	0.275	0.3
≤3	1	0.99	0.97	0.94	0.89	0.84	0.79	0.73	0.68	0.62	0.57	0.52	0.48
4	0.98	0.95	0.90	0.85	0.80	0.74	0.69	0.64	0.58	0.53	0.49	0.45	0.41
6	0.95	0.91	0.86	0.81	0.75	0.69	0.64	0.59	0.54	0.49	0.45	0.42	0.38
8	0.91	0.86	0.81	0.76	0.70	0.64	0.59	0.54	0.50	0.46	0.42	0.39	0.36
10	0.87	0.82	0.76	0.71	0.65	0.60	0.55	0.50	0.46	0.42	0.39	0.36	0.33

(续)

β	e/h 或 e/h_T												
	0	0.025	0.05	0.075	0.1	0.125	0.15	0.175	0.2	0.225	0.25	0.275	0.3
12	0.82	0.77	0.71	0.66	0.60	0.55	0.51	0.47	0.43	0.39	0.36	0.33	0.31
14	0.77	0.72	0.66	0.61	0.56	0.51	0.47	0.43	0.40	0.36	0.34	0.31	0.29
16	0.72	0.67	0.61	0.56	0.52	0.47	0.44	0.40	0.37	0.34	0.31	0.29	0.27
18	0.67	0.62	0.57	0.52	0.48	0.44	0.40	0.37	0.34	0.31	0.29	0.27	0.25
20	0.62	0.57	0.53	0.48	0.44	0.40	0.37	0.34	0.32	0.29	0.27	0.25	0.23
22	0.58	0.53	0.49	0.45	0.41	0.38	0.35	0.32	0.30	0.27	0.25	0.24	0.22
24	0.54	0.49	0.45	0.41	0.38	0.35	0.32	0.30	0.28	0.25	0.24	0.22	0.21
26	0.50	0.46	0.42	0.38	0.35	0.33	0.30	0.28	0.26	0.24	0.22	0.21	0.19
28	0.46	0.42	0.39	0.36	0.33	0.30	0.28	0.26	0.24	0.22	0.21	0.19	0.18
30	0.42	0.39	0.36	0.33	0.31	0.28	0.26	0.24	0.22	0.21	0.20	0.18	0.17

表 8-7 烧结普通砖和烧结多孔砖砌体的抗压强度设计值(MPa)

砖强度等级	砂浆强度等级					砂浆强度
	M15	M10	M7.5	M5	M2.5	0
MU30	3.94	3.27	2.93	2.59	2.26	1.15
MU25	3.60	2.98	2.68	2.37	2.06	1.05
MU20	3.22	2.67	2.39	2.12	1.84	0.94
MU15	2.79	2.31	2.07	1.83	1.60	0.82
MU10	—	1.89	1.69	1.50	1.30	0.67

注：当烧结多孔砖的孔洞大于30%时，表内数值应乘以 0.9。

表 8-8 混凝土普通砖和混凝土多孔砖砌体的抗压强度设计值(MPa)

砖强度等级	砂浆强度等级					砂浆强度
	Mb20	Mb15	Mb10	Mb7.5	Mb5	0
MU30	4.61	3.94	3.27	2.93	2.59	1.15
MU25	4.21	3.60	2.98	2.68	2.37	1.05
MU20	3.77	3.22	2.67	2.39	2.12	0.94
MU15	—	2.79	2.31	2.07	1.83	0.82

表 8-9 蒸压灰砂普通砖和蒸压粉煤灰普通砖砌体的抗压强度设计值(MPa)

砖强度等级	砂浆强度等级				砂浆强度
	M15	M10	M7.5	M5	0
MU25	3.60	2.98	2.68	2.37	1.05
MU20	3.22	2.67	2.39	2.12	0.94
MU15	2.79	2.31	2.07	1.83	0.82

注：当采用专用砂浆砌筑时，其抗压强度设计值按表中数值采用。

表 8-10 单排孔混凝土砌块和轻集料混凝土砌块对孔砌筑砌体的抗压强度设计值(MPa)

砌块强度等级	砂浆强度等级					砂浆强度
	Mb20	Mb15	Mb10	Mb7.5	Mb5	0
MU20	6.30	5.68	4.95	4.44	3.94	2.33
MU15	—	4.61	4.02	3.61	3.20	1.89
MU10	—	—	2.79	2.50	2.22	1.31
MU7.5	—	—	—	1.93	1.71	1.01
MU5	—	—	—	—	1.19	0.70

注:1. 对独立柱或厚度为双排组砌的砌块砌体,应按表中数值乘以 0.7。

2. 对 T 形截面墙体、柱,应按表中数值乘以 0.85。

表 8-11 双排孔或多排孔轻集料混凝土砌块砌体的抗压强度设计值(MPa)

砌块强度等级	砂浆强度等级			砂浆强度
	Mb10	Mb7.5	Mb5	0
MU10	3.08	2.76	2.45	1.44
MU7.5	—	2.13	1.88	1.12
MU5	—	—	1.31	0.78
MU3.5	—	—	0.95	0.56

注:1. 表中的砌块为火山渣、浮石和陶粒轻集料混凝土砌块;

2. 对厚度方向为双排组砌的轻集料混凝土砌块砌体的抗压强度设计值,应按表中数值乘以 0.8。

表 8-12 毛料石砌体的抗压强度设计值(MPa)

毛料石强度等级	砂浆强度等级			砂浆强度
	M7.5	M5	M2.5	0
MU100	5.42	4.80	4.18	2.13
MU80	4.85	4.29	3.73	1.91
MU60	4.20	3.71	3.23	1.65
MU50	3.83	3.39	2.95	1.51
MU40	3.43	3.04	2.64	1.35
MU30	2.97	2.63	2.29	1.17
MU20	2.42	2.15	1.87	0.95

注:细料石砌体、粗料石砌体和干砌勾缝石砌体,表中数值应分别乘以调整系数 1.4、1.2、0.8。

表 8-13 毛石砌体的抗压强度设计值(MPa)

毛石强度等级	砂浆强度等级			砂浆强度
	M7.5	M5	M2.5	0
MU100	1.27	1.12	0.98	0.34
MU80	1.13	1.00	0.87	0.30
MU60	0.98	0.87	0.76	0.26
MU50	0.90	0.80	0.69	0.23
MU40	0.80	0.71	0.62	0.21
MU30	0.69	0.61	0.53	0.18
MU20	0.56	0.51	0.44	0.15

三、计算时高厚比 β 的确定及修正

使用式(8-7)时,高厚比 β 应按以下方法确定:

对矩形截面:
$$\beta = \gamma_\beta \frac{H_0}{h} \tag{8-8}$$

对 T 形或十字形截面:
$$\beta = \gamma_\beta \frac{H_0}{h_T} \tag{8-9}$$

式中:H_0——受压构件的计算高度,按表 8-14 采用;

  h——矩形截面轴向力偏心方向的边长,当轴心受压时为截面较小边长;

  h_T——T 形截面的折算厚度,可近似按 $h_T = 3.5i$ 计算;

  i——截面的回转半径;

  γ_β——高厚比修正系数,按表 8-15 取用。

表 8-14 受压构件的计算高度 H_0

房屋类别			柱		带壁柱墙或周边拉接的墙		
			排架方向	垂直排架方向	$s > 2H$	$2H \geqslant s > H$	$s \leqslant H$
有吊车的单层房屋	变截面柱上段	弹性方案	$2.5H_u$	$1.25H_u$		$2.5H_u$	
		刚性、刚弹性方案	$2.0H_u$	$1.25H_u$		$2.0H_u$	
	变截面柱下段		$1.0H_l$	$0.8H_l$		$1.0H_l$	
无吊车的单层和多层房屋	单跨	弹性方案	$1.5H$	$1.0H$		$1.5H$	
		刚弹性方案	$1.2H$	$1.0H$		$1.2H$	
	多跨	弹性方案	$1.25H$	$1.0H$		$1.25H$	
		刚弹性方案	$1.10H$	$1.0H$		$1.1H$	
	刚性方案		$1.0H$	$1.0H$	$1.0H$	$0.4s + 0.2H$	$0.6s$

注:1. 表中 H_u 为变截面柱的上段高度;H_l 为变截面柱的下段高度;

 2. 对于上端为自由端的构件,$H_0 = 2H$;

 3. 独立砖柱,当无柱间支撑时,住在垂直排架方向的 H_0 应按表中数值乘以 1.25 后采用;

 4. s 为房屋横墙间距;

 5. 自承重墙的计算高度应根据周边支承或拉接条件确定。

表 8-15 高厚比修正系数 γ_β

砌体材料类别	γ_β
烧结普通砖、烧结多孔砖	1.0
混凝土普通砖、混凝土多孔砖、混凝土及轻集料混凝土砌块	1.1

（续）

砌体材料类别	γ_β
蒸压灰砂普通砖、蒸压粉煤灰普通砖、细料石	1.2
粗料石、毛石	1.5

注：对灌孔混凝土砌块砌体，γ_β 取 1.0。

在受压承载力计算时应注意：对矩形截面，当轴向力偏心方向的截面边长大于另一方向的边长时，除按偏心受压计算外，还应对较小边长方向按轴心受压进行验算，其 β 值是不同的；轴向力偏心距应满足 $e \leqslant 0.6y$，y 为截面中心到轴向力所在偏心方向截面边缘的距离。

【例题 8-1】

已知某受压砖柱，承受轴向力的设计值 $N=150\text{kN}$，沿截面长边方向的弯矩设计值 $M=8.5\text{kN}\cdot\text{m}$；柱的计算高度 $H_0=5.9\text{m}$，采用 MU10 烧结普通等级为 B 级。试验算该柱的承载力是否满足要求。

【解】（1）首先确定该柱为偏心受压。查表 8-7 得，$f=1.50\text{N/mm}^2$，$A=(0.49\times0.62)\text{m}^2=0.3038\text{m}^2>0.3\text{m}^2$，故不需对 f 进行调整。柱的偏心距为

$$e=\frac{M}{N}=\frac{8.5\times10^3}{150}\text{mm}=56.67\text{mm}$$

（2）计算高厚比 β

$$\beta=\frac{H_0}{h}=\frac{5.9}{0.62}=9.52，查表 10\text{-}14 得，\gamma_\beta=1.0$$

（3）确定承载力影响系数 φ 值

$$e/h=56.67/620=0.091$$

查表 10-6 得，$\varphi=0.681$

（4）验算

$\varphi fA=(0.681\times1.50\times0.3038\times10^6)\text{N}=310332\text{N}=310.\text{kN}>N=150\text{kN}$

（5）短边按轴心受压验算（$e=0$）

$$\beta=\frac{H_0}{h}=\frac{5.9}{0.49}=12.04$$

查表 8-6 得，$\varphi=0.82$

$\varphi fA=(0.82\times1.50\times0.3038\times10^6)\text{N}=373674\text{N}$
$=373.7\text{kN}>N=150\text{kN}$（满足要求）

【例题 8-2】

一截面尺寸为 $b\times h=1000\text{mm}\times190\text{mm}$ 窗间墙，计算高度 $H_0=3.0\text{m}$，采用

MU10单排孔混凝土小型空心砌块对孔砌筑,M5混合砂浆砌筑,承受轴向力的设计值$N=128\text{kN}$,偏心距(沿墙厚方向)$e=35\text{mm}$,施工质量控制等级为C级,试验算该柱的承载力是否满足要求。

【解】 (1)砌体抗压强度的计算。查表8-8得,$f=2.22\text{N/mm}^2$,$A=(1\times0.19)\text{m}^2=0.19\text{m}^2<0.3\text{m}^2$,故须对$f$乘以调整系数$\gamma_a$,$\gamma_a=A+0.7=0.19+0.7=0.89$。另外施工质量控制等级为C级,还应乘以调整系数0.89。故调整后的砌体抗压强度为

$$f=(2.22\times0.89\times0.89)\text{N/mm}^2=1.758\text{N/mm}^2$$

(2)计算高厚比β

$$\beta=\frac{H_0}{h}=\frac{3.0}{0.19}=15.79$$

查表8-15对β进行修正,修正系数$\gamma_\beta=1.1$,$\beta=1.1\times15.79=17.37$。

(3)计算计算φ值。根据$e/h=35/190=0.184$,查表8-6得,$\varphi=0.355$。

(4)验算

$$\varphi fA=(0.355\times1.758\times0.19\times10^6)\text{N}=118577\text{N}$$
$$=118.6\text{kN}<N=128\text{kN}(不满足要求)$$

【例题8-3】

带壁柱窗间墙截面如图8-11所示,计算高度$H_0=8.0\text{m}$,采用MU10烧结普通黏土砖和M5混合砂浆砌筑,承受轴向力的计算值$N=100\text{kN}$,弯矩设计值$M=12\text{kN·m}$;偏心压力偏向截面肋部一侧,施工质量控制等级为B级,试验算该柱的承载力是否满足要求。

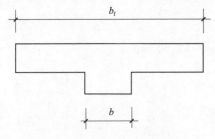

图8-11 带壁柱墙的截面图

【解】 (1)几何特征计算

截面面积 $A=(1.2\times0.24+0.25\times0.37)\text{m}^2=0.3805\text{m}^2$

截面重心位置

$$y_1=\frac{1.2\times0.24\times0.12+0.25\times0.37\times(0.24+0.25/2)}{1.2\times0.24+0.25\times0.37}\text{m}=0.18\text{m}$$

$$y_2=(0.49-0.18)\text{m}=0.31\text{m}$$

截面二次矩

$$I=\left[\frac{1}{12}\times0.2\times0.24^3+1.2\times0.24\times(0.18-0.12)^2+\frac{1}{12}\times0.37\times0.25^3\right.$$
$$\left.+0.37\times0.25\times(0.25/2+0.24-0.18^2)\right]\text{m}^4=5.94\times10^{-3}\text{m}^4$$

截面回转半径 $i=\sqrt{\dfrac{I}{A}}=\sqrt{\dfrac{5.94\times 10^{-3}}{0.3805}}\text{m}=0.125\text{m}$

则 T 形截面的折算厚度 $h_T=3.5i=3.5\times 0.125\text{m}=0.4375\text{m}$

(2) 计算偏心距

$$e=\dfrac{M}{N}=\dfrac{12}{100}=0.12\text{m}$$

$$e/y=0.12/0.31=0387<0.6$$

(3) 承载力计算。查表 8-7 得，$f=1.50\text{N/mm}^2$。

查表 8-6 得，$\varphi=0.27$，则

$$\varphi fA=(0.27\times 1.50\times 0.3805\times 10^6)\text{N}=154103\text{N}$$
$$=154.1\text{kN}>N=100\text{kN}(满足要求)$$

第四节　砌体的局部受压承载力计算

一、局部受压的破坏特征

当轴向压力只作用在砌体的局部截面上时，称为局部受压。若轴向力在该截面上产生的压应力均匀分布，称为局部均匀受压，如图 8-12(a) 所示。压应力若不是均匀分布，则称为非均匀局部受压，如直接承受梁端支座反力的墙体，如图 8-12(b) 所示。

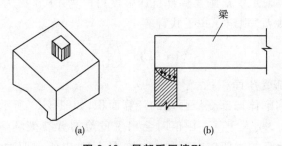

图 8-12　局部受压情形
(a) 局部均匀受压；(b) 局部不均匀受压

试验表明，局部受压力时，砌体有三种破坏形态。

(1) 因竖向裂缝的发展而破坏。这种破坏的特点是，随荷载的增加，第一批裂缝在离开垫板一定距离(约 1~2 皮砖)首先发生，裂缝主要沿纵向分布，也有沿斜向分布的，其中部分裂缝向上、下延伸连成一条主裂缝而引起破坏，如图 8-13(a) 所示。这是较常见的破坏态。

(2) 劈裂破坏。这种破坏多发生于砌体面积与局部受压面积之比很大时，产

生的纵向裂缝少而集中,而且一旦出现裂缝,砌体犹如刀劈那样突然破坏,砌体的开裂荷载与破坏荷载很接近,如图 8-13(b)所示。

(3)局部受压面的压碎破坏。当砌筑砌体的块体强度较低而局部压力很大时,如梁端支座下面砌体局部受压,就可能在砌体未开裂时就会发生局部被压碎的现象,如图 8-13(c)所示。

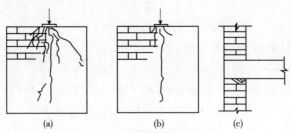

图 8-13 局部受压破坏形态
(a)因纵向裂缝的发展而引起的破坏;(b)劈裂破坏;(c)局部压坏

二、局部均匀受压承载力计算

1. 局部抗压强度提高系数

在局部压力作用下,局部受压范围内砌体的抗压强度会有较大提高。这主要有两个方面的原因:①未直接受压的外围砌体阻止直接受压砌体的横向变形,对直接受压的内部砌体具有约束作用,称为"套箍强化"作用;②由于砌体搭缝砌筑,局部压力迅速向未直接受压的砌体扩散,从而使应力很快变小,称为"应力扩散"作用。

如砌体抗压强度为 f,则其局部抗压强度可取为 γf,γ 称为局部抗压强度提高系数。《砌体规范》规定 γ 按下式计算:

$$\gamma = 1 + 0.35\sqrt{\frac{A_0}{A_l} - 1} \tag{8-10}$$

式中:A_l——局部受压面积;

A_0——影响砌体局部受压强度的计算面积,如图 8-14 所示。

为了避免 A_0/A_l 大于某一限值时会出现危险的劈裂破坏,《砌体规范》还规定,按式(8-10)计算的 γ 值应有所限制。在图 8-14 中所列四种情况下的 γ 值分别不宜超过 2.5、2.0、1.5 和 1.25。

2. 局部均匀受压承载力计算公式

局部均匀受压时按下式计算:

$$N_l \leqslant \gamma f A_l \tag{8-11}$$

式中:N_l——局部受压面积上的轴向力设计值;

γ——局部抗压强度提高系数,按式(8-10)计算;

A_l——局部受压面积。

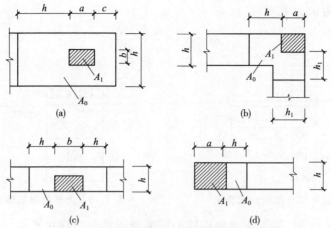

图 8-14 影响砌体局部抗压强度的面积 A_0

三、梁端支承处砌体局部受压承载力计算

梁端支承处砌体局部受压为局部非均匀受压,包括砌体直接支承混凝土梁、梁下设刚性垫块、梁下设长度大于 πh_0 的钢筋混凝土垫梁等多种情况。

1. 砌体直接支承混凝土梁

(1) 梁端有效支承长度

钢筋混凝土梁直接支承在砌体上,若梁的支承长度为 a,则由于梁的变形和支承处砌体的压缩变形,梁端有向上翘的趋势,因而梁的有效支承长度 a_0 常常小于实际支承长度 $a(a_0 \leqslant a)$。砌体的局部受压面积为 $A_l = a_0 b$(b 为梁的宽度),而且梁端下面砌体的局部压应力也非均匀分布,如图 8-15 所示。

《砌体规范》建议 a_0 可近似地按下式计算:

$$a_0 = 10\sqrt{\frac{h_c}{f}} \tag{8-12}$$

式中:h_c——梁的截面高度;

f——砌体抗压强度设计值。

(2) 梁端支承处砌体的局部受压承载力计算

梁端下面砌体局部面积上受到的压力包括两部分:①梁端支承压力 N_l;②上部砌体传至梁端下面砌体局部面积上的轴向力 N_0。但由于梁端底部砌体的局部变形而产生"拱作用",如图 8-16 所示,使传至梁下砌体的平均压力减少为 ϕN_0(ϕ 为上部荷载的折减系数)。

故梁端下砌体所受到的局部平均压应力为 $\dfrac{N_l}{A_l} + \dfrac{\phi N_0}{A_l}$,而局部受压的最大压

应力可表达为 σ_{max},则有:

$$\eta\sigma_{max}=\frac{N_l}{A_l}+\frac{\psi N_0}{A_l} \tag{8-13}$$

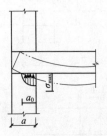
图 8-15 梁端局部受压

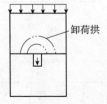
图 8-16 上部荷载的传递

当 $\sigma_{max} \leqslant \gamma f$ 时,梁端支承处砌体的局部受压承载力满足要求。代入后整理得梁端支承处砌体的局部受压承载力公式:

$$N_l+\psi N_0 \leqslant \eta\gamma f A_l \tag{8-14}$$

$$\psi=1.5-0.5\frac{A_0}{A_l} \tag{8-15}$$

$$A_l=a_0 b \tag{8-16}$$

$$N_0=\sigma_0 A_l \tag{8-17}$$

式中:ψ——上部荷载的折减系数,当 $A_0/A_l \geqslant 3$ 时,取 $\psi=0$;

N_0——局部受压面积内上部轴向力设计值;

N_l——梁端荷载设计值产生的支承压力;

A_l——局部受压面积;

σ_0——上部荷载产生的平均压应力设计值;

η——梁端底面应力图形的完整系数,一般可取 0.7,对于过梁和墙梁可取 1.0;

a_0——梁端有效支承长度,当 $a_0 > a$ 时,取 $a_0=a$;

f——砌体抗压强度设计值。

2. 梁下设有刚性垫块

当梁端局部受压承载力不满足要求时,常采用在梁端下设置预制或现浇混凝土垫块的方法以扩大局部受压面积,提高承载力。当垫块高度 $t_b \geqslant 180mm$,且垫块自梁边缘起挑出的长度不大于垫块的高度时,称为刚性垫块。刚性垫块不但可以增大局部受压面积,还能使梁端压力较均匀地传至砌体表面。《砌体规范》规定刚性垫块下砌体局部受压承载力计算公式为:

$$N_0+N_l \leqslant \varphi\gamma_1 f A_b \tag{8-18}$$

式中:N_0——垫块面积内上部轴向力设计值,$N_0=\sigma_0 A_b$;

N_1——梁端支承压力设计值;

γ_1——垫块外的砌体面积的有利影响系数,$\gamma_1=0.8\gamma$但不小于 1,γ 为砌体局部抗压强度的提高系数,按式(8-10)计算,但要用 A_b 代替式中的 A_1;

φ——垫块上 N_0 及 N_1 合力的影响系数,但不考虑纵向弯曲影响。查表可知,取 $\beta \leqslant 3$ 时的 φ 值;

A_b——垫块面积,$A_b = a_b \times b_b$,a_b 为垫块的长度,b_b 为垫块的宽度。

在带壁柱墙的壁柱内设置刚性垫块时,如图 8-17 所示,壁柱上垫块伸入翼墙内的长度不应小于 120mm,计算面积应取壁柱面积 A_0,不计算翼缘部分。

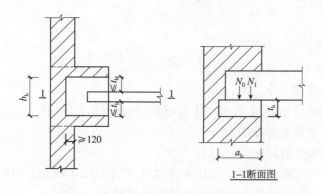

图 8-17 壁柱上设有垫块时梁端局部受压

刚性垫块上表面梁端有效支承长度 a_0 按下式确定:

$$a_0 = \delta_1 \sqrt{\frac{h_c}{f}} \tag{8-19}$$

式中:δ_1——刚性垫块计算公式 a_0 的系数,应按表 8-16 采用,垫块上 N_1 合力点位置可取在 $0.4a_0$ 处。

表 8-16 δ_1 系数值表

σ_0/f	0	0.2	0.4	0.6	0.8
δ_1	5.4	5.7	6.0	6.9	7.8

3. 梁下设有长度大于 πh_0 的钢筋混凝土垫梁

如图 8-18 所示,当梁端支承处的墙体上设有连续的钢筋混凝土梁(如圈梁)时,该梁可起垫梁的作用,其下的压力分布可近似地简化为三角形分布,其分布长度为 πh_0。

垫梁下砌体的局部受压承载力按下式计算:

$$N_1 + N_0 \leqslant 2.4 \delta_2 f b_b h \tag{8-20}$$

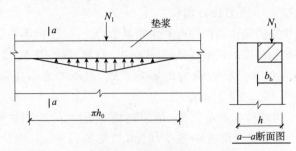

图 8-18 垫梁局部受压

$$N_0 = \frac{\pi b_b h_0 \sigma_0}{2} \tag{8-21}$$

$$h_0 = 2\sqrt[3]{\frac{E_b I_b}{Eh}} \tag{8-22}$$

式中：N_l——梁端支承压力；

N_0——垫梁 $\pi b_b h/2$ 范围内上部轴向力设计值，$N_0 = \pi b_b h_0 \sigma_0 / 2$；

b_b——垫梁宽度(mm)；

h_0——垫梁折算高度(mm)；

δ_2——当荷载沿墙厚方向均匀分布时 δ_2 取 1.0，不均匀分布时 δ_2 取 0.5；

$E_b I_b$——分别为垫梁的混凝土弹性模量和截面二次矩；

E——砌体的弹性模量；

h——墙厚(mm)。

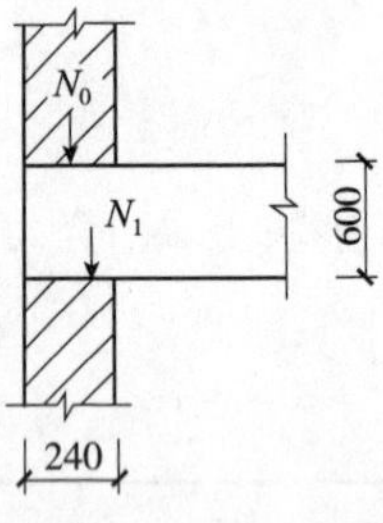

【例题 8-4】

某窗间墙截面尺寸为 1200mm×240mm，采用 MU10 黏土砖 M5 混合砂浆砌筑。墙上支承有 250mm×600mm 的钢筋混凝土梁，如图 8-19 所示。梁上荷载产生的支承压力 $N_l = 100\text{kN}$，上部荷载传来的轴向力设计值 80kN。试验算梁端支承处砌体的局部受压承载力。

图 8-19 例题 8-4 图

【解】 (1)砌体抗压强度承载力设计值计算。查表 8-7 得，$f = 1.5\text{N/mm}^2$。

(2)梁端有效支承长度

$$A_1 = a_0 \times b = (200 \times 250)\text{mm}^2 = 50000\text{mm}^2$$

(3)局部受压面积、局部抗压强度提高系数计算

$$A_0 = [240 \times (240 \times 2 + 250)]\text{mm}^2 = 175000\text{mm}^2$$

$$\gamma = 1 + 0.35\sqrt{\frac{A_0}{A_1} - 1} = 1 + 0.35\sqrt{\frac{175000}{50000} - 1} = 1.55 < 2.0$$

(4) 上部荷载折减系数计算

$\dfrac{A_0}{A_l} = \dfrac{175000}{50000} = 3.5 > 3$,故不考虑上部荷载的影响,取 $\psi = 0$。

(5) 局部受压承载力验算

$$\eta\gamma f A_l = (0.7 \times 1.55 \times 1.5 \times 50000)\text{N}$$
$$= 81375\text{N} = 81.375\text{kN}$$
$$< N_l + \psi N_0 = 100\text{kN}(不满足要求)$$

【例题 8-5】

条件同例 8-4,如设置刚性垫块,试选择垫块的尺寸,并进行验算。

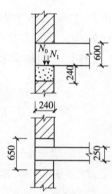

【解】 (1) 选择垫块的尺寸(图 8-20)。取垫块的厚度 $t_b = 240\text{mm}$,宽度 $a_b = 240\text{mm}$,长度 $b_b = 650\text{mm}$,因 $b_b = 650\text{mm} < (250 + 2 \times t_b)\text{mm} = 730\text{mm}$,且 $(240 \times 2 + 650)\text{mm} = 1130\text{mm} < 1200\text{mm}$(窗间墙宽度)

故有 $A_0 = [240 \times (240 \times 2 + 650)]\text{mm}^2 = 271200\text{mm}^2$

局部受压面积 $A_l = Ab = a_b \times b_b = (240 \times 650)\text{mm}^2 = 156000\text{mm}^2$

图 8-20 例题 8-5 图

(2) 局部抗压强度提高系数

$$\gamma = 1 + 0.35\sqrt{\dfrac{A_0}{A_l} - 1} = 1 + 0.35\sqrt{\dfrac{271200\text{mm}^2}{156000\text{mm}^2} - 1} = 1.30 < 2.0$$

$$\gamma_1 = 0.8\gamma = 0.8 \times 1.30 = 1.04 > 1$$

(3) 求影响系数 φ。上部荷载产生的平均压应力 $\sigma_0 = \dfrac{80 \times 10^3 \text{N}}{1200\text{mm} \times 240\text{mm}} = 0.28\text{N/mm}^2$,$\dfrac{\sigma_0}{f} = 0.187$,查表可得,$\delta_1 = 5.68$

刚性垫块上表面梁端有效支承长度

$$a_0 = \delta_1 \sqrt{\dfrac{h_c}{f}} = 5.68 \times \sqrt{\dfrac{600\text{mm}}{1.50\text{N/mm}^2}} = 113.6\text{mm}$$

N_l 合力点至墙边的位置为 $0.4a_0 = (0.4 \times 113.6)\text{mm} = 45.44\text{mm}$

N_l 对垫块中心的偏心距为 $e_l = (120 - 45.44)\text{mm} = 74.56\text{mm}$

垫块上的上部荷载产生的轴向力

$$N_0 = \sigma_0 A_b = (0.28 \times 156000)\text{N} = 43680\text{N} = 43.68\text{kN}$$

作用在垫块上的总轴向力

$$N = N_0 + N_l = (43.68 + 100)\text{kN} = 143.68\text{kN}$$

轴向力对垫块重心的偏心距

$$e = \frac{N_l e_1}{N_0 + N_l} = \frac{100 \times 74.56}{143.68 \text{kN}} \text{mm} = 51.89 \text{mm}$$

$e/a_b = 51.89/240 = 0.216$,查表 10—6($\beta \leqslant 3$)得,$\varphi = 0.648$

$$\varphi \gamma_1 f A_b = (0.648 \times 1.04 \times 1.5 \times 156000)\text{N} = 157697\text{N}$$
$$= 157.7\text{kN} > N = 143.68\text{kN}(满足要求)$$

【例题 8-6】

条件同例 8-4,如梁下设置钢筋混凝土圈梁,试验算局部受压承载力。圈梁截面尺寸为 $b \times h = 240\text{mm} \times 240\text{mm}$,混凝土强度等级 C20($E_b = 25.5 \times 10^3 \text{N/mm}^2$),砌体 $E = 1600 f = 1600 \times 1.50 \text{N/mm}^2 = 2.4 \times 10^3 \text{N/mm}^2$。

【解】（1）垫梁折算高度

$$h_0 = 2\sqrt[3]{\frac{E_b I_b}{E h}} = \left[2\sqrt[3]{\frac{25.5 \times 10^3 \times \frac{1}{12} \times 240^4}{2.4 \times 10^3 \times 240}}\right] \text{mm} = 461 \text{mm}$$

（2）垫梁 $\pi b_b h_0 / 2$ 范围内上部轴向力设计值

$$N_0 = \pi b_b h_0 \sigma_0 / 2 = (3.14 \times 240 \times 461 \times 0.28/2)\text{N} = 48637\text{N} = 48.64\text{kN}$$

（3）验算

$$2.4 \delta_2 f b_b h_0 = (2.4 \times 1.0 \times 1.50 \times 240 \times 461)\text{N} = 398304\text{N}$$
$$= 398.3\text{kN} > N_0 + N_l = 148.64\text{kN}(满足要求)$$

第五节 配筋砌体结构

与无筋砌体受压构件的抗压承载力不足时,可以采用配筋砌体来提高砌体结构的承载力。用作受压构件的配筋砖砌体主要有网状配筋砖砌体和组合砖砌体。

一、网状配筋砖砌体

网状配筋砖砌体是在砖砌体的水平灰缝内按一定要求放置方格钢筋网片,以达到提高砌体受压承载力的目的。

1. 受力特点

当砖砌体受压构件的承载力不足而截面尺寸又受到限制时,可以采用网状配筋砌体。常见的钢筋网片形式有方格网和连弯网。

砌体承受轴向压力时,除产生纵向压缩变形外,还会产生横向膨胀。网状配筋砖砌体在受力时,和无筋砌体一样经历三个受力阶段。所不同的是,第一阶段单砖开裂的荷载提高了,当达到极限荷载 60%～75%时才出现单砖开裂现象;

由于钢筋网片的阻隔作用,第二阶段的裂缝不像无筋砌体那样贯穿很多皮砖,而是在钢筋网片之间的砖块内发展,此阶段的砖裂缝细而多,但发展缓慢;在第三阶段破坏时,也不至于像无筋砌体那样,形成贯通裂缝且分隔成若干小柱失稳而破坏,网状配筋砖砌体是由于网片之间的部分砖严重开裂直至压碎,最后导致砌体破坏。由于钢筋网片约束了砌体的横向变形,从而间接提高了砌体的抗压强度,故网状配筋砖砌体的抗压承载力明显高于无筋砌体。

网状配筋砖砌体相对于普通无筋砌体有显著的优越性,但采用网状配筋砖砌体结构时,网状配筋砖砌体受压构件还应满足《砌体规范》的以下规定:

(1)偏心距 e 超过截面核心范围(如对矩形截面,即为 $e/h>0.17$),或构件的高厚比 $\beta>16$ 时,不宜采用网状配筋砖砌体构件;

(2)对矩形截面构件,当轴向力偏心方向的截面边长大于另一方向的边长时,除按偏心受压计算外,还应对较小边长方向按轴心受压进行验算;

(3)当网状配筋砖砌体构件下端与无筋砌体交接时,尚应验算交接处无筋砌体的局部受压承载力。

2. 构造要求

为使网状配筋砖砌体能安全可靠地工作,除了应按受压承载力计算外,尚应满足下列构造要求(图 8-21)。

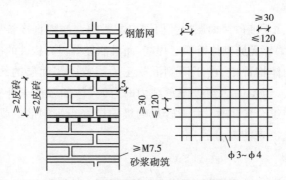

图 8-21 网状配筋砖砌体的构造要求

(1)钢筋的体积配筋率不应小于 0.1‰,并不应大于 1%。因为配筋率过小,钢筋网片的作用太小,而配筋率过大使钢筋的强度不能充分发挥作用。

(2)采用方格钢筋网片时,钢筋的直径宜采用 3~4mm,由于存在着两个方向钢筋相叠的现象,若直径过粗,会使灰缝过厚。

(3)钢筋过疏对砌体的约束作用太弱,而方格过密,则砂浆难以密实。因此,钢筋网片中钢筋的间距不应大于 120mm,并不应小于 30mm。

(4)钢筋网的竖向间距不应大于五皮砖,并不应大于 400mm。

(5)网状配筋砖砌体所用的砂浆强度等级不应低于 M7.5,钢筋网片应设置在水平灰缝中,灰缝厚度应保证钢筋上、下至少各有 2mm 的砂浆层。

二、组合砖砌体

当无筋砌体受压构件的截面尺寸受到限制或设计不经济,或轴向力偏心距过大($e>0.6y$)时,可采用砖砌体和钢筋混凝土面层或钢筋砂浆面层组成的组合砖砌体(图 8-22)。

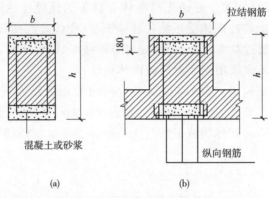

图 8-22 组合砖砌体构件截面

1. 受力特点

由于混凝土面层或砂浆面层以及面层内配置的钢筋均直接参与受压工作,所以构件的受压承载力比无筋砌体有明显提高,而且能显著提高构件的抗弯能力和延性。

在组合砖砌体构件中,由于两侧混凝土面层或砂浆面层的约束,砖砌体的受压变形能力较大,当构件达到极限承载力时,砖砌体的强度未能充分利用。对于钢筋砂浆面层的组合砖砌体,由于砂浆的极限应变小于钢筋的受压屈服应变,破坏时钢筋的强度也未能充分利用。

2. 构造要求

(1)面层混凝土强度等级宜采用 C20,面层水泥砂浆强度等级不宜低于 M10。为了使砖砌体的强度不至于过低,砌筑砂浆强度等级不宜低于 M7.5。

(2)砂浆面层的厚度可采用 30~45mm,当面层厚度大于 45mm 时,宜改用混凝土面层。

(3)竖向受力钢筋宜采用 HPB300 级钢筋,对于混凝土面层,也可采用 HRB335 级钢筋。受压钢筋一侧的配筋率,对砂浆面层不宜小于 0.1%,对混凝土面层不宜小于 0.2%。受拉钢筋的配筋率,不应小于 0.1%。竖向受力钢筋的直径不应小于 8mm,钢筋的净间距不应小于 30mm。

(4)箍筋的直径不宜小于 4mm 及 0.2 倍的受压钢筋直径,并不宜大于 6mm。

箍筋的间距不应大于 20 倍受压钢筋的直径及 500mm，并不应小于 120mm。

(5)当组合砖砌体构件一侧的竖向受力钢筋多于 4 根时,应设置附加箍筋或拉结钢筋。

(6)对于截面长短边相差较大的构件,如墙体等,应采用穿通墙体的拉结钢筋作为箍筋,同时设置水平分布钢筋。水平分布钢筋的竖向间距及拉结钢筋的水平间距,均不应大于,500mm(图 8-23)。

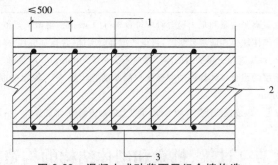

图 8-23 混凝土或砂浆面层组合墙构造
1-竖向受力钢筋；2-拉接钢筋；3-水平分布钢筋

(7)组合砖砌体构件的顶部和底部,以及牛腿部位,必须设置钢筋混凝土垫块。竖向受力钢筋伸入垫块的长度,必须满足锚固要求。

3. 砌体中钢筋的保护层厚度

《砌体规范》规定,设计使用年限为 50 年时,砌体中钢筋的保护层厚度应符合下列规定。

(1)配筋砌体中钢筋的最小混凝土保护层厚度应符合表 8-17 的规定。

(2)灰缝中钢筋外露砂浆保护层的厚度不应小于 15mm。

(3)所有钢筋端部均应有与对应钢筋的环境类别条件相同的保护层厚度。

(4)对填实的夹心墙或特别的墙体构造,钢筋的最小保护层厚度,尚应符合相关规定。

表 8-17 钢筋的最小保护层厚度(mm)

环境类别	混凝土强度等级			
	C20	C25	C30	C35
	最低水泥含量(kg/m³)			
	260	280	300	320
1	20	20	20	20
2	—	25	25	25
3	—	40	40	30

(续)

环境类别	混凝土强度等级			
	C20	C25	C30	C35
	最低水泥含量(kg/m³)			
	260	280	300	320
4	—	—	40	40
5				40

注:1. 材料中最大氯离子含量和最大碱含量应符合现行国家标准《混凝土规范》的规定;
   2. 当采用防渗砌体块体和防渗砂浆时,可以考虑部分砌体(含抹灰层)的厚度作为保护层,但对环境类别 1、2、3,其混凝土保护层的厚度相应不应小于 10mm、15mm 和 20mm;
   3. 钢筋砂浆面层的组合砌体构件的钢筋保护层厚度宜比表 8-17 规定的混凝土保护层厚度数值增加 5～10mm;
   4. 对安全等级为一级或设计使用年限为 50 年以上的砌体结构,钢筋保护层的厚度应至少增加 10mm。

第六节　过梁、挑梁和砌体结构的构造措施

一、过梁

1. 过梁的分类及构造要求

过梁是混合结构房屋墙体门窗洞口上常用的构件,其作用是承受洞口上部墙体自重及楼盖传来的荷载。常用的过梁有砖砌过梁和钢筋混凝土过梁。砖砌过梁又可分为砖砌平拱过梁和钢筋砖过梁等几种形式(图 8-24)。

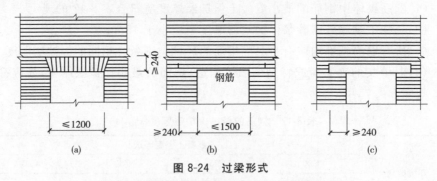

图 8-24　过梁形式
(a)砖砌平拱过梁;(b)钢筋砖过梁;(c)钢筋混凝土过梁

(1)砖砌平拱过梁

用砖竖立砌筑的过梁称砖砌平拱过梁。竖砖砌筑部分高度不应小于 240mm,过梁计算高度内的砂浆不宜低于 M5,其净跨度不应超过 1.2m。

(2)钢筋砖过梁

在过梁底部水平灰缝内配置钢筋的过梁称钢筋砖过梁。钢筋的直径不应小于5mm,也不宜大于8mm,间距不宜大于120mm。钢筋伸入支座砌体内的长度不宜小于240mm,砂浆层的厚度不宜小于30mm,强度不宜低于M5,跨度不应超过1.5m。

(3)钢筋混凝土过梁

上述砖砌过梁具有节约钢材、水泥等优点,但其跨度受到限制且对变形很敏感,当跨度较大或受有较大振动以及可能产生不均匀沉降的房屋,必须采用钢筋混凝土过梁。预制钢筋混凝土过梁具有施工方便、节省模板、抗震性好等优点,应用最为广泛。

钢筋混凝土过梁端部在墙中的支承长度,不宜小于240mm。当过梁所受荷载过大时,该支承长度应按局部受压承载力计算确定,此时可取 $\varphi=0, \eta=1.0$。其他配筋构造要求同一般梁。

2. 过梁上的荷载

过梁承受的荷载一般有两部分,一部分为墙体及过梁本身自重,另一部分为过梁上部的梁、板传来的荷载。试验表明,过梁上砌体的砌筑高度超过1/3净跨(l_n)后,过梁的挠度增长很小。这是由于过梁上墙体形成内拱而产生卸荷作用,将一部分墙体荷载直接传到过梁支座上,而不再加给过梁。试验还表明,梁、板下墙体高度较小时,梁板上荷载才会传给过梁。当梁板下墙体高度等于 $0.8l_n$ 处施加外荷载时,由于砌体的内拱作用,梁板荷载将直接传给支座,对过梁的影响极小。

根据上述试验结果分析,《砌体规范》规定过梁上荷载按下述方法确定。

(1)梁、板荷载

对于砖和小型砌块砌体,梁、板下的墙体高度 $h_w < l_n$ 时(l_n 为门、窗洞口净跨度),应考虑梁、板传来的荷载全部作用于过梁上,不考虑墙体内的内拱作用(图8-25)。当 $h_w \geq l_n$ 时,可不考虑梁、板荷载,认为其全部由墙体内拱作用直接传至过梁支座。

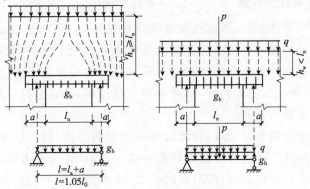

图8-25 过梁上的梁、板荷载

对于中型砌块砌体,梁、板下的墙板高度 $h_w < l_n$ 时(b_b 为包括灰缝厚度的每皮砌块高度),应考虑梁、板传来的荷载全部由过梁承担。$l_w \geq l_n$ 且 $h_w \geq 3h_b$ 时,可不考虑梁、板荷载。

(2)墙体荷载

对于砖砌体,当过梁上的墙体高度 $h_w < l_n/3$,应按实际墙体的均布自重计算。$h_w \geq l_n/3$ 时,应按高度为 $l_n/2$ 的三角形墙体荷载计算(设想自梁端形成 45°裂缝,则只有裂缝下墙体压在梁上),但根据跨中弯矩等效可化为 $l_n/3$ 墙体的均布自重计算(图 8-26)。

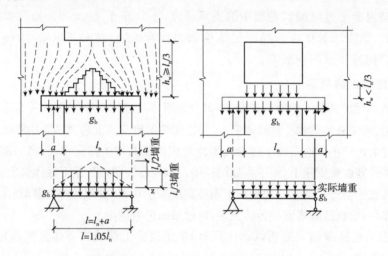

图 8-26　过梁上的墙体荷载(砖砌墙体)

对于混凝土砌块砌体,当过梁上的墙体高度 $h_w < l_n/2$ 时,应按实际墙体的均布自重计算。$h_w \geq l_n/2$ 时,应按高度为 $l_n/2$ 墙体的均布自重计算。

3. 过梁的承载力计算

与普通受弯构件一样,砖砌过梁在荷载作用下,上部受压,下部受拉。随着荷载的增加可能引起过梁跨中正截面的受弯承载力不足而破坏,也可能在支座附近因受剪承载力不足沿灰缝产生阶梯形裂缝导致破坏。因此,应对砖砌过梁进行受弯、受剪承载力验算。此外,对砖砌平拱过梁,还应进行房屋端部窗间墙支座水平受剪承载力验算。

过梁的内力按简支梁计算,计算跨度取过梁的净跨,即洞口宽度 l_n,过梁宽度 b 取与墙厚相同。砖砌过梁截面计算高度 h 的取值:当不考虑梁、板荷载时,取过梁底面以上的墙体高度,但不超过 $l_n/3$;当考虑梁、板荷载时,取过梁底面到梁、板底面的墙体高度。

(1) 砖砌平拱过梁承载力计算：

受弯承载力计算：
$$M \leqslant f_{tm}W \tag{8-23}$$

受剪承载力计算：
$$V \leqslant f_v bz \tag{8-24}$$

式中：M——过梁承受的弯矩设计值；

V——过梁承受的剪力设计值；

f_tm——砌体沿齿缝截面的弯曲抗拉强度设计值；

f_v——砌体的抗剪强度设计值；

b——过梁的截面宽度，即墙厚；

W——过梁截面的弹性抵抗矩；

z——内力臂；

h——过梁截面的计算高度。

砖砌平拱过梁的受弯和受剪承载力可按式(8-23)和(8-24)计算，并采用沿齿缝截面的弯曲抗拉强度或抗剪强度设计值进行计算。计算结果表明，砖砌平拱过梁的承载力总是由受弯控制的，受剪承载力一般均能满足，可不进行此项验算。

(2) 钢筋砖过梁承载力计算

钢筋砖过梁的受剪承载力仍可按式(8-24)计算，跨中正截面受弯承载力应按下式计算：

$$M \leqslant 0.85 h_0 f_y A_s \tag{8-25}$$

式中：M——按简支梁计算的跨中弯矩设计值；

f_y——受拉钢筋的强度设计值；

A_s——受拉钢筋的截面面积；

h_0——过梁截面的有效高度，$h_0 = h - a_s$；

a_s——受拉钢筋重心至截面下边缘的距离，一般可取 $a_s = 15\text{mm}$；

h——过梁的截面计算高度，取过梁底面以上的墙体高度，但不大于 $l_n/3$；当考虑梁板传来的荷载时，则按梁板下的高度采用。

钢筋混凝土过梁应按钢筋混凝土受弯构件进行正截面受弯和斜截面受剪承载力计算。此外还应进行梁端下砌体局部受压承载力验算。

【例题 8-7】

已知钢筋砖过梁净跨 $l_n = 1.5\text{m}$，用砖 MU10，混合砂浆 M7.5 砌筑。墙厚为 240mm，双面抹灰，墙体自重为 5.24kN/m。在距窗口顶面 0.62m 处作用楼板传来的荷载标准值 10.2kN/m（其中活荷载 3.2kN/m）。试设计该钢筋砖过梁。

【解】 由于 $h_w = 0.62\text{m} < 1.5\text{m}$，故需考虑板传来的荷载。

过梁上的荷载 $q=\left(\dfrac{1.5}{3}\times 5.24+7\right)\times 1.2+3.2\times 1.4=16.02\text{kN/m}$

由于考虑板传来的荷载,取过梁的计算高度为620mm。

$$h_0=620-15-605\text{mm}$$

$$M=\dfrac{1}{8}ql_n^2=\dfrac{1}{8}\times 16.02\times 1.5^2=4.51\text{kN}\cdot\text{m}$$

HPB300级钢筋 $f_y=270\text{N/mm}^2$

$$A_s=\dfrac{M}{0.85f_yh_0}=\dfrac{4510000}{0.85\times 270\times 605}=32.48$$

选用 $3\phi 6(A_s=85\text{mm}^2)$

按受剪承载力公式计算,支座处产生的剪力为:

$$V=\dfrac{1}{2}ql_n=\dfrac{1}{2}\times 16.02\times 1.5=12.02\text{kN}$$

查常用型钢表可得: $f_v=0.14\text{N/mm}^2$ $z=\dfrac{2}{3}h=\dfrac{2}{3}\times 620=413.3\text{mm}$,

由式(8-24)得:

$$f_v bz=0.14\times 240\times 413.3=13.89\text{kN}>12.02\text{kN}$$

承载力满足要求。

二、挑梁

挑梁是指一端埋入墙体内,另一端挑出墙外的钢筋混凝土构件。它是一种在砌体结构房屋中常用的构件,如挑檐、阳台、雨篷、悬挑楼梯等均属挑梁范围。

1. 挑梁的受力特点及破坏形态

挑梁依靠压在它上部的砌体重量及其传来的荷载来平衡悬挑部分所承受的荷载(图8-27)。在悬挑部分荷载所引起的弯矩和剪力作用下,埋入段将产生挠曲变形,变形大小与墙体的刚度及埋入段的刚度有关。随着荷载增加,在挑梁A处的顶面将与上部砌体脱开,形成一段水平裂缝。随着荷载增加,在挡梁A处的顶面将与上部砌体脱开,形成一段水平裂缝。随着荷载进一步增大,在挑梁尾部B处的底面也将形成一段水平裂缝。如果挑梁本身承载力足够,则挑梁在砌体中可能出现以下两种破坏形态:

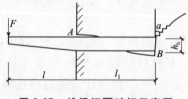

图8-27 挑梁倾覆破坏示意图

(1)挑梁倾覆破坏

当挑梁埋入段长度 l_1 较短而砌体强度足够时,则可能在埋入段尾部砌体中产生阶梯形斜裂缝(图8-27)。如果斜裂缝进一步发展,则表明斜裂缝范围内的砌体及其上部荷载已不再能有效地抵抗挑梁的倾覆,挑梁将产生倾覆破坏。

(2)挑梁下砌体局部受压破坏

当挑梁埋入段长度 l_1 较长而砌体强度较低时,则可能发生埋入段梁下砌体被局部压碎的情况,即局部受压破坏。

2. 挑梁的计算及构造要求

(1)挑梁的抗倾覆验算

砌体中钢筋混凝土挑梁的抗倾覆可按下式进行验算:

$$M_r \geqslant M_{ov} \tag{8-26}$$

$$M_r = 0.8G_r(l_2 - x_0) \tag{8-27}$$

式中:M_{ov}——挑梁的荷载设计值对计算倾覆点产生的倾覆力矩;

M_r——挑梁的抗倾覆力矩设计值;

G_r——挑梁的抗倾覆荷载,为挑梁尾端上部 45°扩散角范围(其水平长度为 l_3)内砌体与楼面两者恒荷载标准值之和(图 8-28),它与墙体有无开洞、开洞位置、挑梁埋入墙体长度 l_1 与 l_3 有关;

l_2——G_r 作用点至墙外边缘的距离;

x_0——计算倾覆点至墙外边缘距离(mm),可按下列规定采用:

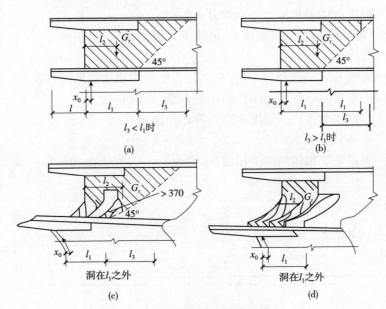

图 8-28 挑梁的抗倾覆荷载

① 当 $l_1 \geqslant 2.2h_b$ 时

$$x_0 = 0.3h_0 \tag{8-28}$$

且不大于 $0.13l_1$。

②当 $l_1 < 2.2h_b$ 时

$$x_0 = 0.13l_1 \tag{8-29}$$

式中：l_1——挑梁埋入砌体的长度(mm)；

h_b——挑梁的截面高度(mm)。

对于雨篷等悬挑构件，抗倾覆荷载 G_r 的计算方法见图 8-29，图中 G_r 距墙外边缘的距离 $l_2 = \dfrac{l_1}{2}, l_3 = \dfrac{l_n}{2}$。

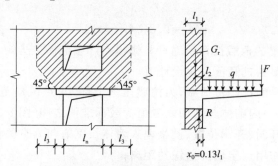

图 8-29 雨篷的抗倾覆荷载

(2) 挑梁下砌体的局部受压承载力验算

挑梁下砌体的局部受压承载力，可按下式进行验算(图 8-30)：

$$N_l \leqslant \eta \gamma f A_l \tag{8-30}$$

式中：N_l——挑梁下的支承压力，可取 $N_l = 2R$，R 为挑梁的倾覆荷载设计值；

η——梁端底面压应力图形的完整系数，可取 $\eta = 0.7$；

γ——砌体局部抗压强度提高系数，对[图 8-30(a)]可取 1.25，对[图 8-30(b)]可取 1.5；

A_l——挑梁下砌体局部受压面积，可取 $A_l = 1.2bh_b$，b 为挑梁的截面宽度，h_b 为挑梁的截面高度。

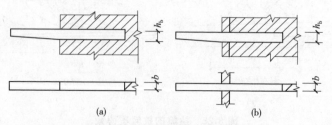

图 8-30 挑梁下砌体局部受压

(3) 挑梁本身承载力计算

由于挑梁倾覆点不在墙边而在离墙边 x_0 处，挑梁最大弯矩设计值 M_{max}。在

接近 x_0 处,最大剪力设计值 V_{max} 在墙边,可按下式计算:

$$M_{max}=M_{ov} \tag{8-31}$$

$$V_{max}=V_0 \tag{8-32}$$

式中:V_0——挑梁的荷载设计值在挑梁墙外边缘外截面产生的剪力。

(4)构造要求

挑梁设计除应符合国家现行《混凝土规范》外,还应满足下列要求。

①纵向受力钢筋至少应有 1/2 的钢筋面积伸入梁尾端,且不少于 $2\phi 12$。其他钢筋伸入支座的长度不应小于 $2l_1/3$。

②挑梁埋入砌体长度 l_1 与挑出长度 l 之比宜大于 1.2;当挑梁上无砌体时,l_1 与 l 之比宜大于 2。

三、圈梁

1. 圈梁的作用

在混合结构房屋中,沿四周外墙及纵横内墙墙体中水平方向设置的连续封闭的梁称为圈梁。设置圈梁可增强房屋的整体刚度,防止由于地基不均匀沉降或较大振动荷载作用对墙体产生的不利影响。设置在基础顶面和檐口部位的圈梁对抵抗房屋不均匀沉降的效果最好。圈梁的存在可减小墙体的计算高度,提高其稳定性。跨越门、窗洞口的圈梁,若配筋不少于过梁或适当增配一些钢筋时,此圈梁还可兼作过梁。因此,设置圈梁是砌体结构墙体设计的一项重要构造措施。

2. 圈梁的种类和尺寸

目前一般采用钢筋混凝土圈梁,其宽度一般与墙厚相同。当墙厚 $h>240\text{mm}$ 时,圈梁的宽度可小于墙厚,但不宜小于 $2h/3$。其高度应等于每皮砖厚度的倍数,并不应小于 120mm。

3. 圈梁的设置

从圈梁的作用可以看出,圈梁设置的位置和数量,应综合考虑房屋的地基情况,房屋类型及荷载特点等因素,在一般情况下,混合结构房屋可按下列原则设置圈梁:

(1)对于车间、仓库、食堂等空旷的单层房屋,当墙厚 $h\leqslant 240\text{mm}$,檐口标高为 5~8m(对砖砌体房屋)或 4~5m(对砌块及石砌体房屋)时,应在檐口标高处设置圈梁一道;檐口标高大于 8m(对砖砌体房屋)或 5m(对砌块及石砌体房屋)时,应当增设。

对有起重机或较大振动设备的单层工业房屋,除在檐口或窗顶标高处设置钢筋混凝土圈梁外，尚应在起重机梁标高处或其他适当位置增设。

(2)对于宿舍、办公楼等多层砖砌体民用房屋，当层数为3～4层时，宜在檐口标高处设置圈梁一道；当层数超过4层时，应在所有纵横墙上隔层设置。

对于多层砌体工业房屋，应每层设置钢筋混凝土圈梁。

(3)建筑在软弱地基或不均匀地基上的砌体房屋及处于地震区的砌体房屋，除按上述规定设置圈梁外，尚应符合《建筑地基基础设计规范》GB 50007—2011和《建筑抗震设计规范》GB 50011—2010的有关规定。

4. 圈梁的构造要求

为使圈梁能较好地发挥其作用，圈梁还应符合下列构造要求：

(1)圈梁宜连续地设在同一水平面上，并形成封闭环状；当圈梁被门、窗洞口截断时，应在洞口上部增设相同截面的附加圈梁(图 8-31)。附加圈梁与圈梁的搭接长度不应小于其垂直间距的两倍，且不小于1.0m。

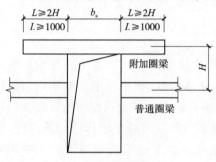

图 8-31 附加圈梁

(2)纵横墙交换处的圈梁应有可靠的连接。在刚弹性和弹性方案房层中，圈梁应与屋架、大梁等构造可靠连接。

(3)钢筋混凝土圈梁的纵向钢筋不宜少于4ϕ10。搭接长度按受拉钢筋的要求确定，箍筋间距不宜大于300mm。

(4)圈梁兼作过梁时，过梁部分的配筋应按计算用量单独配置。

(5)圈梁在纵、横墙交接处，应设置附加钢筋予以加强，连接构造如图 8-32所示。

四、砌体的构造措施

砌体结构设计包括计算设计和构造设计两部分。构造设计是指选择合理的材料和构件形式，墙、板之间的有效连接，各类构件和结构在不同受力条件下采取的特殊要求等措施。其作用是保证计算设计的工作性能得以实现，并反映一些计算设计中无法确定，但在实践中总结出的经验和要求，以确保结构或构件具有可靠的工作性能。因此，在墙体设计中不仅要掌握砌体结构的有关计算内容，而且还应十分重视墙体有关构造措施的各项规定。

1. 一般构造要求

对于砌体结构，为了保证房屋的整体性和空间刚度，墙、柱除进行承载力计

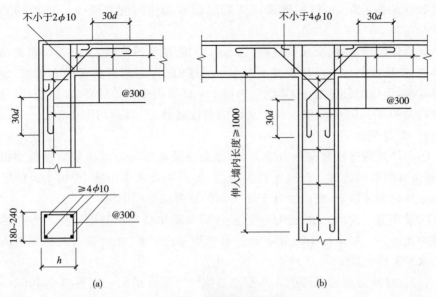

图 8-32 圈梁的连接构造

算和高厚比验算外,还应满足下列构造要求。

(1)为避免墙、柱截面过小导致的墙、柱稳定性能变差,规范规定:承重独立砖柱的截面尺寸不应小于 240mm×370mm;毛石墙的厚度不宜小于 350mm;毛料石柱截面较小边长不宜小于 400mm。当有振动荷载时,墙、柱不宜采用毛石砌体。

(2)为防止局部受压破坏,规范规定:跨度大于 6m 的屋架和跨度大于 4.8m(对砖墙)、4.2m(对砌块和料石墙)、3.9m(对毛石墙)的梁,其支承面下应设置混凝土或钢筋混凝土垫块,当墙中设有圈梁时,垫块与圈梁宜浇成整体。

对厚度 h 为 240mm 的砖墙,当大梁跨度 $l \geqslant 6m$ 和对厚度为 180mm 的砖墙及砌块、料石墙,当梁的跨度 $l \geqslant 4.8m$ 时,其支承处宜加设壁柱或采取其他加强措施。

(3)为了加强房屋的整体性能,以承受水平荷载、竖向偏心荷载和可能产生的振动,墙、柱必须和楼板、梁、屋架有可靠的连接。规范规定:

①预制钢筋混凝土板的支承长度,在墙上不宜小于 100mm;在钢筋混凝土圈梁或其他梁上不宜小于 80mm。

②支承在墙和柱上的起重机梁、屋架,以及跨度 $l \geqslant 9m$(对砖墙)、7.2m(对砌块和料石墙)的预制梁的端部,应采用锚固件与墙、柱上的垫块锚固。预制钢筋混凝土梁在砖墙上的支承长度,当梁高不大于 500mm 时,不小于 180mm;当梁高大于 500mm 时,不小于 240mm。为减小屋架或梁端部支承压

力对砌体的偏心距,可以在屋架或梁端底面和砌体间设置带中心垫板的垫块或缺角垫块。

③墙体的转角处、交接处应同时砌筑。对不能同时砌筑,又必须留置的临时间断处,应砌成斜槎。斜槎长度不应小于高度的2/3。当留斜槎确有困难,也可做成直槎,但应加设拉结条,其数量为每1/2砖厚不得少于一根$\phi6$钢筋,其间距沿墙高为400~500mm,埋入长度从墙的留槎处算起,每边均不小于600mm,末端应有90°弯钩。

④山墙处的壁柱宜砌至山墙顶部,檩条或屋面板与山墙应采取措施加以锚固,以保证两者的连接。在风压较大地区,屋盖不宜挑出山墙,否则大风的吸力可能会掀起局部屋盖,使山墙处于无支承的悬臂状态而倒塌。

⑤骨架房屋的填充墙与围护墙,应分别采用拉结条和其他措施与骨架的柱和横梁连接。一般是在钢筋混凝土骨架中预埋拉结筋,在后砌砖时将其嵌入墙体的水平灰缝内(图8-33)。

(4)砌体应分皮错缝搭砌。小型空心砌块上下皮搭砌长度不得小于90mm。当搭砌长度不满足上述要求时,应在水平灰缝内设置不少于$2\phi4$的钢筋网片,网片每端均应超过该垂直缝,其长度不得小于300mm。纵横墙交接处要咬砌,搭接长度不宜小于200mm和块高的1/3。为了满足上述要求,砌块的形式要预先安排。目前砌块房屋多采用两面粉刷,因此个别部位也可用黏土砖代替,从而减少砌体的品种。考虑到防渗水的要求,若墙不是两面粉刷时,砌块的两侧宜设置灌缝槽。

(5)砌块墙与后砌隔墙交接处,应沿墙高每400mm,在水平灰缝内设置不少于$2\phi4$的钢筋网片(图8-34)。

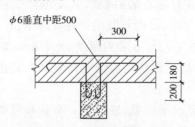

图8-33 墙与骨架柱拉结

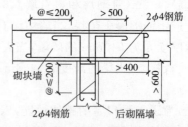

图8-34 砌块墙与后砌隔墙交接处钢筋网片

(6)混凝土小型空心砌块墙体的下列部位,如未设圈梁或混凝土垫块,应采用不低于C20灌孔混凝土将孔洞灌实:①格栅、檩条和钢筋混凝土楼板的支承面下,高度不应小于200mm的砌体;②屋架、大梁等构件的支承面下,高度不应小于600mm,长度不应小于600mm的砌体;③挑梁支承面下,纵横墙交接处,距墙中心线每边不应小于300mm,高度不应小于600mm的砌体。

2. 防止墙体开裂的主要措施

(1) 防止温度变化和砌体收缩引起墙体开裂的主要措施

混合结构房屋中,墙体与钢筋混凝土屋盖等结构的温度线膨胀系数和收缩率不同。当温度变化或材料收缩时,在墙体内将产生附加应力。当产生的附加应力超过砌体抗拉强度时,墙体就会开裂。裂缝不仅影响建筑物的正常使用和外观,严重时还可能危及结构的安全。因此应采用一些有效措施防止墙体开裂或抑制裂缝的开展。

1) 为防止钢筋混凝土屋盖的温度变化和砌体干缩变形引起墙体的裂缝(如顶层墙体的八字缝、水平缝等),可根据具体情况采取下列预防措施。

① 屋盖上宜设置可靠的保温层或隔热层,以降低屋面顶板与墙体的温差。

② 在钢筋混凝土屋盖下的外墙四角几皮砖内设置拉结钢筋,以约束墙体的阶梯状剪切裂缝的形成和发展 [图 8-35(a)]。

③ 采用温度变形较小的装配式有檩体系钢筋混凝土屋盖和瓦材屋盖。

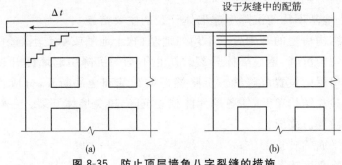

图 8-35 防止顶层墙角八字裂缝的措施

当有实践经验时,也可采取其他措施减小屋面与墙体间的相互约束,从而减小温度、收缩应力。

2) 为了防止房屋在正常使用条件下由温差和墙体干缩引起的墙体竖向裂缝,应在墙体中设置伸缩缝。伸缩缝应设在因温度和收缩变形可能引起应力集中,砌体产生裂缝可能性最大的地方。在伸缩缝处,墙体断开,而基础可不断开。伸缩缝的间距可按表 8-18 规定采用。

表 8-18 砌体房屋伸缩缝的最大间距(m)

屋盖或楼盖类别		间距
整体式或装配整体式钢筋混凝土结构	有保温层或隔热层的屋盖、楼盖	50
	无保温层或隔热层的屋盖	40
装配式无檩体系钢筋混凝土结构	有保温层或隔热层的屋盖、楼盖	60
	无保温层或隔热层的屋盖	50

(续)

屋盖或楼盖类别		间距
装配式有檩体系钢筋混凝土结构	有保温层或隔热层的屋盖	75
	无保温层或隔热层的屋盖	60
瓦材屋盖、木屋盖或楼盖、轻钢屋盖		100

注:1. 对烧结普通砖、烧结多孔砖、配筋砌块砌体房屋,取表中数值;对石砌体、蒸压灰砂普通砖、蒸压粉煤灰普通砖和混凝土砌块、混凝土普通砖和混凝土多孔砖房屋,取表中数值乘以 0.8 的系数。当墙体有可靠外保温措施时,其间距可取表中数值;
2. 在钢筋混凝土屋面上挂瓦的屋盖应按钢筋混凝土屋盖采用;
3. 层高大于 5m 的烧结普通砖、烧结多孔砖、配筋砌块砌体结构单层房屋,其伸缩缝间距可按表中数值乘以 1.3;
4. 温差较大且变化频繁地区和严寒地区不采暖的房屋及构筑物墙体的伸缩缝的最大间距,应按表中数值予以适当减小;
5. 墙体的伸缩缝应与结构的其他变形缝相重合,缝宽度应满足各种变形缝的变形要求;在进行立面处理时,必须保证缝隙的变形作用。

(2)防止地基不均匀沉降引起墙体开裂的主要措施

当混合结构房屋的基础处于不均匀地基、软土地基或承受不均匀荷载时,房屋将产生不均匀沉降,造成墙体开裂。防止不均匀沉降引起墙体开裂的重要措施之一是在房屋中设置沉降缝。沉降缝把墙和基础全部断开,分成若干个整体刚度较好的独立结构单元,使各单元能独立沉降,避免墙体开裂。一般宜在建筑物下列部位设置沉降缝:

①建筑平面的转折部位;
②建筑物高度或荷载有较大差异处;
③过长的砌体承重结构的适当部位;
④地基土的压缩性有显著差异处;
⑤建筑物上部结构或基础类型不同处;
⑥分期建造房屋的交界处。

沉降缝两侧因沉降不同可能造成上部结构沉降缝靠拢的倾向。为避免其碰撞而产生挤压破坏,沉降缝应保持足够的宽度。根据经验,对于一般软土地基上的房屋沉降缝宽度可按表 8-19 选用。

表 8-19 房屋沉降缝宽度(mm)

房屋层数	沉降缝宽度
2～3 层	50～80
4～5 层	80～120
5 层以上	≥120

注:当沉降缝两侧单元层数不同时,缝宽应按层数低的数值取用。

沉降缝的做法较多,常见的有悬挑式、跨越式、双墙式和上部结构处理成简支式等做法(图 8-36)。

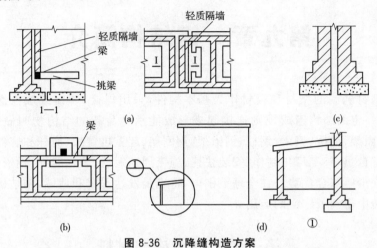

图 8-36 沉降缝构造方案
(a)悬挑式;(b)跨越式;(c)双墙承重式;(d)上部结构简支式

第九章 钢结构简介

由钢材轧制的型材和板材作为基本构件,采用焊接、铆接或螺栓连接等方法,按照一定的结构组成规则连接起来形成能承受荷载的结构物叫做钢结构。例如:钢屋架、钢桥、钢梁、钢柱、钢桁架、钢网架、起重机臂架、桅杆和容器等。钢结构具有自重轻、工厂化制作、安装快捷、施工周期短、抗震性能好、投资回收快、环境污染少等综合优势。在全球范围内,特别是发达国家和地域,钢结构在建筑工程范畴中得到了广泛的运用。

第一节 钢结构的材料

一、钢结构的主要性能

1. 钢材的机械性能

钢材的机械性能是反映钢材在各种受力作用下的特性,它包括强度、塑性和韧性等,须由试验测定。

(1)强度

主要是屈服点 f_y 和抗拉强度 f_u 这两项指标。

在静载、常温条件下,对钢材标准试件作单向拉伸试验是机械性能试验中最具有代表性的。它简单易行,可得到反映钢材强度和塑性的几项主要机械性能指标。其他受力(受剪、受压)性能也与受拉相似。

低碳钢单向拉伸时的应力-应变曲线,如图 9-1 所示。钢材的屈服点 f_y 是衡量结构的承载能力和确定强度设计值的指标。虽然钢材在应力达到抗拉强度时才发生断裂,但结构强度设计却以屈服点 f_y 作为确定钢材强度设计值的依据。这是因为钢材的应力在达到屈服点后应变急剧增长,从而使结构的变形迅速增加,以至不能继续使用。

抗拉强度 f_y 可直接反映钢材内部组织

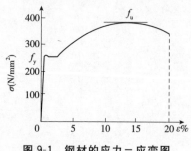

图 9-1 钢材的应力-应变图

的优劣,同时还可作为钢材的强度贮备,是抵抗塑性破坏的重要指标。

(2) **塑性**

塑性是指钢材破坏前产生塑性变形的能力。可由静力拉伸试验得到的伸长率 δ 来衡量。

伸长率 δ 等于试件(图 9-2)拉断后的原标距间的塑性变形(即伸长值)和原标距的比值,以百分数表示,即:

$$\delta = \frac{l_1 - l_0}{l_0} \times 100\% \tag{9-1}$$

式中:l_0——试件原标距长度;

l_1——试件拉断后的标距长度。

δ 随试件的标距长度与直径 d_0 的比值(l_0/d_0)增大而减小。标准试件一般取 $l_0 = 5d_0$(短试件)或 $l_0 = 10d_0$(长试件),所得伸长率用 δ_5 和 δ_{10} 表示。现钢材标准规定采用 δ_5。

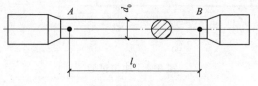

图 9-2 拉伸试验

(3) **冷弯性能**

冷弯性能可衡量钢材在常温下冷加工弯曲产生塑性变形时对裂缝的抵抗能力。根据试样厚度,按规定的弯心直径将试样弯曲 180°,其表面及侧面无裂纹、裂缝或裂断则为"冷弯试验合格"(图 9-3)。

冷弯试验合格一方面同伸长率符合规定一样,表示材料塑性变形能力符合要求,另一方面表示钢材的冶金质量(颗粒结晶及非金属夹杂分布,甚至在一定程度上包括可焊性)符合要求。因此,它是判别钢材塑性变形能力及冶金质量的综合指标。用于焊接承重结构的钢材和重要的非焊接承重结构的钢材都要保证冷弯试验合格。各牌号碳素结构钢中 A 级钢的冷弯试验,在有要求时才进行。

(4) **冲击韧性**

与抵抗冲击作用有关的钢材的性能是韧性。韧性是钢材断裂时吸收机械能能力的量度。吸收较多能量才断裂的钢材是韧性好的钢材。实际结构在动力荷载

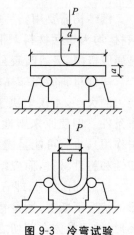

图 9-3 冷弯试验

下脆性断裂总是发生在钢材内部缺陷处或有缺口处。因此,最有代表性的是用钢材的缺口冲击韧性衡量钢材在冲击荷载下抗脆断的性能,简称冲击韧性或冲击值。

国家标准规定采用国际上通用的夏比试验法测量冲击韧性。该法所用的试件带 V 形缺口,由于缺口比较尖锐[图 9-4(b)],缺口根部的应力集中现象能很好地描绘实际结构的缺陷。夏比缺口韧性用 A_{KV} 表示,其值为试件折断所需的功,单位为 J。

用于提高钢材强度的合金元素会使缺口韧性降低,所以低合金钢的冲击韧性比低碳钢的略低。必须改善这一情况时,需经热处理。

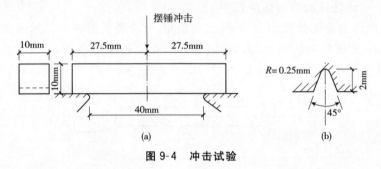

图 9-4 冲击试验

2. 钢结构的破坏形式

(1) 塑性破坏与脆性破坏

有屈服现象的钢材或者虽然没有明显屈服现象而能发生较大塑性变形的钢材,一般属于塑性材料。没有屈服现象或塑性变形能力很小的钢材,则属于脆性材料。

钢结构需要用塑性材料制作。规范推荐的几种钢材都是塑性好含碳量低的钢材,均为塑性材料。钢结构不能采用脆性材料(如:铸铁)来制造,因为没有明显屈服极限,突然断裂会导致结构瞬间破坏,造成严重后果。

塑性材料能在破坏前发生较大塑性变形,起到预警的作用。钢材塑性变形能力的大小,不仅取决于钢材的化学成分、熔炼与轧制条件,也取决于所处的工作条件。即使原来塑性表现极好的钢材,改变了工作条件(如:低温条件下受冲击作用),也有可能呈脆性破坏。因此,从严格意义上讲,不宜直接将钢材划分为塑性和脆性材料,而应结合作业条件区分材料是塑性破坏还是脆性破坏。

超过屈服点 f_y 即有明显塑性变形产生,达到抗拉强度 f_u 后构件将在很大变形的情况下断裂,这是材料的塑性破坏,也称为延性破坏。塑性破坏的断口常为环形,并因晶体在剪切之下相互滑移的结果而呈纤维状。塑性破坏前,结构有很明显的变形及较长的变形持续时间,便于发现和补救。

与此相反,在没有塑性变形或只有很小塑性变形即发生的破坏,是材料的脆性破坏。其断口平直并因各晶粒往往在一个面断裂而呈光泽的晶粒状。脆性破坏变形极小并突然发生,无预兆,危险性大。因此,钢结构除选用塑性好的材料外,在设计、制造和使用时,还应采取措施防止钢材发生脆性破坏。

(2) 疲劳破坏

钢材在连续重复荷载作用下,应力低于抗拉强度,甚至还低于屈服点时就发生破坏的现象,称钢材的疲劳。

疲劳破坏的过程大致分为 3 个阶段,即裂纹形成、裂纹扩展、构件断裂。断口由裂纹扩展形成的光滑表面和突然断裂时的粗糙区两部分组成(如图 9-5),钢结构因焊接、冲孔、剪边和气割等加工处都存在有微观裂纹,因此钢结构只存在后两个阶段。

疲劳破坏往往发生得很突然,事前没有明显的征兆,属于脆性破坏,危险性较大,应给予足够的重视。

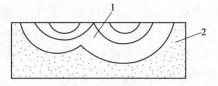

图 9-5 断口示意
1-光滑区;2-粗糙区

3. 钢结构所用钢材的性能要求

用作钢结构的钢材必须具有下列性能:

(1) 较高的强度。即抗拉强度 f_u 和屈服点 f_y 比较高。屈服点高可以减小构件的截面,从而减轻自重,节约钢材,降低造价。抗拉强度高,可以增加结构的安全性。

(2) 足够的变形能力。即塑性和韧性性能好。塑性好则结构破坏前变形比较明显,从而可减少脆性破坏的危险性;并且塑性变形还能调整局部高峰应力,使之趋于平缓。韧性好表示结构在动力荷载作用下破坏时能吸收比较多的能量,表示钢材有较好的抵抗冲击荷载的能力。

(3) 良好的加工性能。即适合冷、热加工,同时具有良好的可焊性,不因各种加工而对强度、塑性及韧性产生较大的不利影响。

此外,根据结构的具体工作条件,在必要时还应该具有适应低温、有害介质侵蚀(包括大气侵蚀)以及疲劳荷载作用等性能。在符合上述性能的条件下,同其他建筑材料一样,钢材也应该容易生产,价格便宜。

二、影响钢材性能的因素

1. 化学成分

钢是含碳量不大于 2% 的铁碳合金,碳大于 2% 时则为铸铁。钢结构所用的材料有碳素结构钢中的低碳钢及低合金结构钢。

碳素结构钢由纯铁(Fe)、碳(C)、硅(Si)、锰(Mn)及杂质元素如硫(S)、磷

(P)、氧(O)、氮(N)等组成,其中纯铁约占99%,碳及杂质元素约占1%。低合金结构钢中,除上述元素外还加入合金元素,后者总量通常不超过3%。碳及其他元素虽然所占比重不大,但对钢材性能却有重要影响。

碳是影响钢材强度的主要成分。增加含碳量可以提高钢材屈服强度和抗拉强度,但却降低钢材的塑性和韧性,特别是降低负温下的冲击韧性。同时冷弯性能、耐腐蚀性能及可焊性都显著下降。因此,结构用钢的含碳量不宜太高,一般不应超过0.22%,焊接结构中则应限制在0.20%以下。

锰是有益元素,它能显著提高钢材强度但过多降低塑性和冲击韧性。锰有脱氧作用,是弱脱氧剂。锰还能消除硫对钢的热脆影响。碳素钢中锰是有益的杂质,在低合金钢中它是合金元素。我国低合金钢中锰的含量是在1.2%~1.6%。但是锰可使钢材的可焊性降低,故含量有限制。

硅是有益元素,有更强的脱氧作用,是强脱氧剂。硅能使钢材的粒度变细,控制适量时可提高强度而不显著影响塑性、韧性、冷弯性能及可焊性。硅的含量:在碳素镇静钢中为0.12%~0.3%,低合金钢中为0.2%~0.55%,过量时则会恶化可焊性及抗锈蚀性。

钒是有益元素,是添加的合金成分,能提高钢的强度和抗锈蚀能力,而不显著降低塑性。

钛与硼属于有益的合金元素,所加百分比不大,但可以使晶粒细化,从而提高强度,提高韧性与塑性。我国用热处理的40硼钢制造高强螺栓已有多年,近年来又增加了一种20锰钛硼钢,螺栓性能得到进一步改善。

硫是有害元素,属于杂质,能生成易于熔化的硫化铁,当热加工及焊接使温度达800~1000℃时,可能出现裂纹,称为热脆。硫还能降低钢的冲击韧性,同时影响疲劳性能与抗锈蚀性能。因此,对硫的含量必须严加控制,一般不得超过0.045%~0.05%,Q235的C级与D级则要求更严。近年来发展的抗层间断裂的钢,含硫量控制在0.01%以下。

磷是有害元素。磷虽可提高钢的强度和抗锈蚀能力,但它在低温下使钢变脆,这种现象称为冷脆。在高温时磷也能使钢减少塑性,其含量应限制在0.045%以内,Q235的C级与D级则其含量更少。

氧和氮也是有害杂质,在金属熔化的状态下可以从空气中进入。氧能使钢热脆,其作用比硫剧烈,氮能使钢冷脆,与磷相似。故其含量必须严加控制。钢在浇注成钢锭时,根据需要进行不同程度的脱氧处理。

2. 冶金缺陷

冶金过程中不可避免地存在冶金缺陷,常见的冶金缺陷有偏析、非金属夹杂、气孔、裂纹和分层。

偏析是指金属结晶后化学成分分布不均匀。主要的偏析是硫和磷。偏析将使偏析区钢材的塑性、韧性及可焊性变坏。沸腾钢因杂质元素含量较多,所以偏析现象比镇静钢严重。非金属夹杂是指钢中含有的(如:硫化物、氧化物等)杂质,存在于钢中的杂质会使钢材性能变脆。气孔是浇注钢锭时,由氧化铁和碳作用生成的一氧化碳气体不能充分逸出而形成的。气孔、裂纹和分层使钢材的冷弯性能、冲击韧性、疲劳强度及抗脆断能力大大降低。

钢材的轧制可以使金属的晶粒变细,使气孔和裂纹等压合,从而改善了钢材的力学性能。轧制次数越多,晶粒越细,强度就越高。规范按厚度把钢材分为4组,并规定了不同的设计强度值。由沸腾钢轧制的钢板和型钢易形成夹层现象,因此重要结构不宜采用沸腾钢。

3. **热处理**

某些特殊用途的钢材则在轧制后还需经过热处理进行调质。钢材经过适当的热处理程序(如淬火后再高温回火等)可以显著提高强度并有良好的塑性与韧性。我国的一些低合金结构钢如15锰钒钢就是经过热处理才达到其规定的力学性能的。此外,在高强度螺栓制作中也需要对螺栓进行调质热处理以提高其工作性能。

4. **钢材硬化**

(1)应变硬化

钢材在常温下加工叫冷加工。冷拉、冷弯、冲孔、机械剪切等加工使钢材产生很大塑性变形,产生塑性变形后的钢材在重新加荷时将提高屈服点,同时降低塑性和韧性。由于减小了塑性和韧性性能,在普通钢结构中不应利用硬化现象提高强度。重要结构还应把钢板因剪切而硬化的边缘部分刨去。

(2)时效硬化与应变时效硬化

时效硬化指钢材承受时间的增长,其强度提高、塑性和韧性下降的现象,应变时效硬化指对钢材进行冷加工时伴随时效硬化的现象。由于钢材在硬化的同时脆性增加,所以有些重要结构要求对钢材进行人工时效(人工的方法加速硬化过程),然后测定其冲击韧性,以保证结构具有长期的抵抗脆性破坏的能力。

5. **温度影响**

钢的内部晶体组织对温度很敏感,温度升高与降低都使钢材性能发生变化。相比之下,低温性能更加重要。

随着温度的升高,钢材的机械性能总的趋势为强度降低,变形增大。约在200℃以内钢材性能没有很大变化;430~540℃之间则强度(f_y,f_u)急剧下降;600℃时强度很低不能承担荷载。此外,250℃附近有蓝脆现象,约260~320℃

时有徐变现象。

蓝脆现象指温度在250℃左右的区间内,f_u有局部性提高,f_y也有回升现象,同时塑性有所降低,材料有转脆倾向。在蓝脆区进行热加工,可能引起裂纹。

徐变现象指在应力持续不变的情况下钢材变形缓慢增长的现象。结合在200℃以内钢材性能没有大的变化这一特点,设计时规定结构表面所受辐射温度应不超过这一温度,以150℃为宜,超过后结构表面即需加设隔热保护层。

了解钢材在正温范围的性能,可以合理地进行焊缝设计与构造处理,避免焊缝过热产生的不良影响,并对在高温环境下工作的结构进行合理地处置。

当温度从常温下降时,钢材的f_y与f_u都略有增高但塑性变形能力减小,因而材料转脆。当温度下降至一特定值时,冲击韧性急剧下降,材料由塑性破坏转为脆性破坏。这种现象称作低温冷脆现象。在结构设计中要求避免脆性破坏,所以结构在整个使用期间所处最低温度应高于钢材的冷脆转变温度。设计处于低温环境的重要结构,尤其受动载作用的结构时,不但要求保证常温(20±5℃)冲击韧性,还要保证负温(-40~-20℃)冲击韧性。

6. 应力集中

当截面完整性遭到破坏,如有裂纹(内部的或表面的)、孔洞、刻槽、凹角以及截面的厚度或宽度突然改变处,构件中的应力分布将变得很不均匀。在缺陷或截面变化处附近,应力线曲折、密集、出现高峰应力的现象称为应力集中。图9-6中孔洞或缺口边缘的最大应力σ_{max}与净截面平均应力σ_0($\sigma_0=N/A$,A_n为净截面面积)之比称为应力集中系数,即$K=\sigma_{max}/\sigma_0$。应力的不均匀分布,可通过力线的传递过程清楚地表示出来,如图9-6,在离孔较远的部分,力线是均匀分布的直线,且平行于构件的轴线;而靠近圆孔的部分,力线的弯曲很大,密集且不均匀,所以靠近孔边的应力最大。

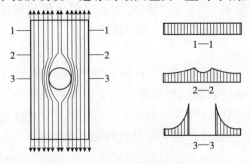

图9-6 带圆孔试件的应力集中

应力集中与截面外形特征有关。图9-7表示三个同样截面的试件,当刻槽形状和尺寸不同时,其局部应力的变化也不相同。从图中可以看出,截面的改变愈突然,局部的应力集中愈大;当刻槽圆滑时,就比较小。因此在设计中应当避免截面的突然变化,要采用圆滑的形状和逐渐改变截面的方法,使应力集中现象趋于平缓。

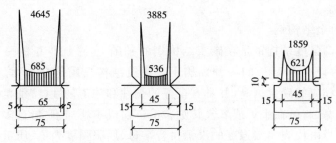

图 9-7　刻槽形状不同时的应力集中

7. 反复荷载作用

在连续反复荷载作用下，钢材往往在应力远小于抗拉强度时发生断裂，这种破坏称为钢材的疲劳破坏。疲劳破坏的过程参见本节中"钢结构破坏形式"的相关内容。

一般认为，钢材的疲劳破坏是由拉应力引起的，对长期承受动荷载重复作用的钢结构构件（如起重机梁）及其连接，应进行疲劳计算。不出现拉应力的部位，不必计算疲劳。

除此之外，钢材的性能还与加载速度、板厚等因素有关。

三、钢材的种类、规格及其选择方法

1. 钢材的种类

钢材按用途可分为结构钢、工具钢、特殊钢（如：不锈钢等）；按冶炼方法分为转炉钢、平炉钢；按脱氧方法分为沸腾钢、镇静钢、特殊镇静钢；按成型方法分为轧制钢、锻钢、铸钢；按化学成分分为碳素钢、合金钢。在建筑工程中通常采用的是碳素结构钢、低合金高强度结构钢与优质碳素结构钢。本文主要介绍碳素结构钢、低合金高强度结构钢以及耐大气腐蚀钢。

（1）碳素结构钢

碳素结构钢是普通碳素结构钢的简称。在各类钢中，碳素结构钢产量最大，用途最广泛，多轧制成钢板、钢带、型钢等。

钢的牌号由代表屈服强度的字母、屈服强度数值、质量等级符号、脱氧方法符号等四部分按顺序组成。其中，字母"Q"代表屈服强度；字母"A、B、C、D"分别为质量等级；字母"F"表示沸腾钢、字母"Z"表示镇静钢、字母"TZ"表示特殊镇静钢，Z 和 TZ 在钢的牌号中可以省略。

例如：Q235AZ 表示普通碳素钢屈服点值不小于 235MPa 的 A 级镇静钢。

四个质量等级中，A 级钢只保证抗拉强度、屈服点和伸长率，B、C 和 D 级均保证抗拉强度、屈服点、伸长率、冷弯和冲击韧性（分别为＋20℃、0℃和－20℃）

等机械性能。

(2) 低合金结构钢

低合金高强度结构钢是在碳素结构钢的基础上,添加少量的一种或几种合金元素(总含量小于 5%)的一种结构钢。建筑结构只用低合金钢,其屈服点和抗拉强度比相应的碳素钢高,并具有良好的塑性和冲击韧性(特别是低温冲击韧性),也较耐腐蚀;可在平炉或氧气转炉中冶炼而成本增加不多,且多为镇静钢。

钢的牌号由代表屈服强度的汉语拼音字母、屈服强度数值、质量等级符号三个部分组成。例如:Q345D。其中字母"Q"代表屈服强度;数字"345"代表屈服强度数值,单位 MPa;字母"D"表示质量等级为 D。

质量等级分为 A、B、C、D、E 五级。由 A 到 E 表示质量由低到高。不同质量等级对冲击韧性(夏比 V 形缺口试验)的要求有区别,对冷弯试验的要求也有所区别。对 A 级钢,冲击韧性不作要求,而 B、C、D 各级则都要求冲击韧性 A_{kv} 值不小 34J(纵向),不过三者的试验温度有所不同,B 级要求常温(20℃)冲击韧性,C 和 D 级则分别要求 0℃ 和 -20℃ 冲击韧性。E 级要求 -40℃ 冲击韧性 A_{kv} 值不小 27J(纵向)。不同质量等级对碳、硫、磷、铝的含量的要求也有区别。

(3) 耐大气腐蚀钢

在钢中加入少量的合金元素,如 Cu、Cr、Ni 和 Nb 等,使其在金属基体表面上形成保护层,以提高钢材耐大气腐蚀性能,这类钢称为耐大气腐蚀钢或耐候钢。我国现行生产的这类钢又分为焊接结构用耐候钢和高耐候结构钢两类。

焊接结构用耐候钢能保持钢材具有良好的焊接性能,适用于桥梁、建筑和其他结构使用,具有耐候性能的钢材,厚度可达 100mm。

高耐候结构钢的耐候性能比焊接结构用耐候钢好,所以称为高耐候性结构钢,适用于建筑和塔架等高耐候性结构,但作为焊接结构用钢,厚度应不大于 16mm。

2. 钢材的规格

钢结构构件一般直接选用型钢,这样可减少制造工作量,降低造价。型钢尺寸不合适或构件很大时则用钢板制作。构件之间可直接连接或附以连接钢板进行连接。所以,钢结构中的元件是型钢及钢板。型钢有热轧及冷弯成型两种(图 9-8 和图 9-9)。现分别介绍如下:

图 9-8　热轧型材截面

(a)钢板;(b)等边角钢;(c)不等边角钢;(d)钢管;(e)槽钢;(f)工字钢;(g)H 型钢;(h)T 型钢

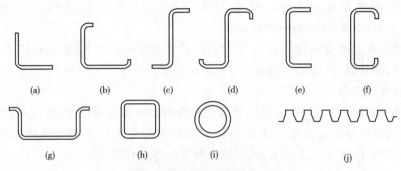

图 9-9 薄壁型钢的截面形式
(a)等边角钢;(b)卷边等边角钢;(c)Z 型钢;(d)卷边 Z 型钢;(e)槽钢;
(f)卷边槽钢;(g)向外卷边槽钢(帽形钢);(h)方管;(i)圆管;(j)压型

(1)热轧钢板

热轧钢板分厚板及薄板两种,后者是冷成型型钢(常叫冷弯薄壁型钢)的原料之一。厚板的厚度为 4.5~60mm,薄板厚度为 0.35~4mm。在图纸中钢板用"宽×厚×长(mm)"前面附加钢板横断面的方法表示,如:800×12×2100 等。

(2)热轧型钢

角钢:有等边和不等边两种。等边角钢(也叫等肢角钢),以边宽和厚度表示,如∟100×10 为肢宽 100mm、厚 10mm 的角钢。不等边角钢(也叫不等肢角钢)则以两边宽度和厚度表示,如∟100×80×8 等。我国目前生产的等边角钢,其肢为 20~200mm,不等边角钢的肢宽为 25×16~200×125mm。

槽钢:我国槽钢有两种尺寸系列,即《热轧型钢》GB/T 706 与普通低合金钢热轧轻型槽钢。前者用 Q235 号钢轧制,表示法如⊏30a,指槽钢外廓高度为 30cm 且腹板厚度为最薄的一种;后者的表示法例如⊏25Q,表示外廓高度为 25cm,Q 是汉语拼音"轻"的字首。同样号数时,轻型者由于腹板薄及翼缘宽薄,故而截面积小但回转半径大,能节约钢材减少自重。不过轻型系列的实际产品较少。

H 型钢截面和工字钢:普通型的工字钢由 Q235 号钢热轧而成。与槽钢相同,也分成上述的两个尺寸系列。与槽钢一样,工字钢外廓高度的厘米数即为型号,普通型当型号大于 20 号以上时腹板厚度分为 a、b 及 c 三种。轻型的由于壁厚已薄而不再按厚度划分。两种工字钢表示如:I 32c,I 32Q 等。H 型钢是世界各国使用很广泛的热轧型钢,与普通工字钢相比,其翼缘内外两侧平行,便于与其他构件相连。它可分为宽翼缘 H 型钢(代号 Hw,翼缘宽度 B 与截面高度 H 相等)、中翼缘 H 型钢[代号 HM,$B=(1/2\sim2/3)H$]、窄翼缘 H 型钢[代号 HN,$B=(1/3\sim1/2)H$]。各种 H 型钢均可剖分为 T 型钢供应,代号分别为 TW、TM 和 TN。H 型钢和剖分 T 型钢的规格标记均采用:高度 H×宽度 B×腹板

厚度 t_1×翼缘厚度 t_2 表示。例如 HM340×250×9×14,其剖分 T 型钢为 TM170×250×9×14,单位均为 mm。

钢管:有无缝及焊接两种。"ϕ"后面加"外径(mm)×厚度(mm)"表示,如 ϕ400×6,即外径为 400mm 厚度为 6mm 的钢管。

(3)薄壁型钢

薄壁型钢是用 2~6mm 厚的薄钢板经冷弯或模压而成型的,在国外,冷弯型钢所用钢板的厚度有加大范围的趋势。压型钢板是近年来开始使用的薄壁型材,所用钢板厚度为 0.4~2mm,用做轻型屋面等构件。

3. 钢材的选择

选择钢材的目的是保证安全可靠且经济合理。选择钢材时要考虑以下几个方面的因素。

(1)结构的重要性

对重型工业建筑结构、大跨度结构、高层或超高层的民用建筑结构或构筑物等重要结构,应考虑选用质量好的钢材,对一般工业与民用建筑结构,可按工作性质分别选用普通质量的钢材。

按《建筑结构可靠度设计统一标准》规定的安全等级,把建筑物分为一级(重要的)、二级(一般的)、三级(次要的)。安全等级不同,要求的钢材质量也不同。

(2)荷载情况

荷载可分为静态荷载和动态荷载两种。直接承受动态荷载的结构和强烈地震区的结构,应选用综合性能好的钢材;一般承受静态荷载的结构可选用价格较低的 Q235 钢。

(3)连接方法

钢结构的连接方法有焊接和非焊接两种。由于在焊接过程中,会产生焊接变形、焊接应力以及其他焊接缺陷,如咬肉、气孔、裂纹和夹渣等,可能导致结构产生裂缝或脆性断裂。因此,焊接结构对材质的要求应严格一些。例如,在化学成分方面,焊接结构必须严格控制碳、硫和磷的极限含量;而非焊接结构钢对含碳量可降低要求。

(4)结构所处的环境和温度

钢材处于低温时容易冷脆,因此在低温条件下工作的结构,尤其是焊接结构,应选用具有良好抗低温冷脆性能的镇静钢。

露天结构的钢材容易产生时效,周围有腐蚀性介质作用的钢材容易腐蚀、疲劳和断裂,也应区别地选择不同材质。

(5)钢材厚度

薄钢材辊轧次数多,轧制的压缩比大,厚度大的钢材压缩比小,所以厚度大的钢材不但强度较小,而且塑性、冲击韧性和焊接性能也较差。因此厚度大的焊接结构应采用材质较好的钢材。

一般情况下,承重结构的钢材应保证抗拉强度,屈服点,伸长率和硫、磷的极限含量;对焊接结构用钢应保证碳的极限含量;连接所用钢材,如焊条、自动或半自动焊的焊丝及螺栓等,应与主体金属的强度相适应。

在 Q235A 钢的保证项目中,碳含量、冷弯试验合格和冲击韧性值并未作为必要的保证条件,所以只宜用于不直接承受动力作用的结构中,当用于焊接结构时,梁、起重机桁架或类似结构的钢材,则应采用 Q235B。当这类结构冬季处于温度较低的环境时,应根据具体情况选用具有 0℃ 或 −20℃ 冲击韧性合格保证的 Q235C、或 Q235D。同样,对 Q345、Q390 低合金高强度结构钢,一般结构构件可采用 A 级,直接承受工作级别为 A4~A8 起重机荷载的结构应根据使用时环境温度选用 B、C、D、E 级。非焊接的构件发生脆性断裂的危险性比焊接结构小些,对材质的要求可比焊接结构适当放宽,例如一般结构可以采用 Q235A·F。但承受动力荷载的重要构件仍应选用有冲击韧性保证的牌号。

第二节 钢结构的连接

一、钢结构的连接方法

钢结构构件由钢板、型钢等通过连接而成,如梁、柱、桁架等,运到工地后通过安装连接成整体结构,如厂房、桥梁等。在传力过程中,连接部位应有足够的强度、刚度和延性。被连接件间应保持正确的位置,以满足传力和使用要求。因此在钢结构中,连接占有很重要的地位。

钢结构的连接通常有焊缝连接、螺栓连接、铆钉连接三种方式,如图 9-10 所示。

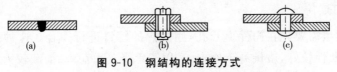

图 9-10 钢结构的连接方式
(a)焊缝连接;(c)螺栓连接;(b)铆钉连接

1. 焊缝连接

焊接是通过电弧产生热量,使焊条和焊件局部熔化,然后冷却凝结形成焊缝,使焊件连成一体。焊接连接是当前钢结构最主要的连接方式。与螺栓连接和铆接相比,焊接有以下优点。

(1)施工简单,钢材上不需要打孔钻眼,节省工时;不削弱截面,充分利用材料;

(2)各种形状的构件可以直接相连,一般不需辅助零件,连接构造简单,传力路线短,适应面广;

(3)焊缝连接的密封性好,结构刚度大,整体性好;

(4)焊接作业易实现自动化生产,提高焊接结构的效率和质量。

同时,焊缝连接还存在下列缺点:

(1)焊缝质量易受材料和工艺操作的影响;

(2)由于焊接时产生高温,焊缝附近形成热影响区,使材质易变脆;

(3)焊接后会产生残余应力和残余变形,对结构有不良影响;

(4)焊接结构刚度较大,对裂纹敏感度高,一旦产生局部裂纹就很容易扩展,在低温条件下容易脆断。

2. 螺栓连接

螺栓连接需要先在构件上开孔,然后通过拧紧螺栓产生紧固力将被连接件连成一体,螺栓连接分为普通螺栓连接和高强度螺栓连接两种。

(1)普通螺栓分 A、B 和 C 三级。A 级与 B 级为精制螺栓,C 级为粗制螺栓。粗制螺栓制作精度较差,栓径与孔径之差为 1.5~3mm,便于制作与安装;精制螺栓其栓径与孔径之差只有 0.3~0.5mm,受力性能比粗制螺栓好,但制作与安装费工。

(2)高强度螺栓采用强度较高的钢材制作。安装时将螺帽拧紧,使螺栓产生预拉力将构件接触面压紧,依靠接触面间的摩擦力来阻止其相互滑移,以达到传递外力的目的。高强度螺栓具有连接紧密、受力良好、耐疲劳、可拆换、安装简单、便于养护及在动态荷载作用下不易松动等优点。目前我国在桥梁、高铁、大跨度房屋及工业厂房钢结构中,已广泛采用高强度螺栓。

3. 铆钉连接

铆钉连接需要先在构件上开孔,用加热的铆钉进行铆合。这种连接传力可靠,韧性和塑性较好,质量易于检查,适用于承受动力荷载、荷载较大和跨度较大的结构。但铆钉连接费工费料,噪声和劳动强度大,现在很少采用,多被焊接螺栓及高强度螺栓连接所代替。

除上述常用连接外,在薄壁钢结构中还经常采用射钉、自攻螺钉等连接方式。射钉和自攻螺钉主要用于薄板之间的连接,如压型钢板与檩条或墙梁的连接,具有施工简单、操作方便的特点。

二、焊缝连接

1. 焊接方法

根据操作的自动化程度和焊接时用以保护熔化金属的物质种类,电弧焊可分为手工电弧焊、自动或半自动埋弧焊和气体保护焊等。

(1) 手工电弧焊

手工电弧焊的原理如图 9-11 所示。其电路由焊条、焊钳、焊件、电焊机和导线等组成。通电引弧后,在涂有焊药的焊条端和焊件间的间隙中产生电弧,使焊条熔化,熔滴滴入被电弧吹成的焊件溶池中,同时焊药燃烧,在熔池周围形成保护气体;稍冷后在焊缝熔化金属的表面又形成熔渣,隔绝熔池中的液体金属和空气中的氧、氮等气体的接触,避免形成脆性易裂的化合物。焊缝金属冷却后就与焊件熔为一体。

手工焊常用的焊条有碳钢焊条和低合金钢焊条。其牌号为 E43,E50 和 E55 型

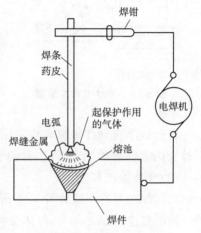

图 9-11 手工电弧焊原理

等,其中 E 表示焊条,两位数字表示焊条熔敷金属抗拉强度的最小值(单位为 kgf/mm^2)。手工焊采用的焊条应符合国家标准的规定,焊条的选用应与主体金属相匹配。一般情况下,对 Q235 钢采用 E43 型焊条,对 Q345 钢采用 E50 型焊条,对 Q390 和 Q420 钢采用 E55 型焊条。当不同强度的两种钢材进行连接时,宜采用与低强度钢材相适应的焊条。

手工焊具有设备简单、操作灵活方便、实用性强的优点,应用极为广泛,特别是短焊缝或曲折焊缝的焊接,或在施工现场进行高空焊接时,只能采用手工焊接,所以它是钢结构中最常用的焊接方法。但其生产效率低,劳动强度大,保证焊缝质量的关键是焊工的技术水平,因此焊缝质量的波动较大。

(2) 自动或半自动埋弧焊

自动或半自动埋弧焊的原理如图 9-12 所示。焊丝成卷装置在焊丝转盘上,焊丝外表裸露不涂焊剂(焊药)。焊剂成散状颗粒装置在焊剂漏斗中。通电引弧后,当电弧下的焊丝和附近焊件金属熔化时,焊剂也不断从漏斗流下,将熔融的焊缝金属覆盖,其中部分焊剂将熔成焊渣浮在熔融的焊缝金属表面。由于有覆盖层,焊接时看不见强烈的电弧光,故称为埋弧焊。当埋弧焊的全部装备固定在小车上,由小车按规定速度沿轨道前进进行焊接时,这种方法称为自动埋弧焊。

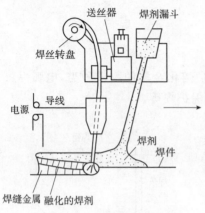

图 9-12 自动电弧焊原理

如果焊机的移动是由人工操作,则称为半自动埋弧焊。

由于自动埋弧焊有焊剂和熔渣覆盖保护,电弧热量集中,熔深大,可以焊接较厚的钢板,同时由于采用了自动化操作,焊接工艺条件好,焊缝质量稳定,焊缝内部缺陷少,塑性和韧性好,因此其质量比手工电弧焊好。但它只适合于焊接较长的直线焊缝。半自动埋弧焊质量介于二者之间,由人工操作,故可焊接曲线或任意形状的焊缝。另外自动或半自动埋弧焊的焊接速度快,生产效率高,成本低,劳动条件好。

自动或半自动焊埋弧焊应采用与焊件金属强度匹配的焊丝。焊丝和焊剂均应符合国家标准的规定,焊剂种类根据焊接工艺要求确定。

(3)气体保护焊

气体保护焊的原理如图 9-13 所示。它是利用惰性气体或 CO_2 作为保护介质的一种电弧熔焊方法。CO_2 气体保护焊是用喷枪喷出 CO_2 气体作为电弧的保护介质,使熔化金属与空气隔绝,以保持焊接过程稳定。由于焊接时没有焊剂产生的熔渣,故便于观察焊缝的成型过程,但操作时须在室内避风处,在工地则须搭设防风棚。气体保护焊电弧加热集中,焊接速度快,熔深大,故焊缝强度比手工焊的高,且塑性和抗腐蚀性好,很适合于厚钢板或特厚钢板($t>100$mm)的焊接。

气体保护焊的优点是焊工能够清楚地看到焊缝成型的过程,熔滴过渡平缓,焊缝强度比手工电弧焊高,塑性和抗腐蚀性能好。气体保护焊适用于全位置的焊接,但不适用于野外或有风的地方施焊。

图 9-13 气体保护焊原理
(a)不熔化极间接电弧焊接;(b)不熔化极直接电弧焊;(c)熔化极直接电弧焊
1-电弧;2-保护气体;3-电极;4-喷嘴;5-焊丝滚轮

2. 焊缝连接形式与构造

焊缝连接可分为对接、搭接、T形连接和角接四种形式(图9-14)。

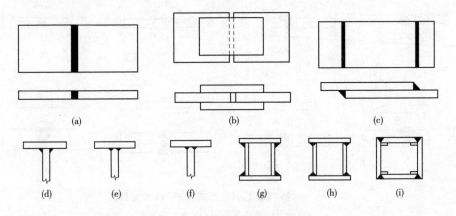

图 9-14　焊接接头及焊缝形式

焊缝连接形式	对接	搭接	T形连接	角接
选项	(a)、(b)	(c)	(d)、(e)、(f)	(g)、(h)、(i)
焊缝形式	对接焊缝	角焊缝	部分焊透对接与角接组合	全焊透对接与角接组合
选项	(a)	(b)、(e)、(d)、(g)	(e)、(h)	(f)、(i)

焊缝的形式是指焊缝本身的截面形式,主要有对接焊缝和角焊缝两种形式(图9-15)。

图 9-15　焊缝的基本形式
(a)对接焊缝；(b)角焊缝

(1)对接焊缝

1)对接焊缝的截面形式

对接焊缝传力均匀平顺,无明显的应力集中,受力性能较好。但对接焊缝连接要求下料和装配的尺寸准确,保证相连板件间有适当空隙,还需要将焊件边缘开坡口,制造费工。用对接焊缝连接的板件常开成各种形式的坡口,焊缝金属填充在坡口内。对接焊缝板边的坡口形式有I形、单边V形、V形、J形、U形、K形和X形等(图9-16)。

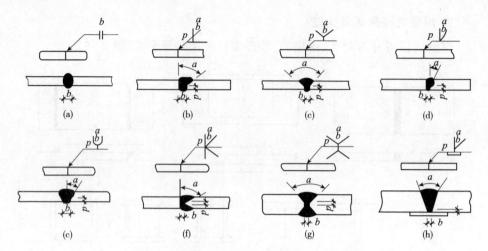

图 9-16 对接焊缝的坡口形式和符号、尺寸标注
(a)I 形；(b)单边 V 形；(c)V 形；(d)J 形
(e)U 形；(f)K 形；(g)X 形；(h)加垫板的 V 形

2)对接焊缝的构造

当焊件厚度很小（$t \leqslant 10mm$）时，可采用 I 形坡口；对于一般厚度（$t=10 \sim 20mm$）的焊件，可采用单边 V 形或 V 形坡口，以便斜坡口和间隙 b 组成一个焊条能够运转的空间，使焊缝易于焊透；对于厚度较厚的焊件（$t>20mm$），应采用 U 形、K 形或 X 形坡口。

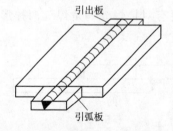

图 9-17 对接焊缝施焊用引弧板

对接焊缝施焊时的起点和终点，常因起弧和灭弧出现弧坑等缺陷，极易产生裂纹和应力集中，对承受动力荷载的结构尤为不利。为避免焊口缺陷，可在焊缝两端设引弧板（图 9-17），焊缝引出的长度：埋弧焊应大于 80mm，手工电弧焊及气体保护焊应大于 25mm，并应在焊接完毕用气割切除，并修磨平整。

在对接焊缝的拼接处，当焊件的宽度不同或厚度相差 4mm 以上时，应分别在宽度方向或厚度方向的一侧或两侧做成坡度不大于 1/4（对承受动荷载的结构）或 1/2.5（对承受静荷载的结构）的坡口（图 9-18），以使截面平缓过渡，使构件传力平顺，减少应力集中。当厚度不同时，坡口形式应根据较薄焊件厚度来取用，焊缝的计算厚度等于较薄焊件的厚度。

根据焊缝的熔敷金属是否充满整个连接截面，对接焊缝还可分为焊透和不焊透两种形式。在承受动荷载的结构中，垂直于受力方向的焊缝不宜采用不焊透的对接焊缝。不焊透的对接焊缝必须在设计图中注明坡口形式和尺寸，其有

效厚度 h_c 不得小于 $1.5\sqrt{t}$(t 为坡口所在焊件的较大厚度,单位为 mm)。

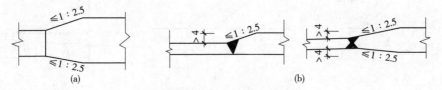

图 9-18　变截面钢板的拼接

(a)宽度改变;(b)厚度改变

(2)角焊缝

角焊缝位于板件边缘,传力不均匀,受力情况复杂,容易引起应力集中;但因不需开坡口,尺寸和位置要求精度稍低,使用灵活,制造方便,故应用广泛。

1)角焊缝的截面形式

由于受力方向和位置的不同,角焊缝包括垂直于作用力方向的正面角焊缝和平行于作用力方向的侧面角焊缝(如图 9-19)。根据角焊缝的截面形式不同,可分为直角角焊缝和斜角角焊缝,如图 9-20 所示。通常均采用直角角焊缝。

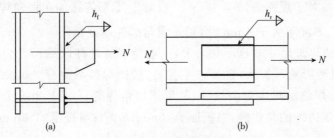

图 9-19　角焊缝的分类

(a)正面角焊缝;(b)侧面角焊缝

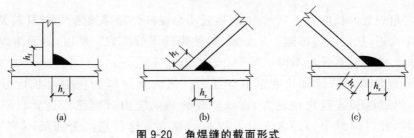

图 9-20　角焊缝的截面形式

(a)直角角焊缝;(b)、(c)斜角角焊缝

直角角焊缝的截面形式有凸形角焊缝、平形角焊缝、凹形角焊缝等几种,如图 9-21 所示。一般情况下常用凸形角焊缝。

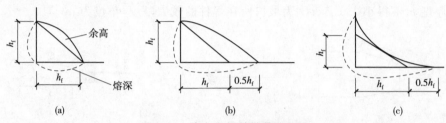

图 9-21 直角角焊缝的截面形式
(a)凸形角焊缝;(b)平形角焊缝;(c)凹形角焊缝

2)角焊缝的构造

角焊缝的焊脚尺寸 h_f 和焊缝的长度 l_w 应满足以下要求:

①角焊缝的焊脚尺寸 h_f 应与焊件的厚度相适应,不宜过大或过小。焊脚尺寸不宜过小,以保证焊缝的最小承载能力,并防止焊缝因冷却过快而产生裂纹。焊缝的冷却速度与焊件的厚度有关,焊件越厚则焊缝冷却越快。在焊件刚度较大的情况下,焊缝也容易产生裂纹。因此,《钢结构工程施工质量验收规范》GB 50205 规定了角焊缝的最小焊脚尺寸:对焊条电弧焊,$h_f \geqslant 1.5\sqrt{t}$,其中 t 为较厚焊件厚度(mm);对于埋弧焊,$h_f \geqslant 1.5\sqrt{t}-1$;对于 T 形连接的单面角焊缝,$h_f \geqslant 1.5\sqrt{t}+1$;当焊件厚度不大于 4mm 时,则 h_f 应与焊件厚度相同。

角焊缝的焊脚尺寸 h_f 也不宜太大,以避免焊缝冷却收缩而产生较大的焊接残余变形,且热影响区扩大,容易产生脆裂,较薄焊件易烧穿。因此,《钢结构规范》规定了角焊缝的最大焊脚尺寸:T 形连接角焊缝,$h_f \leqslant 1.2t$,t 为较薄焊件厚度(mm);在板边缘的角焊缝,当板厚 $t \leqslant 6mm$,$h_f \leqslant t$;当板厚 $t > 6mm$ 时,$h_f \leqslant t-(1\sim2)mm$。

因此,在选择角焊缝的焊脚尺寸时,应符合:

$$h_{min} \leqslant h_f \leqslant h_{max} \tag{9-2}$$

②角焊缝的长度 l_w 不宜过小,长度过小会使杆件局部加热严重,且起弧和弧坑相距太近,加上一些可能产生的缺陷,使焊缝不够可靠。所以,侧面角焊缝和正面角焊缝的计算长度不得小于 $8h_f$ 或 40mm。

侧面角焊缝的计算长度也不宜过大。侧面角焊缝的应力沿长度分布不均匀,焊缝越长其差别也越大,太长时焊缝两端应力可能已经达到极限强度而破坏,此时焊缝中部还未充分发挥其承载力。这种应力分布的不均匀性,对承受动力荷载的构件尤其不利。因此,侧面角焊缝的计算长度不宜大于 $60h_f$。

因此,在设计焊缝的长度时,应符合:

$$l_{min} \leqslant l_w \leqslant l_{max} \tag{9-3}$$

当构件仅在两边用侧面角焊缝连接时，为了避免应力传递的过分弯折而使板件应力过分不均匀，每条焊缝长度 l_w 不宜小于图 9-22 所示两焊缝之间的距离 b；同时为了避免因焊缝横向收缩时引起板件拱曲太大，两侧面角焊缝之间的距离不宜大于 $16t$（当 $t>12\text{mm}$）或 190mm（当 $t\leqslant 12\text{mm}$），t 为较薄焊件的厚度。

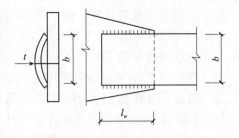

图 9-22　防止板件拱曲的构造

3. 焊缝连接的缺陷、质量检验和焊缝质量级别

焊缝连接的缺陷是指在焊接过程中，产生于焊缝金属或附近热影响区钢材表面或内部的缺陷。最常见的缺陷有裂纹、焊瘤、烧穿、弧坑、气孔、夹渣、咬边、未熔合、未焊透（规定部分焊透者除外）及焊缝外形尺寸不符合要求、焊缝成型不良等（见图 9-23），它们将直接影响焊缝质量和连接强度，使焊缝受力面积削弱，且在缺陷处引起应力集中，导致产生裂纹，并使裂纹扩展引起断裂。

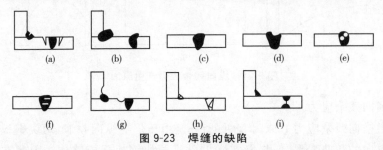

图 9-23　焊缝的缺陷

(a)裂纹；(b)焊瘤；(c)烧穿；(d)弧坑；(e)气孔；(f)夹渣；(g)咬边；(h)未溶合；(i)未焊透

焊缝的质量检验，按《钢结构工程质量验收规范》GB 50205 规定分为三级，其中三级焊缝只要求对全部焊缝作外观检查；二级焊缝除要对全部焊缝作外观检查外，还须对部分焊缝作超声波等无损探伤检查；一级焊缝要求对全部焊缝作外观检查及无损探伤检查，这些检查都应符合各自的检验质量标准。

《钢结构设计规范》GB 50017 根据结构的重要性、荷载特性、焊缝形式、工作环境以及应力状态等情况，对焊缝质量等级有具体规定。一般情况允许采用三级焊缝，但是，对于需要进行疲劳计算的对接焊缝和要求与母材等强的对接焊缝，除要求焊透之外，对焊缝质量等级有较高要求，其中受拉的焊缝质量等级又比受压的焊缝质量等级要求更高一些。此外对承受动力荷载的吊车梁也有较高的要求。

4. 焊接残余应力和焊接变形

（1）焊接残余应力产生的原因

焊接过程是焊件局部范围加热至熔化，而后又冷却凝固的过程。是一个不均匀加热和冷却的过程。由于不均匀的高温作用,使焊件的膨胀和收缩极不均匀,焊后在焊件中会产生焊接残余应力。

①纵向残余应力

图 9-24 所示为两块钢板对接连接,焊点温度高达 1600℃以上,离开焊点越远,温度越低。因温度不同,钢材的膨胀量也不同,这样高温处钢材的伸长受到低温处钢材的限制,使高温处产生热状态塑性压缩。低温处则由于钢板的整体性而产生弹性拉伸。焊缝冷却时,经过塑性压缩的焊缝区趋向于缩得比原始长度还短。这种收缩变形受到两侧钢材的限制。使焊缝区产生纵向拉应力。在低碳钢和低合金钢中,这种拉应力经常会达到钢材的屈服强度。焊接残余应力是一种内应力,要在焊件内形成自相平衡的内应力,在距焊缝稍远处区段内就必然要产生压应力。

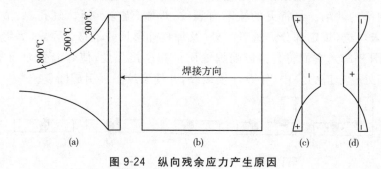

图 9-24 纵向残余应力产生原因

②横向残余应力

产生横向残余应力的原因有两个:一是由于焊缝纵向收缩,两块钢板趋向于形成反方向的弯曲变形,但焊缝实际上已将两块钢板连成整体。因此在焊缝中部产生横向拉应力,而两端产生压应力(见图 9-25);二是施焊过程中焊缝的冷却时间不同。先焊的焊缝冷却后已有一定的强度,当后焊焊缝引起膨胀时必将受到阻碍而产生横向热塑性压缩。当焊缝冷却时,后焊焊缝收缩又受到限制,从而产生横向拉应力,同时在先焊的焊缝内产生横向压应力。横向收缩引起的横向应力与施焊方向和先后次序有关。

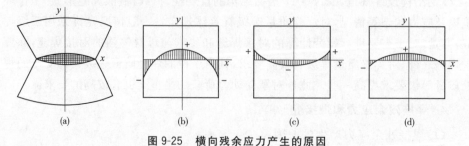

图 9-25 横向残余应力产生的原因

③厚度方向的残余应力

厚钢板焊接时,焊缝需要分层施焊,冷却时,外围焊缝因散热快而先冷却,并有一定强度,使内层焊缝的收缩受到限制,因此焊缝中除有横向和纵向残余应力外,还存在有沿焊缝厚度方向的残余应力(图9-26)。这三种应力形成比较严重的同号三轴应力,大大降低了结构连接的塑性,使钢材变脆。若在低温下工作,脆性趋向更大。所以焊接应力是导致焊接结构发生低温脆断的主要原因。设计制造中应采取措施消除或减少它的影响。

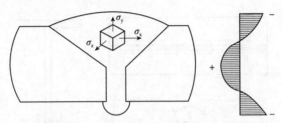

图9-26 焊缝厚度方向的残余应力

(2)焊接变形

焊接过程中不均匀的温度场使焊件产生残余应力的同时伴生有残余变形。由于焊缝的不均匀收缩变形,构件总要产生一些局部的鼓起、歪曲或扭曲等。焊接残余变形有:纵向缩短、横向缩短、弯曲变形、角变形、波浪变形和扭曲变形等(见图9-27)。若残余变形过大,会影响构件的使用。因此,《钢结构工程施工质量验收规范》GB 50205对残余变形作出规定,如果残余变形超出规范的规定时,必须加以校正,以保证构件的承载和正常使用。

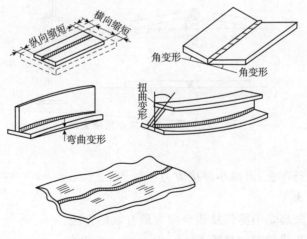

图9-27 焊接变形的基本形式

(3) 减少焊接残余应力和变形的方法

①焊前把焊件预热

焊前把焊件预热,使焊件在施焊时的温度分布均匀些。这样可以减少焊缝不均匀收缩的速度,减少焊接应力和变形。

②采用合理的施焊顺序

如图 9-28 所示,钢板对接时采用分段退焊、厚度方向分层焊及工字形截面采用对角跳焊等。合理的施焊顺序可减小焊接残余应力和焊接变形。

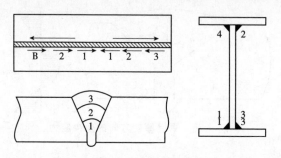

图 9-28　合理的焊接顺序

③反变形法

焊前给焊件一个和焊接变形相反的预变形,使焊件焊接后产生的变形正好与之抵消(图 9-29)。这种方法可以减少焊后变形量,但不会根除焊接应力。

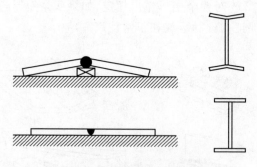

图 9-29　用反变形减小焊接变形

④锤击

对焊缝进行锤击,可减小焊接应力。

⑤焊后退火

焊后退火处理是消除焊接残余应力最有效的方法。

⑥机械矫正或局部加热矫正

对焊件进行机械矫正或局部加热矫正,以消除焊接变形。

三、螺栓连接

1. 螺栓连接的排列和构造要求

(1) 螺栓连接的种类

1) 普通螺栓连接。普通螺栓又分为 C 级螺栓(又称粗制螺栓)和 A、B 级螺栓(又称精制螺栓)三种。C 级螺栓直径与孔径相差 1.0~2.0mm。A、B 级螺栓直径与孔径相差 0.3~0.5mm。C 级螺栓安装简单,便于拆装,但螺杆与钢板孔壁接触不够紧密,当传递剪力时,连接变形较大,故 C 级螺栓宜用于承受拉力的连接,或用于次要结构和可拆卸结构的受剪连接以及安装时的临时固定。A、B 级螺栓的受力性能较 C 级螺栓好,但因其加工费用较高且安装费时费工,目前建筑结构中很少使用。

2) 高强度螺栓连接。高强度螺栓用高强度的钢材制作,安装时通过特制的扳手,以较大的扭矩拧紧螺母,使螺栓杆产生很大的预应力,由于螺母的挤压力把欲连接的部件夹紧,可依靠接触面间的摩擦力来阻止部件相对滑移,达到传递外力的目的。按受力特征的不同,高强度螺栓连接可分为摩擦型和承压型两种。

① 摩擦型连接:外力仅依靠部件接触面间的摩擦力来传递。孔径比螺栓公称直径大 1.5~2.0mm。其特点是连接紧密,变形小,传力可靠,抗疲劳性能好,主要用于直接承受动力荷载的结构、构件的连接。

② 承压型连接:起初由摩擦传力,后期同普通螺栓连接一样,依靠螺杆和螺孔之间的抗剪和承压来传力。孔径比螺栓公称直径大 1.0~1.5mm。其连接承载力一般比摩擦型连接高,可节约钢材。但在摩擦力被克服后变形较大,故仅适用于承受静力荷载或间接承受动力荷载的结构、构件的连接。

(2) 螺栓的排列和构造要求

螺栓在构件上的排列可以是并列或错列,如图 9-30 及图 9-31 所示。排列时应考虑下列要求。

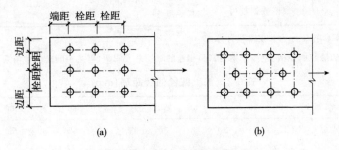

图 9-30 钢板上螺栓的排列

(a) 并列排列;(b) 错列排列

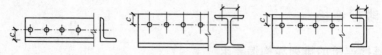

图 9-31 型钢上螺栓的排列

1)受力要求。对于受拉构件,螺栓的栓距和线距不应过小,否则对钢板截面削弱太多,构件有可能沿直线或折线发生净截面破坏。对于受压构件,沿作用力方向螺栓间距不应过大,否则被连接的板件间容易发生凸曲现象。

2)构造要求。若栓距和线距过大,则构件接触面不够紧密,潮气易于侵入缝隙而产生腐蚀,所以,构造上要规定螺栓的最大容许间距。

3)施工要求。为便于转动螺栓扳手,就要保证一定的作业空间。所以,施工上要规定螺栓的最小容许间距。

根据以上要求,在钢板及型钢上螺栓的排列应满足表 9-1～表 9-4 中的要求。

表 9-1 钢板上螺栓的容许间距

名称	位置和方向			最大容许距离 (取两者的较小值)	最小容许距离
中心间距	外排(垂直内力和顺内力方向)			$8d_0$ 或 $12t$	3d_0
	中间排	垂直内力方向		$16d_0$ 或 $24t$	
		顺内力方向	构件受压力	$12d_0$ 或 $18t$	
			构件受拉力	$16d_0$ 或 $24t$	
		沿对角线方向		—	
中心至构件边缘距离	垂直内力方向	顺内力方向			2d_0
		剪切或手工气割边		4d_0 或 8t	1.5d_0
		轧制边、自动气割或锯割边	高强度螺栓		1.5d_0
			其他螺栓		1.2d_0

注:1. d_0 为螺栓孔径,t 为外层薄板件厚度。
2. 钢板边缘与刚性构件(如角钢、槽钢)相连的螺栓最大间距,可按中间排的数值采用。

表 9-2 钢上螺栓的线距表(mm)

肢宽		40	45	50	56	63	70	75	80	90	100	110	125
单行	线距 e	25	25	30	30	35	40	40	45	50	55	60	70
	d_0	11.5	13.5	13.5	15.5	17.5	20	22	22	24	24	26	26

表 9-3　工字钢翼缘和腹板上螺栓的线距表(mm)

	型号	12	14	16	18	20	22	25	28	32	36	40	45	50	56	63
翼缘	线距 a	40	40	50	55	60	65	65	70	75	80	80	85	90	95	95
	孔径 d_0	11	13	15	15	17	19.5	21.5	21.5	21.5	23.5	23.5	25.5	25.5	25.5	28.5
腹板	线距 c	40	45	45	45	50	50	55	60	60	65	70	75	75	75	75
	孔径 d_0	13	17	19.5	21.5	25.5	25.5	25.5	25.5	25.5	25.5	25.5	25.5	25.5	25.5	25.5

表 9-4　槽钢翼缘和腹板上螺栓的线距表(mm)

	型号	12	14	16	18	20	22	25	28	32	36	40
翼缘	线距 d	30	35	35	40	40	45	45	45	50	56	60
	孔径 d_0	17.5	17.5	20	22	22	24	24	24	26	26	26
腹板	线距 c	40	45	50	50	55	55	55	60	65	70	75
	孔径 d_0	17.5	17.5	20	22	24	26	26	26	26	26	26

在钢结构施工图上需要将螺栓孔的施工要求在图样中表示出来，常用的图例见表 9-5。

表 9-5　螺栓孔的表示方式

序号	名称	图例	说明
1	永久螺栓		
2	高强度螺栓		(1)细"+"线表示定位线；
3	安装螺栓		(2)采用引出线标注时，横线上标注螺栓规格，横线下标注螺栓孔直径；
4	圆形螺栓孔		(3)M 表示螺栓型号；
5	长圆形螺栓孔		(4)ϕ 表示螺栓孔直径

2. 普通螺栓连接

普通螺栓连接按螺栓传力方式，可分为抗剪螺栓连接和抗拉螺栓连接。当外力垂直于螺栓杆时，此螺栓为抗剪螺栓，如图 9-32(a)所示；当外力平行于螺栓杆时，此螺栓为抗拉螺栓，如图 9-32(b)所示。图 9-32(c)中的螺栓同时承受剪力和拉力。

(1)抗剪螺栓连接

1)抗剪螺栓连接性能。抗剪螺栓连接在受力以后，当外力不大时，首先由构件间的摩擦力抵抗外力。不过摩擦力很小，随着外力的增大，构件很快就出现滑移使螺栓杆与孔壁接触，使螺栓杆受剪，同时孔壁受压。

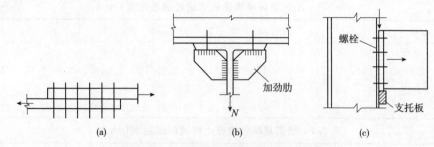

图 9-32　普通螺栓连接的不同传力方式
(a)抗剪螺栓；(b)抗拉螺栓；(c)同时受剪、受拉螺栓

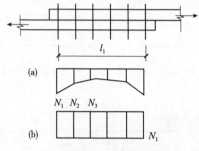

图 9-33　螺栓群受剪工作状态
(a)弹性阶段；(b)塑性阶段

当连接处于弹性阶段时，螺栓群中各螺栓受力并不相等，两端大而中间小，如图 9-33(a)所示。当螺栓群连接长度 l_1 不太大时，随着外力增加，连接超过弹性变形而进入塑性阶段后，因内力重分布使各螺栓受力趋于均匀，如图 9-33(b)所示。《钢结构设计规范》GB 50017 规定当连接长度 l_1 较大时，应将螺栓的承载力乘以折减系数 β。

$$\left. \begin{array}{ll} 当\ l_1 \leqslant 15d_0\ 时 & \beta=1.0 \\ 当\ 15d_0 < l_1 \leqslant 60d_0\ 时 & \beta=1.1-\dfrac{l_1}{150d_0} \\ 当\ l_1 > 60d_0\ 时 & \beta=0.7 \end{array} \right\} \quad (9\text{-}4)$$

式中：d_0——螺栓孔径。

抗剪螺栓连接可能的破坏形式有五种，如图 9-34 所示。其中螺栓杆剪断、孔壁压坏和钢板被拉断需要通过计算来保证连接的安全，后两种破坏形式则通过构造要求来保证，即通过限制端距 $e \geqslant 2d_0$ 避免板端被剪断，通过限制板叠厚度小于等于 $5d$ 避免螺栓杆弯曲。

2)计算公式。受剪螺栓中，假定栓杆剪应力沿受剪面均匀分布，孔壁承压应力换算为沿栓杆直径投影宽度内板件面上均匀分布的应力。那么，一个螺栓受剪承载力设计值：

$$N_v^b = n_v \frac{\pi d^2}{4} f_v^b \tag{9-5}$$

一个螺栓受压承载力设计值：

$$N_c^b = d \sum t f_v^b \tag{9-6}$$

式中：n_v——螺栓受剪面数，单剪 $n_v=1$，双剪 $n_v=2$，四剪 $n_v=4$(图 9-35)；

第九章 钢结构简介

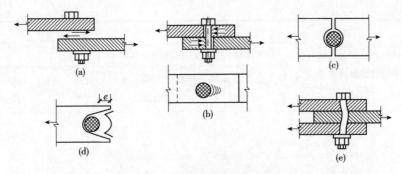

图 9-34 抗剪螺栓的破坏形式
(a)螺栓杆剪断;(b)孔壁压坏;(c)板被拉断;(d)板端被剪断;(e)螺栓杆弯曲

$\sum t$——在同一受力方向受压构件的较小总厚度;
d——螺栓杆直径;
f_v^b, f_c^b——分别为螺栓的抗剪和承压强度设计值,见表9-6。

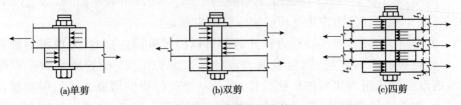

图 9-35 受剪螺栓连接

表 9-6 螺栓连接的强度设计值(N/mm²)

螺栓的钢材牌号(或性能等级)和构件的钢材牌号		普通螺栓					锚栓	承压型高强度螺栓		
		C 级螺栓			A 级、B 级螺栓					
		抗拉 f_t^b	抗剪 f_v^b	承压 f_c^b	抗拉 f_t^b	抗剪 f_v^b	承压 f_c^b	抗拉 f_t^b	抗拉 f_t^b	抗剪 f_v^b	承压 f_c^b
普通螺栓	4.6级、4.8级	—	—	—	—	—	—	—	—	—	—
	5.6级	170	140	—	210	190	—	—	—	—	—
	8.8级	—	—	—	400	320	—	—	—	—	—
锚栓	Q235钢	—	—	—	—	—	—	140	—	—	—
	Q345钢	—	—	—	—	—	—	180	—	—	—
承压型高强度螺栓	8.8级	—	—	—	—	—	—	—	400	250	—
	10.9级	—	—	—	—	—	—	—	500	310	—

(续)

螺栓的钢材牌号(或性能等级)和构件的钢材牌号		普通螺栓					锚栓	承压型高强度螺栓		
		C级螺栓			A级、B级螺栓					
		抗拉 f_t^b	抗剪 f_v^b	承压 f_c^b	抗拉 f_t^b	抗剪 f_v^b	承压 f_c^b	抗拉 f_t^b	抗拉 f_t^b	抗剪 f_v^b	承压 f_c^b
构件	Q235 钢	—	—	305	—	—	405	—	—	—	470
	Q345 钢	—	—	385	—	—	510	—	—	—	590
	Q390 钢	—	—	400	—	—	530	—	—	—	615
	Q420 钢	—	—	425	—	—	560	—	—	—	655

注:1. A 级螺栓用于 $d \leqslant 24mm$ 和 $l \leqslant 10d$ 或 $l \leqslant 150mm$(按较小值)的情况。
2. B 级螺栓用于 $d > 24mm$ 和 $l > 10d$ 或 $l > 150mm$(按较小值)的情况。
3. d 为公称直径,l 为螺栓公称长度。

这样,单个受剪螺栓的承载力设计值应取 N_v^b,N_c^b 中的较小值,即 $N_{min}^b(N_v^b, N_c^b)$。每个螺栓在外力作用下所受实际剪力应满足:

需要指出的是,按轴心受力计算的单角钢构件单面连接时,考虑不对称截面单面连接的不利影响,螺栓承载力设计值应乘以 0.85 的折减系数予以降低;钢板搭接或用拼接板的单面拼接,以及一个构件借助填板或其他中间板件与另一构件连接的螺栓,应乘以 0.9 的折减系数予以降低(高强度螺栓摩擦型连接除外)。

(2)抗拉螺栓连接

在抗拉螺栓连接中,外力趋向于将被连接构件拉开而使螺栓受拉,最后导致螺栓被拉断而破坏。

1)单个螺栓抗拉承载力设计值:

$$N_t^b = \frac{\pi d_e^2}{4} f_t^b = A_e f_t^b \tag{9-7}$$

式中:d_e、A_e——螺栓杆螺纹处的有效直径和有效截面面积,见表 9-7;

f_t^b——螺栓的抗拉强度设计值,见表 9-6。

表 9-7 普通螺栓规定

螺栓直径 d(mm)	螺距 p(mm)	螺栓有效直径 d_e(mm)	螺栓有效面积 A_e(mm²)
16	2	14.12	156.7
18	2.5	15.65	192.5
20	2.5	17.65	244.8

(续)

螺栓直径 d(mm)	螺距 p(mm)	螺栓有效直径 d_e(mm)	螺栓有效面积 A_e(mm^2)
22	2.5	19.65	303.4
24	3	21.19	352.5
27	3	24.19	459.4
30	3.5	26.72	56.6
33	3.5	29.72	693.6
39	4	35.25	975.8
42	4.5	37.78	1121.0

螺栓有效截面面积按下列算得：

$$A_e = \frac{\pi}{4}\left(d - \frac{13}{24}\sqrt{3}p\right)^2 \tag{9-8}$$

2)螺栓群抗拉连接计算。螺栓群在轴心力作用下，当外力通过螺栓群形心时，假定所有螺栓受力相等，所需的螺栓数目为：

$$n = \frac{N}{N_t^b} \tag{9-9}$$

式中：N——螺栓群承受的轴心拉力设计值。

如图 9-36 所示，当有弯矩作用于抗拉螺栓群时，由于弯矩作用，其上部螺栓受拉，因而有使连接上部分离的趋势，使螺栓群形心下移。与螺栓群拉力相平衡的压力产生于下部的接触面上，精确确定中和轴的位置比较复杂。为便于设计算，通常假定中和轴在弯矩指向最外排螺栓处，如图 9-36(b)所示。因此，弯矩作用下螺栓的最大拉力为：

$$N_1^M = \frac{My_1}{m\sum y_i^2} \tag{9-10}$$

式中：m——螺栓排列的纵向列数，如图 9-36 中 $m=2$；

y_i——各螺栓到螺栓群中和轴的距离；

y_1——受力最大的螺栓到中和轴的距离。

3. 高强度螺栓连接

(1)高强度螺栓连接的性能

高强度螺栓除了材料强度高外还给螺栓施加很大的预拉力，使被连接构件的接触面之间产生较大挤压力，因而当构件有相对滑动趋势时会在接触面产生垂直于螺栓杆方向的摩擦力。这种挤压力和摩擦力对外力的传递有很大影响。高强度螺栓连接，从受力特征分为高强度螺栓摩擦型连接和高强度螺栓承压型连接。

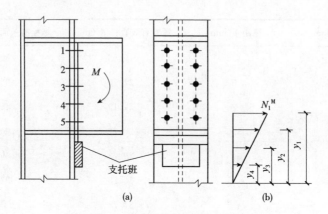

图 9-36 弯矩作用下的普通螺栓群

高强度螺栓材料高强度螺栓的杆身、螺母和垫圈都要用强度很高的钢材制作。高强度螺栓的性能等级有 8.8 级和 10.9 级。级别划分的小数点前的数字是螺栓钢材热处理后的最低抗拉强度,小数点后面的数字是屈强比(屈服强度与抗拉强度的比值)。如 10.9 级的钢材最低抗拉强度为 $1000N/mm^2$,屈服强度是 $0.9 \times 1000N/mm^2 = 900N/mm^2$。高强度螺栓所用的螺母和垫圈采用 Q345 钢或 Q235 钢制成。高强度螺栓应采用钻成孔,摩擦型连接的孔径比螺栓公称直径大 1.5~2.0mm,承压型连接的孔径则大 1.0~1.5mm。

高强度螺栓的预拉力。高强度螺栓的预拉力是通过扭紧螺母实现的。常用的有扭矩法、转角法和扭剪法。

①扭矩法:采用可直接显示扭矩的特制扳手,根据事先测定的扭矩和螺栓拉力之间的关系施加扭矩,使之达到预定的预拉力。

②转角法:分初拧和终拧两步。初拧是先用普通扳手使被连接构件相互紧密贴合,终拧以贴紧位置为起点根据按螺栓直径和板叠厚度所确定的终拧角度,用强有力的扳手旋转螺母,拧至预定角度值时,螺栓的拉力即达到了所需要的预拉力数值。

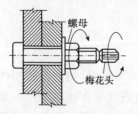

图 9-37 扭剪型高强度螺栓

③扭剪法:是采用扭剪型高强度螺栓,该螺栓尾部设有梅花头,如图 9-37 所示,拧紧螺母时,靠拧断螺栓梅花头切口处截面来控制预拉力值。

《钢结构设计规范》GB 50017 规定的高强度螺栓预拉力设计值,见表 9-8。

表 9-8　一个高强度螺栓的预应力 P(kN)

螺栓的性能等级	螺栓的公称直径					
	M16	M20	M22	M24	M27	M30
8.8 级	80	125	150	175	230	280
10.9 级	100	155	190	225	290	355

高强度螺栓连接的摩擦面抗滑移系数。被连接板件之间的摩擦力大小不仅和螺栓的预拉力有关，还与被连接板件材料及其接触面的表面处理有关。高强度螺栓应严格按照施工规程操作，不得在潮湿、淋雨状态下拼装，不得在摩擦面上涂红丹、油漆及遭受油污等，应保证摩擦面干燥、清洁。

《钢结构设计规范》规定的高强度螺栓连接的摩擦面抗滑移系数 μ 值见表 9-9。

表 9-9　摩擦面的抗滑移系数 μ

连接处构件接触面的处理方法	构件的钢号		
	Q235 钢	Q345 钢、Q390 钢	Q420 钢
喷砂(丸)	0.45	0.50	0.50
喷砂(丸)后涂无机富锌漆	0.35	0.40	0.40
喷砂(丸)后生赤锈	0.45	0.50	0.50
钢丝刷清除浮锈或未处理的干净轧制表面	0.30	0.35	0.40

(2)高强度螺栓摩擦型连接计算

1)抗剪连接计算

高强度螺栓摩擦型连接单纯依靠被连接构件间的摩擦阻力传递剪力，以剪力等于摩擦力为承载能力的极限状态。

单个高强度螺栓的抗剪承载力设计值为：

$$N_v^b = 0.9 n_f \mu P \tag{9-11}$$

式中：0.9——抗力分项系数 γ_R 的倒数，即 $1/\gamma_R = 1/1.111 = 0.9$；

n_f——传力的摩擦面数；

μ——高强度螺栓摩擦面抗滑移系数 μ，按表 9-9 采用；

P——单个高强度螺栓的预拉力，按表 9-8 采用。

①在轴心力作用下，螺栓群计算应包括螺栓数目的确定和连接构件的强度验算。

验算螺栓数目：

$$n = \frac{N}{\beta N_v^b}(\text{取整}) \tag{9-12}$$

式中：N——作用于螺栓群的轴心力设计值；

β——连接长度较大时，螺栓的承载力折减系数，由式(9-4)计算。

验算板件净截面强度，高强度螺栓摩擦型连接的板件净截面强度计算与普通螺栓连接不同，被连接钢板最危险截面在第一列螺栓孔处。在这个截面上，一部分剪力已由孔前接触面传递，如图 9-38 所示。规范规定孔前传力占该列螺栓传力的 50%。这样截面 1—1 净截面传力为

$$N' = N - 0.5 \frac{N}{n} n_1 = N\left(1 - \frac{0.5 n_1}{n}\right) \tag{9-13}$$

式中：n——连接一侧的螺栓总数；

n_1——计算截面上的螺栓数。

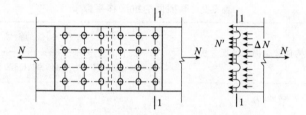

图 9-38　高强度螺栓摩擦型连接孔前传力

连接构件(板件)净截面强度应满足下式要求：

$$\sigma_n = \frac{N'}{A_n} \leqslant f \tag{9-14}$$

②螺栓群在扭矩、剪力和轴心力作用下的计算。螺栓群受扭矩 T、剪力 V 和轴心力 N 共同作用的高强度螺栓连接的抗剪计算与普通螺栓相同，只是用高强度螺栓摩擦型连接的承载力设计值。

2) 抗拉连接计算

高强度螺栓连接由于螺栓中的预拉力作用，构件间在承受外力作用前已经有较大的挤压力，高强度螺栓受到外拉力作用时，首先要抵消这种挤压力。分析表明，当高强度螺栓达到规范规定的承载力 $0.8P$ 时，螺栓杆的拉力已基本不再增大。故规范规定单个高强度螺栓抗拉承载力设计值为：

$$N_t^b = 0.8P \tag{9-15}$$

轴心拉力作用下高强度螺栓摩擦型连接计算。因为通过螺栓群形心，每个螺栓所受外拉力相同，单个螺栓所受拉力为

$$N_t = \frac{N}{n} \leqslant 0.8P \qquad (9-16)$$

式中：n——螺栓数。

(3)高强度螺栓承压型连接计算

高强度螺栓承压型连接的传力特征是剪力超过摩擦力时，构件间发生相对位移，螺栓杆身与孔壁接触，螺栓受剪同时孔壁承压。但是，另一方面，摩擦力随外力继续增大而逐渐减弱，到连接接近破坏时，剪力完全由杆身承担。高强度螺栓承压型连接以螺栓或钢板破坏为承载能力的极限状态，可能的破坏形式和普通螺栓相同。高强度螺栓承压型连接不应用于直接承受动力荷载的结构。

①抗剪连接。高强度螺栓承压型连接的承载力设计值的计算方法与普通螺栓相同，只是应采用高强度螺栓的抗剪承载力设计值。

②受拉连接。高强度螺栓承压型连接的抗拉承载力设计值的计算方法与普通螺栓相同，按式(9-11)进行计算。

③同时承受剪力和拉力的承压型高强度螺栓连接。对此种情况，采用下式计算：

$$\sqrt{\left(\frac{N_v}{N_v^b}\right)^2 + \left(\frac{N_t}{N_t^b}\right)^2} \leqslant 1 \qquad (9-17)$$

$$N_v \leqslant N_c^b / 1.2 \qquad (9-18)$$

式中：N_v、N_t——某个高强螺栓所承受的剪力和拉力；

N_v^b、N_t^b、N_c^b——单个高强螺栓的受剪、受拉和承压承载力设计值。

第三节　轴心受力构件

一、轴心受力构件的应用和截面形式

轴心受力构件广泛地应用于钢结构承重构件中，如钢屋架、网架、网壳、塔架等杆系结构的杆件，平台结构的支柱等。根据杆件承受的轴心力的性质可分为轴心受拉构件和轴心受压构件。一些非承重构件，如支撑、缀条等，也常常由轴心受力构件组成。

轴心受力构件的截面形式有三种：第一种是热轧型钢截面，如图9-39(a)所示；第二种是冷弯薄壁型钢截面，如图9-39(b)所示；第三种是用型钢和钢板或钢板和钢板连接而成的组合截面，如图9-39(c)所示的实腹式组合截面和如图9-39(d)所示的格构式组合截面等。

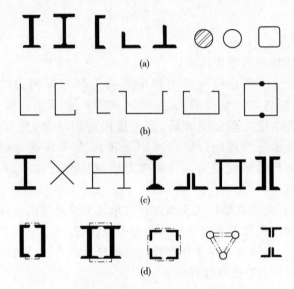

图 9-39 轴心受力构件的截面形式
(a)热轧型钢截面;(b)冷弯薄壁型钢截面;(c)实腹式组合截面;(d)格构式组合截面

二、轴心受力构件的承载力和刚度

1. 承载力

轴心受力构件的承载力应满足下式要求

$$\sigma = \frac{N}{A_n} \leqslant f \tag{9-19}$$

式中:N——轴心力设计值;

A_n——构件的净截面面积;

f——钢材的抗拉、抗压强度设计值,见表 9-10。

表 9-10 钢材的强度设计值(N/mm^2)

钢材		抗拉、抗压和抗剪	抗剪	端面承压(刨平顶紧)
牌号	厚度或直径(mm)	f	f_v	f_{ce}
Q235 钢	≤16	215	125	325
	>16~40	205	120	
	>40~60	200	115	
	>60~100	190	110	

(续)

钢材 牌号	厚度或直径(mm)	抗拉、抗压和抗剪 f	抗剪 f_v	端面承压(刨平顶紧) f_{ce}
Q345 钢	≤16	310	180	400
	>16~35	295	170	
	>35~50	265	155	
	>50~100	250	145	
Q390 钢	≤16	350	205	415
	>16~35	335	190	
	>35~50	315	180	
	50~100	295	170	
Q420 钢	≤16	380	220	440
	>16~35	360	210	
	>35~50	340	195	
	>50~100	325	185	

注：表中厚度指计算点的厚度。

2. 刚度

按照使用要求，轴心受力构件必须有一定的刚度，防止产生过大变形。刚度通过限制构件的长细比 λ 来实现，应满足下式要求：

$$\lambda = \frac{l_0}{i} \leqslant [\lambda] \tag{9-20}$$

式中：λ——构件长细比，对于仅承受静力荷载的桁架为自重产生弯曲的竖向面内的长细比，其他情况为构件最大长细比；

l_0——构件的计算长度；

i——截面的回转半径；

$[\lambda]$——构件的容许长细比，见表 9-11 和表 9-12。

表 9-11 受拉构件的容许长细比

项次	构件名称	承受静力荷载或间接承受动力荷载的结构		直接承受动荷载的结构
		有重级工作制起重机的厂房	一般结构	
1	桁架的杆件	250	350	250
2	起重机或起重机桁架以下的柱间支撑	200	300	—

项次	构件名称	承受静力荷载或间接承受动力荷载的结构		直接承受动力荷载的结构
		有重级工作制起重机的厂房	一般结构	
3	其他拉杆、支撑、系杆等（张紧的圆钢除外）	350	400	—

注：1. 承受静力荷载的结构中，可仅计算受拉构件在竖向平面内的长细比。
2. 直接或间接承受动力荷载的结构中，单角钢受拉构件的长细比应采用角钢的最小回转半径，但在计算交叉杆件平面外的长细比时，可采用与角钢肢边平行轴的回转半径。
3. 中、重级工作制起重机桁架下弦杆的长细比不宜超过 200。
4. 在设有夹钳起重机或刚性料耙起重机的厂房中，支撑（表中第 2 项除外）的长细比不宜超过 300。
5. 受拉构件在永久荷载和风荷载组合下受压时，其长细比不宜超过 250。
6. 跨度不小于 60m 的桁架，其受拉弦杆和腹杆的长细比不宜超过 300（承受静力荷载或间接承受动力荷载）和 250（直接承受动力荷载）。

表 9-12 受压构件的容许长细比

项次	构件名称	容许长细比
1	柱、桁架和天窗架构件	150
	柱的缀条、起重机梁或起重机桁架以下的柱间支撑	
2	支撑（起重机或起重机桁架以下的柱间支撑除外）	200
	用以减小受压构件细比的杆件	

注：1. 桁架（包括空间桁架）的受压腹杆，当其内力不大于承载能力的 50% 时，容许长细比可取 200。
2. 计算单角钢受压构件的长细比的计算方法同受拉构件。
3. 跨度不小于 60m 的桁架，其受压弦杆和端压杆的长细比不宜超过 100，其他受压腹杆不宜超过 150（承受静力荷载或间接承受动力荷载）或 120（直接承受动力荷载）。
4. 由容许长细比控制截面的杆件，计算其长细比时可不考虑扭转效应。

三、实腹式轴心受压构件的稳定计算

1. 整体稳定计算

当截面没有削弱时，轴心受压构件一般不会因截面的平均应力达到钢材的抗压强度而破坏，构件的承载力由稳定控制。此时构件所受应力应不大于整体稳定的临界应力，考虑抗力分项系数 γ_R 后，整体稳定计算公式如下：

$$\frac{N}{\varphi A} \leqslant f \tag{9-21}$$

式中：φ——轴心受压构件的整体稳定系数。

构件长细比根据构件可能发生的失稳形式采用绕主轴弯曲的长细比或构件

发生弯扭失稳时的换算长细比,取其较大值:

(1) 截面为双轴对称或极对称的构件。

$$\lambda_x = l_{0x}/i_x, \lambda_y = l_{0y}/i_y \tag{9-22}$$

式中:l_{0x}、l_{0y}——构件对主轴 z 和 y 轴的计算长度;

i_x、i_y——构件截面对 x 和 y 轴的回转半径。

对于双轴对称十字形截面构件,λ_x 和 λ_y 不得小于 $5.07b/t(b/t$ 为悬伸板件宽厚比),此时,构件不会发生扭转屈曲。

(2) 截面为单轴对称的构件。单轴对称截面轴心受压构件由于剪切中心和形心的不重合,在绕对称轴 y 弯曲时伴随着扭转产生,发生弯扭失稳。对于这类构件,绕非对称轴弯曲失稳时,其长细比 λ_x 仍用式(9-22)计算;绕对称轴失稳时,则要用计入扭转效应的换算长细比 λ_{yz} 代替 λ_y。

$$\lambda_{yz} = \frac{1}{\sqrt{2}} \left[(\lambda_y^2 + \lambda_x^2) + \sqrt{(\lambda_y^2 + \lambda_z^2)^2 - 4\lambda_y^2\lambda_z^2(1 - e_0^2/i_0^2)} \right]^{\frac{1}{2}} \tag{9-23}$$

$$\lambda_y^2 = i_0^2 A/(I_t/25.7 + I_w/l_w^2) \tag{9-24}$$

$$i_0^2 = e_0^2 + i_x^2 + i_y^2 \tag{9-25}$$

式中:e_0——截面形心至剪力距离;

i_0——截面对剪心的极回转半径;

λ_y——构件对对称轴的长细比;

λ_x——扭转屈曲的换算长细比;

I_t——毛截面抗扭二次矩;

I_w——毛截面扇性二次矩,对 T 形截面、十字形截面和角形截面 $I_w = 0$;

A——毛截面面积;

l_w——扭转屈曲的计算长度。

对于单角钢截面和双角钢组合的 T 形截面,《钢结构设计规范》中还给出了 λ_{yz} 的简化算法,这里不再一一列出。

(3) 无任何对称轴且不是极对称的截面(单面连接的不等肢角钢除外)不宜用作轴心压杆。对单面连接的单角钢轴心受压构件,考虑折减系数后,不再考虑弯扭效应;当槽形截面用于格构式构件的分肢,计算分肢绕对称轴 y 轴的稳定时,不必考虑扭转效应,直接用 λ_y,查稳定系数 φ_y。

2. 局部稳定计算

为节约材料,轴心受压构件的板件一般宽厚比都较大,由于压应力的存在,板件可能会发生局部屈曲,设计时应予以注意。如图 9-40 所示为一工字形截面轴心受压构件发生局部失稳的现象。构件丧失局部稳定后还可能继续承载,但板件的局部屈曲对构件的承载力有所影响,会加速构件的整体失稳。

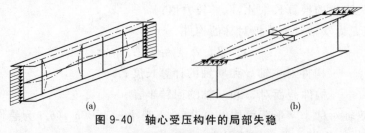

图 9-40 轴心受压构件的局部失稳
(a)腹板失稳现象;(b)翼缘失稳现象

对于局部屈曲问题,通常有两种考虑方法:一是不允许板件屈曲先于构件整体屈曲,目前一般钢结构的规定就是不允许局部屈曲先于整体屈曲来限制板件宽厚比。另一种做法是允许板件屈曲先于整体屈曲,采用有效截面的概念来考虑局部屈曲,利用腹板屈曲后的强度,冷弯薄壁型钢结构和轻型门式刚架结构的腹板就是这样考虑的。

(1)工字形截面和 H 形截面。对工字形截面和 H 形截面应分别验算翼缘宽厚比和腹板高厚比。

1)翼缘宽厚比。由于工字形截面的腹板一般较翼缘板薄,腹板对翼缘板嵌固作用较弱,翼缘可视为三边简支一边自由的均匀受压板,为保持受压构件的局部稳定,翼缘自由外伸段的宽厚比应满足下式:

$$b/t \leqslant (10+0.1\lambda)\sqrt{235/f_y} \qquad (9-26)$$

式中:λ——取构件两方向长细比的较大值。当 $\lambda<30$ 时,取 $\lambda=30$;当 $\lambda>100$ 时,取 $\lambda=100$;

b——悬伸部分的宽度;

t——翼缘板厚度。

2)腹板高厚比。腹板可视为四边支承板,当腹板发生屈曲时,翼缘板作为腹板纵向边的支承,对腹板起一定的弹性嵌固作用,这种嵌固作用可使腹板的临界应力提高,为防止腹板发生屈曲,腹板高厚比 h_0/t_w 应满足下式要求

$$h_0/t_w \leqslant (25+0.5\lambda)\sqrt{235/f_y} \qquad (9-27)$$

式中:h_0、t_w——腹板的高度和厚度;

λ——构件两方向长细比的较大值,当 $\lambda<30$ 时,取 $\lambda=30$,当 $\lambda>100$ 时,取 $\lambda=100$。

对热轧剖分 T 形钢截面和焊接 T 形钢截面,腹板的高厚比限值分别按式(9-28)和式(9-29)计算:

热轧部分 T 形钢截面 $\quad h_0/t_w \leqslant (15+0.2\lambda)\sqrt{235/f_y} \qquad (9-28)$

焊接 T 形钢截面 $\quad h_0/t_w \leqslant (13+0.17\lambda)\sqrt{235/f_y} \qquad (9-29)$

对箱形截面中的板件(包括双层翼缘板的外层板)其宽厚比限值偏安全地取为 $40\sqrt{235/f_y}$，不与构件长细比发生关系。

(2)圆管截面。对圆管截面是根据管壁的局部屈曲不先于构件的整体屈曲确定，考虑材料的弹塑性和管壁缺陷的影响，根据理论分析和试验研究，圆管的径厚比限值应满足下式要求：

$$D/t \leq 100 \times 235/f_y \qquad (9-30)$$

【例题 9-1】

某焊接工字形截面柱，截面几何尺寸如图 9-41 所示。柱的上、下端均为铰接，柱高 4.2m，承受的轴心压力设计值为 1000kN，钢材为 Q235，翼缘为火焰切割边，焊条为 E43 系列，焊条电弧焊。试验算该柱是否安全。

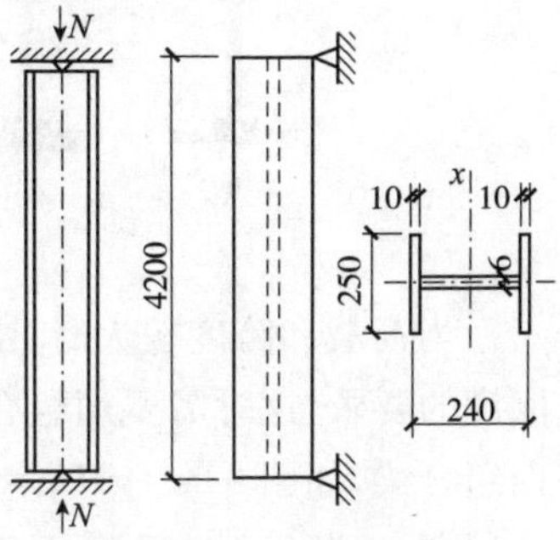

【解】 已知 $l_x = l_y = 4.2\text{m}, f = 215\text{N/mm}^2$。

图 9-41 例题 9-1 图

(1)计算截面特性

$$A = (2 \times 25 \times 1 + 22 \times 0.6)\text{cm}^2 = 63.2\text{cm}^2$$
$$I_x = (2 \times 25 \times 1 \times 11.5^2 + 0.6 \times 22^3/12)\text{cm}^4 = 7144.9\text{cm}^4$$

(2)验算整体稳定、刚度和局部稳定性

$$\lambda_x = l_x/i_x = 420/10.63 = 39.5 < [\lambda] = 150$$
$$\lambda_y = l_y/i_y = 420/6.42 = 65.4 < [\lambda] = 150$$

查表可得，$\varphi_x = 0.901, \varphi_y = 0.778$，则 $\varphi = \varphi_y = 0.778$，则

$$\sigma = \frac{N}{\varphi A} = \frac{1000}{0.778 \times 63.2} \times 10 = 203.4\text{N/mm}^2 < f = 215\text{N/mm}^2$$

翼缘宽度比为：$b_1/t = (12.5 - 0.3)/1 = 12.2 < 10 + 0.1 \times 65.4 = 16.5$
腹板高度比为：$h_0/t_w = (24 - 2)/0.6 = 36.7 < 25 + 0.5 \times 65.4 = 57.7$
构件的整体稳定、刚度和局部稳定都满足要求。

第四节 受弯构件

一、梁的类型和应用

钢梁主要用以承受横向荷载，在建筑结构中应用非常广泛，常见的有楼盖梁、起重机梁、工作平台梁、墙架梁、檩条、桥梁等。钢梁分为型钢梁和组合梁两大类，如图 9-42 所示。

型钢梁又分为热轧型钢梁和冷弯薄壁型钢梁。前者常用普通工字钢、槽钢或 H 型钢制成，如图 9-42(a)、图 9-42(b)、图 9-42(c)所示，应用比较广泛。

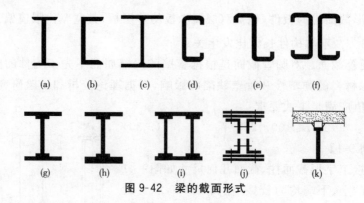

图 9-42 梁的截面形式

当荷载和跨度较大时,由于尺寸和规格的限制,型钢梁往往不能满足承载力或刚度的要求,这时需要用组合梁。最常用的组合梁是由钢板焊接而成的工字形截面组合梁,如图 9-42(g)所示。当所需翼缘板较厚时可采用双层翼缘板,如图 9-42(h)所示。荷载很大而截面高度受到限制或对抗扭刚度要求较高时,可采用箱形截面梁,如图 9-42(i)所示。当梁要承受动力荷载时,由于对疲劳性能要求较高,需要采用高强度螺栓连接的工字形截面梁,如图 9-42(j)所示。还有制成如图 9-42(k)所示的钢与混凝土的组合梁,这可以充分发挥两种材料的优势,经济效果较明显。

二、梁的承载力和刚度

为了确保安全适用、经济合理,梁在设计时既要考虑承载能力的极限状态,又要考虑正常使用的极限状态。前者包括承载力、整体稳定和局部稳定三个方面,用的是荷载设计值;后者指梁应具有一定的抗弯刚度,即在荷载标准值的作用下,梁的最大挠度不超过规范容许值。

1. 梁的承载力

(1)梁的正应力。梁在荷载作用下大致可以分为三个工作阶段。如图 9-43 所示为一工字形梁的弹性、弹塑性和塑性工作阶段的应力分布情况。

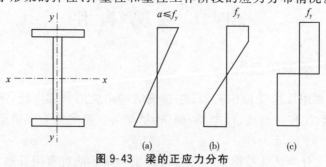

图 9-43 梁的正应力分布
(a)弹性工作阶段;(b)弹塑性工作阶段;(c)塑性工作阶段

在弹性工作阶段,梁的最大弯矩为:
$$M_e = W_n f_y \tag{9-31}$$
在塑性工作阶段,梁的塑性铰弯矩为:
$$M_p = W_{pn} f_y \tag{9-32}$$
式中:f_y——钢材的屈服强度;
W_n——净截面系数;
W_{pn}——净截面塑性截面系数。

净截面系数 W_{pn} 可采用下式计算:
$$W_{pn} = S_{1n} + S_{2n} \tag{9-33}$$
式中:S_{1n}——中和轴以上净截面面积对中和轴的面积矩;
S_{2n}——中和轴以下净截面面积对中和轴的面积矩。

由式(9-31)和式(9-32)可知,梁的塑性铰弯矩 M_p 与弹性阶段最大弯矩 M_e 的比值与材料的强度无关,而只与截面的几何性质有关。令 $\gamma = W_{pn}/W_n$ 称为截面的形状系数。为避免梁有过大的非弹性变形,承受静力荷载或间接承受动力荷载的梁,允许考虑截面有一定程度的塑性发展,用截面的塑性发展系数 γ_x 和 γ_y 代替截面的形状系数 γ。各种截面对不同主轴的塑性发展系数见表 9-13。

表 9-13 截面塑性发展系数 γ_x 和 γ_y 值

项次	截面形式	γ_x	γ_y
1			1.2
2		1.05	1.05
3		$\gamma_{x1}=1.05$ $\gamma_{y2}=1.2$	1.2
4			1.05
5		1.2	1.2

（续）

项次	截面形式		γ_x	γ_y
6	(圆形截面)		1.15	1.15
7			1.0	1.05
8			1.0	1.0

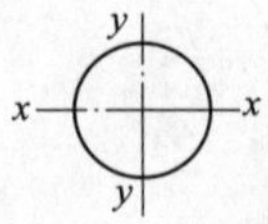

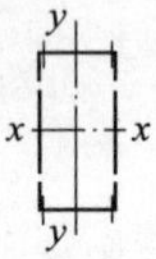

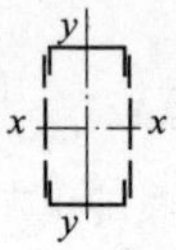

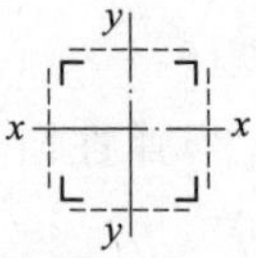

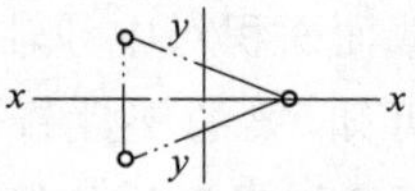

梁的正应力设计公式为：

单向受弯时：
$$\sigma = \frac{M_x}{\gamma_x W_{nx}} \leqslant f \qquad (9\text{-}34)$$

双向受弯时：
$$\sigma = \frac{M_x}{\gamma_x W_{nx}} + \frac{M_y}{\gamma_y W_{ny}} < f \qquad (9\text{-}35)$$

式中：M_x、M_y——同一截面梁在最大刚度平面内和最小刚度平面内的弯矩；

W_{nx}、W_{ny}——对 x 轴和 y 轴的净截面系数；

f——钢材的抗弯强度设计值，见表 9-10。

若梁直接承受动力荷载，则以上两式中不考虑截面塑性发展系数，即 $\gamma_x = \gamma_y = 1.0$。

(2)梁的剪应力。在横向荷载作用下，梁在受弯的同时又承受剪力。对于工字形截面和槽形截面，其最大剪应力在腹板上，剪应力的分布如图 9-44 所示，其计算公式为：

$$\tau = \frac{VS}{It_w} \leqslant f_v \qquad (9\text{-}36)$$

式中：V——计算截面沿腹板平面作用的剪力；

I——梁的毛截面二次矩；

S——计算剪应力处以上（或以下）毛截面对中和轴的面积矩；

t_w——梁腹板厚度；

f_v——钢材抗剪强度设计值，见表 9-10。

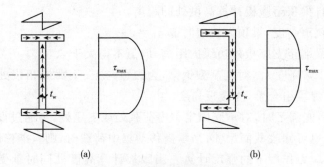

图 9-44 梁的弯曲剪应力分布

(3)局部压应力。当梁的翼缘承受较大的固定集中荷载(包括支座)而又未设支承加劲肋,如图 9-45(a)所示,或受有移动的集中荷载(如起重机轮压),如图 9-45(b)所示,应计算腹板计算高度边缘的局部承压强度。假定集中荷载从作用处在 h_y 高度范围内以 1∶2.5 扩散,在 h_R 高度范围内 1∶1 扩散,均匀分布于腹板计算高度边缘。这样得到的 σ_c 与理论的局部压应力的最大值十分接近。局部承压强度可按下式计算:

$$\sigma_c = \frac{\psi F}{t_w l_z} \leqslant f \tag{9-37}$$

式中:F——集中荷载,对动力荷载应乘以动力系数;

ψ——集中荷载增大系数,对重级工作制起重机轮压,$\psi=1.35$,对其他 $\psi=1.0$;

l_z——集中荷载在腹板计算高度处的假定分布长度,对跨中集中荷载,$l_z=a+5h_y+2h_R$;对梁端支座反力,$l_z=a+2.5h_y+2a_1$;

a——集中荷载沿跨度方向的支承长度,对起重机轮压,无资料时可取 50mm;

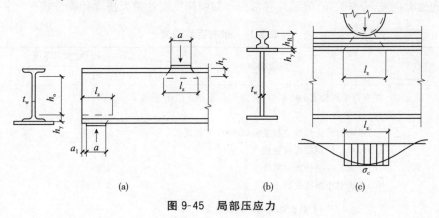

图 9-45 局部压应力

h_y——自梁顶至腹板计算高度处的距离;

h_R——轨道高度,梁顶无轨道时取 $h_R=0$;

a_1——梁端至支座板外边缘的距离,取值不得大于 $2.5h_y$。

腹板的计算高度 h_0,对轧制型钢梁,为腹板与上、下翼缘相接处两内弧起点间的距离;对焊接组合梁,为腹板高度。

当计算不能满足时,对承受固定集中荷载处或支座处,可通过设置横向加劲肋予以加强,也可修改截面尺寸;当承受移动集中荷载时,则只能修改截面尺寸。

(4)复杂应力作用下的强度计算。当腹板计算高度处同时承受较大的正应力、剪应力或局部压应力时,需按下式计算该处的折算应力:

$$\sqrt{\sigma^2+\sigma_c^2-\sigma\sigma_c+3\tau^2} \leqslant \beta_1 f \quad (9-38)$$

式中:σ、τ、σ_c——腹板计算高度处同一点的弯曲正应力、剪应力和局部压应力,$\sigma=(M_x/W_{nx})\times(h_0/h)$,以拉应力为正,压应力为负;

β_1——局部承压强度设计值增大系数,当 σ 与 σ_c 同号或 $\sigma_c=0$ 时,$\beta_1=1.1$;当 σ 与 σ_c 异号时,$\beta_1=1.2$。

2. 梁的刚度

梁的刚度指梁在受到使用荷载作用时抵抗变形的能力。为了不影响结构能正常使用,规范规定,在荷载标准值的作用下,梁的变形——挠度不应超过规范容许值。

$$v \leqslant [v] \quad (9-39)$$

式中:v——由荷载标准值(不考虑动力系数)求得的梁的最大挠度;

$[v]$——钢梁的容许挠度,见表 9-14。

在计算梁的挠度值时,采用的荷载标准值必须与表 9-14 中计算的挠度相对应。由于截面削弱对梁的整体刚度影响不大,习惯上用毛截面特性按结构力学方法确定梁的最大挠度,表 9-15 给出了几种常用等截面简支梁的最大挠度计算公式。

表 9-14 梁的容许挠度

项次	构件类别	挠度容许值	
		v_T	v_Q
1	起重机梁和起重机桁架(按自重和起重量最大的一台起重机计算挠度)		
	(1)手动起重机和单梁起重机(含悬挂式起重机)	$l/500$	
	(2)轻级工作制桥式起重机	$l/800$	
	(3)中级工作制桥式起重机	$l/1000$	
	(4)重级工作制桥式起重机	$l/1200$	
2	手动或电动葫芦的轨道梁	$l/400$	

(续)

项次	构件类别	挠度容许值	
		v_T	v_Q
3	有重轨(重量不小于38kg/m)轨道的工作平台梁	$l/600$	
	有轻轨(重量不大于24kg/m)轨道的工作平台梁	$l/400$	
4	屋(楼)盖或桁架,工作平台梁(第3项除外)和平台板		
	(1)主梁或桁架(包括设有悬挂起重设备的梁和桁架)	$l/400$	$l/500$
	(2)抹灰顶棚的次梁	$l/250$	$l/350$
	(3)除(1)、(2)款外的其他梁(包括楼梯梁)	$l/250$	$l/300$
	(4)屋盖檩条		
	支承无积灰的瓦楞铁和石棉瓦屋面者	$l/150$	
	支承压型金属板、有积灰的瓦楞铁和石棉瓦屋面者	$l/200$	
	支承其他屋面材料者	$l/200$	
	(5)平台板	$l/150$	

注:1. l 为梁的跨度(对悬臂梁或伸臂梁为悬伸长度的2倍)。
   2. $[v_T]$ 为全部荷载标准值产生的挠度(如有起拱应减去拱度)的容许值。
   3. $[v_Q]$ 为可变荷载标准值产生的挠度的容许值。

表 9-15 等截面简支梁的最大挠度计算公式

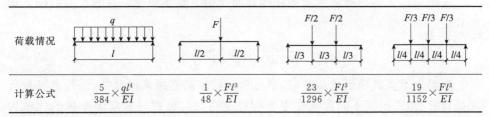

荷载情况	q 均布	F 跨中	$F/2, F/2$ 三分点	$F/3, F/3, F/3$ 四分点
计算公式	$\dfrac{5}{384} \times \dfrac{ql^4}{EI}$	$\dfrac{1}{48} \times \dfrac{Fl^3}{EI}$	$\dfrac{23}{1296} \times \dfrac{Fl^3}{EI}$	$\dfrac{19}{1152} \times \dfrac{Fl^3}{EI}$

三、梁的整体稳定

(1)梁的整体稳定计算。在一个主轴平面内弯曲的梁,为了更有效地发挥材料的作用,经常设计得窄而高。如果没有足够的侧向支承,在弯矩达到临界值 M_{cr} 时,梁就会发生整体的弯扭失稳破坏而非强度破坏。双轴对称工字钢截面简支梁在纯弯曲作用下的临界弯矩公式为:

$$M_{cr} = \frac{\pi^2 EI_y}{l^2} \sqrt{\frac{I_w}{I_y} + \frac{GI_t l^2}{\pi^2 EI_y}} \tag{9-40}$$

在修订规范时,为了简化计算,引入 $I_t = At_1^2/2$ 和 $I_w = I_y h^2/4$,并以 $E = 206000 \text{N/mm}^2$ 和 $E/G = 2.6$ 代入式(9-40),可得临界弯矩为:

$$M_{cr} = \frac{10.17 \times 10^5}{\lambda_y^2} Ah \sqrt{1 + \left(\frac{\lambda_y t_1}{4.4h}\right)^2} \tag{9-41}$$

式中：A——梁的毛截面面积；

t_1——梁受压翼缘板的厚度；

h——梁截面的全高度；

λ_y——梁对 y 轴的长细比。

临界应力 $\sigma_{cr}=M_{cr}/W_x$，W_x 为按受压翼缘确定的毛截面系数。

在上述情况下，若保证梁不丧失整体稳定，应使受压翼缘的最大应力小于临界应力 σ_{cr} 除以抗力分项系数 γ_R，即：

$$\frac{M_x}{W_x} \leqslant \frac{\sigma_{cr}}{\gamma_R} \tag{9-42}$$

令梁的整体稳定系数 φ_b 为：

$$\varphi_b = \frac{\sigma_{cr}}{f_y}$$

$$\frac{M_x}{W_x} \leqslant \frac{\varphi_b f_y}{\gamma_R} = \varphi_b f \tag{9-43}$$

则梁的整体稳定计算公式为：

$$\frac{M_x}{\varphi_b W_x} \leqslant f \tag{9-44}$$

双轴对称工字钢截面简支梁在纯弯曲作用下整体稳定系数的近似值按下式计算：

$$\varphi_b = \frac{4320}{\lambda_y^2}\frac{Ah}{W_x}\sqrt{1+\left(\frac{\lambda_y t_1}{4.4h}\right)^2}\frac{235}{f_y} \tag{9-45}$$

当梁上承受其他形式荷载时，通过选取较多的常用截面尺寸，进行电算和数理统计分析，得出了不同荷载作用下的稳定系数与纯弯时的稳定系数的比值为 β_b。同时为了适用于单轴对称工字形截面简支梁的情况，梁的整体稳定系数的计算公式为：

$$\varphi_b = \beta_b \frac{4320}{\lambda_y^2}\frac{Ah}{W_x}\left[\sqrt{1+\left(\frac{\lambda_y t_1}{4.4h}\right)^2}+\eta_b\right]\frac{235}{f_y} \tag{9-46}$$

式中：β_b——梁整体稳定的等效弯矩系数，可查阅相关规范取用；

η_b——截面不对称影响系数。

η_b 按以下方式取值：双轴对称截面，$\eta_b=0$；加强受压翼缘工字形截面，$\eta_b=0.8(2\alpha_b-1)$；加强受拉翼缘工字形截面，$\eta_b=2\alpha_b-1$。其中，$\alpha_b=\dfrac{I_1}{I_1+I_2}$，$I_1$ 和 I_2 分别受压翼缘和受拉翼缘对 y 轴的截面二次矩。

由上述关系可知，对于加强受压翼缘的工字形截面，η_b 为正值，由式(9-45)算得的整体稳定系数 φ_b 增大；反之，对加强受拉翼缘的工字形截面，η_b 为负值，使梁的整体稳定系数降低。因此，加强受压翼缘的工字形截面更有利于提高梁的整体稳定性。

上述的稳定系数计算公式是按弹性分析导出的。对于钢梁,当考虑残余应力影响时,可取比例极限 $f_p=0.6f_y$。因此,当 $\sigma_{cr}>0.6f_y$ 时,即当算得的稳定系数 $\varphi_b>0.6$ 时,梁已进入弹塑性工作阶段,其临界弯矩有明显的降低。需按下式进行修正,以 φ'_b 代替 φ_b:

$$\varphi'_b=1.07-0.282/\varphi_b\leqslant 1.0 \tag{9-47}$$

(2)梁整体稳定性的保证。实际工程中的梁与其他构件相互连接,有利于阻止其侧向失稳。符合下列情况之一时,不用计算梁的整体稳定性:

1)有刚性铺板密铺在梁受压翼缘并有可靠连接能阻止受压翼缘侧向位移时。

2)等截面 H 型钢或工字形截面简支梁的受压翼缘自由长度 l_1 与其宽度 b_1 之比不超过表 9-16 所规定的限值时。

表 9-16 等截面 H 型钢或工字形截面简支梁不需要计算整体稳定的 l_1/b_1 限值

跨中无侧向支承,荷载作用在		跨中受压翼缘有侧向支承,
上翼缘	下翼缘	不论荷载作用在何处
$13\sqrt{235/f_y}$	$20\sqrt{235/f_y}$	$16\sqrt{235/f_y}$

注:l_1 为梁受压翼缘自由长度:对跨中无侧向支承点的梁为其跨度;对跨中有侧向支承点的梁,为受压翼缘侧向支承点间的距离(梁支座处视为有侧向支承点)。b_1 为受压翼缘宽度。

3)箱形截面简支梁截面,如图 9-46 所示,其截面尺寸应满足 $h/b_0\leqslant 6$,且 $l_1/b_0\leqslant 95(235/f_y)$。

四、梁的局部稳定和腹板加劲肋计算

如果设计不适当,组成梁的板件在压应力或剪应力作用下,可能会发生局部屈曲问题。轧制型钢梁因板件宽厚比较小,都能满足局部稳定要求,不必计算。这里只分析一般钢结构的组合梁的局部稳定问题。

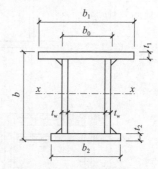

图 9-46 箱形截面梁

1. 受压翼缘的局部稳定

梁的翼缘板远离截面形心,强度一般能得到充分利用。若翼缘板发生局部屈曲,梁很快就会丧失继续承载的能力。因此,《钢结构设计规范》GB 50017 采用限制板件宽厚比的方法,防止翼缘板的屈曲。翼缘宽厚比应满足下式规定:

$$\frac{b}{t}\leqslant 13\sqrt{\frac{235}{f_y}} \tag{9-48}$$

式中：b——梁受压翼缘自由外伸宽度，对焊接构件，取腹板边至翼缘板（肢）边缘的距离；对轧制构件，取内圆弧起点至翼缘板（肢）边缘距离。

式(9-48)考虑了截面发展部分塑性。若为弹性设计，则 b/t 可以放宽为：

$$\frac{b}{t} \leqslant 15\sqrt{\frac{235}{f_y}} \tag{9-49}$$

对于如图 9-46 所示箱形截面梁两腹板中间的部分，其宽厚比应满足下式要求：

$$\frac{b_0}{t} \leqslant 40\sqrt{\frac{235}{f_y}} \tag{9-50}$$

2. 腹板的局部稳定

为保证腹板的稳定性，可增加腹板厚度或设置加劲肋，且后者较前者经济。横向加劲肋可有效地防止剪应力和局部压应力可能引起的腹板失稳；纵向加劲肋主要用于防止弯曲压应力可能引起的腹板失稳；短加劲肋主要用于防止局部压应力可能引起的腹板失稳。

组合梁腹板的加劲肋主要分为横向、纵向、短加劲肋和支承加劲肋几种情况，如图 9-47 所示。图 9-47(a)为仅配置横向加劲肋的情况；图 9-47(b)和图 9-47(c)为同时配置横向和纵向加劲肋情况；图 9-47(d)除配置了横向和纵向加劲肋外，还配置了短加劲肋。

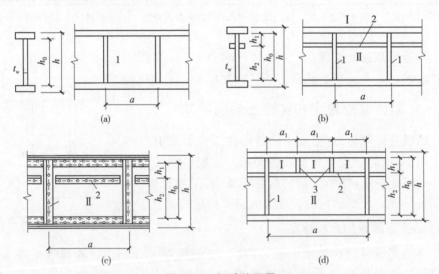

图 9-47 加劲肋配置

1-横向加劲肋；2-纵向加劲肋；3-短加劲肋

（1）组合梁腹板配置加劲肋的规定。组合梁腹板配置加劲肋时应满足下列要求。

①当 $h_0/t_w \leqslant 80\sqrt{235/f_y}$ 时,对有局部压应力($\sigma_c \neq 0$)的梁,应按构造配置横向加劲肋。对无局部压应力($\sigma_c = 0$)的梁,可不配置加劲肋。

②当 $h_0/t_w > 80\sqrt{235/f_y}$ 时,应配置横向加劲肋并满足局部稳定计算要求。

③当 $h_0/t_w > 170\sqrt{235/f_y}$(受压翼缘扭转受到约束,如连有刚性铺板、制动板或焊有钢轨时)或 $h_0/t_w > 150\sqrt{235/f_y}$(受压翼缘扭转未受到约束时),或按计算需要,应在弯曲压应力较大区格的受压区增加配置纵向加劲肋。当局部压应力很大时,必要时应在受压区配置短加劲肋。

任何情况下,h_0/t_w 均不应超过 $250\sqrt{235/f_y}$。

④梁的支座处和上翼缘受有较大固定集中荷载处,宜设置支承加劲肋。

(2)梁腹板各区段的局部稳定计算。组合梁腹板的局部稳定,应根据加劲肋的设置情况分不同区格进行计算。

①对于如图 9-47(a)所示仅配置横向加劲肋的腹板,各区格局部稳定按下式计算:

$$\left(\frac{\sigma}{\sigma_{cr}}\right)^2 + \left(\frac{\tau}{\tau_{cr}}\right)^2 + \frac{\sigma_c}{\sigma_{c,cr}} \leqslant 1.0 \qquad (9-51)$$

式中: σ——所计算腹板区格内,由平均弯矩产生的腹板计算高度边缘的弯曲压应力,$\sigma = Mh_c/I$;

τ——所计算腹板区格内,由平均剪力产生的腹板平均剪应力,$\tau = V/(h_w/t_w)$;

σ_c——腹板边缘的局部压应力,按式(9-37)计算,式中 $\psi = 1.0$;

σ_{cr}、τ_{cr}、$\sigma_{c,cr}$——各种应力单独作用下的临界应力,按《钢结构设计规范》的有关规定计算。

②对于同时配置横向加劲肋和纵向加劲肋加强的腹板,如图 9-47(b)、(c)所示,局部稳定应分别按受压翼缘与纵向加劲肋之间的区格Ⅰ和受拉翼缘与纵向加劲肋之间的区格Ⅱ予以计算:

对于受压翼缘与纵向加劲肋之间的区格Ⅰ,应满足:

$$\frac{\sigma}{\sigma_{cr1}} + \left(\frac{\sigma_c}{\sigma_{c,cr1}}\right)^2 + \left(\frac{\tau}{\tau_{ct1}}\right)^2 \leqslant 1.0 \qquad (9-52)$$

式中:σ_{cr1}、$\sigma_{c,cr1}$、τ_{cr1} 分别按按《钢结构设计规范》的有关规定计算。

对于受拉翼缘与纵向加劲肋之间的区格Ⅱ,应满足:

$$\left(\frac{\sigma_2}{\sigma_{cr2}}\right)^2 + \frac{\sigma_{c2}}{\sigma_{c,cr2}} + \left(\frac{\tau}{\tau_{cr2}}\right)^2 \leqslant 1.0 \qquad (9-53)$$

式中:σ_2——所计算区格内腹板内在纵向加劲肋处压应力的平均值;

σ_{c2}——腹板在纵向加劲肋处的横向压应力,取为 $0.3\sigma_c$。

③受压翼缘与纵向加劲肋之间设有短加劲肋的区格Ⅰ,如图 9-47(d)所示,其局部稳定性可参考式(9-51),按《钢结构设计规范》的有关规定计算。

(3)支承加劲肋计算。支承加劲肋指承受支座反力或固定集中荷载的横向加劲肋,如图 9-48 所示,支承加劲肋应在腹板两侧对称布置,截面往往比其他横向加劲肋大,应对其进行稳定、端面承压和焊缝连接计算。

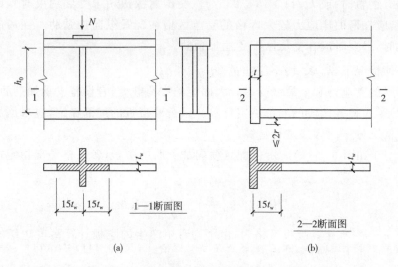

图 9-48 支承加劲肋

①支承加劲肋应按承受梁支座反力或固定集中荷载的轴心受压构件计算其在腹板平面外的稳定性。计算中受压结构的截面积 A 应包括加劲肋和加劲肋每侧 $15t_w\sqrt{235/f_y}$ 范围内的面积,如图 9-48 所示中阴影部分面积,计算长度取为 h_0。

②对于支承加劲肋的端部,应按其所承受梁支座反力或固定集中荷载进行计算。当加劲肋端部刨平顶紧时,按下式计算其端面承压:

$$\sigma = N/A_b \leqslant f_{ce} \tag{9-54}$$

式中:N——支承加劲肋承受的支座反力或固定集中荷载;

A_b——支承加劲肋与翼缘或顶板相接触的面积;

f_{ce}——钢材端面承压强度设计值,见表 9-10。

对于突缘式支座,支承加劲肋的伸出长度不应大于其厚度的 2 倍,如图 9-48(b)所示。

③支承加劲肋与梁腹板间的连接焊缝,应能承受全部支座反力或固定集中荷载,按焊缝连接的有关规定设计焊缝,假定应力沿焊缝全长均匀分布。

第五节 常见的钢结构形式

一、轻型门式刚架结构

轻型门式刚架是轻型房屋钢结构门式刚架的简称。近年来,与平板网架结构在我国飞速发展,不仅广泛地应用在轻工业厂房和公共建筑中,还在中、小型的城市公共建筑(如超市、展览厅、停车场、加油站等)中得到普遍应用。

轻型门式刚架的广泛应用,除其自身具有的优点外,还和近年来轻型(钢)屋面和墙面系统(冷弯薄壁型钢的檩条和墙梁、彩涂压型钢板和轻质保温材料的屋面板和墙板)的快速发展密不可分。它们共同构成了(如图9-49)轻型钢结构系统。

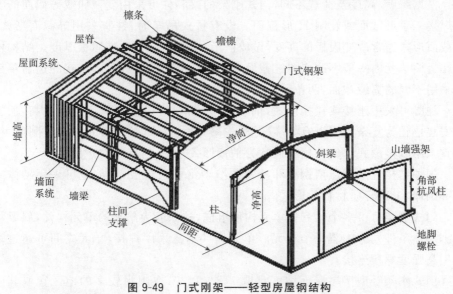

图 9-49　门式刚架——轻型房屋钢结构

轻钢结构系统代替传统的混凝土和热轧型钢制作的屋面板、檩条等,不仅可减少梁、柱和基础截面尺寸,整体结构重量减轻,而且式样美观,工业化程度高,工期短,经济效益显著。

1. 结构形式

门式刚架按跨度可分为单跨[图 9-50(a)]、双跨[图 9-50(b)、(f)]、多跨刚架[图 9-50(c)]以及带挑檐的[图 9-50(d)]和带毗屋的[图 9-50(e)]刚架等形式。多跨刚架中间柱与刚架斜梁的连接可采用铰接。多跨刚架宜采用双坡或单坡屋盖[图 9-50(f)],必要时也可采用由多个双坡屋盖组成的多跨刚架形式。

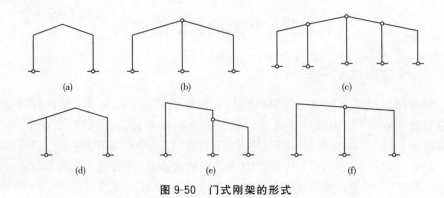

图 9-50 门式刚架的形式

根据跨度、高度及荷载不同,门式刚架的梁和柱可采用变截面或等截面的实腹焊接工字形截面或轧制 H 形截面。设有桥式吊车时,柱宜采用等截面形式。变截面形式通常改变腹板的高度,做成楔形,必要时也可改变腹板厚度。结构构件在运输单元内一般不改变翼缘截面,必要时可改变翼缘厚度,邻接的运输单元可采用不同的翼缘截面,两单元相邻截面高度宜相等。

柱脚可采用刚接或铰接形式,前者可节约钢材,但基础费用有所提高,加工和安装也较为复杂。当设有 5t 以上桥式吊车时,为提高厂房的抗侧移刚度,柱脚宜采用刚接形式。铰接柱脚通常为平板形式,设一对或两对地脚锚栓。

围护结构宜采用压型钢板和冷弯薄壁型钢檩条组成,外墙也可采用砌体或底部砌体、上部轻质材料的形式。

门式刚架可由多个梁和柱单元构件组成,柱一般为单独的单元构件,斜梁可根据运输条件划分为若干个单元。单元构件本身采用焊接,单元之间可通过端板用高强度螺栓连接。

门式刚架轻型房屋屋面坡度宜取 1/8~1/20,在雨水较多的地区宜取其中的较大值。单层门式刚架轻型房屋可采用隔热卷材做屋盖隔热和保温层,也可采用带隔热层的板材作屋面。

2. 结构布置

(1)结构平面布置

门式刚架轻型房屋的构件和围护结构,通常刚度不大,温度应力相对较小。因此其温度分区与传统结构形式相比可以适当放宽,但应符合下列规定:

①纵向温度区段<300m;
②横向温度区段<150m;
③当有计算依据时,温度区段可适当放大。

当房屋的平面尺寸超过上述规定时,需设置伸缩缝,伸缩缝可采用两种做法:

①设置双柱;

②在搭接檩条的螺栓处采用长圆孔,并使该处屋面板在构造上允许涨缩。

对有吊车的厂房,当设置双柱形式的纵向伸缩缝时,伸缩缝两侧刚架的横向定位轴线可加插入距(如图9-51)。在多跨刚架局部抽掉中柱或边柱处,可布置托架或托梁。

(2)檩条和墙梁布置

屋面檩条一般应等间距布置。但在屋脊处,应沿屋

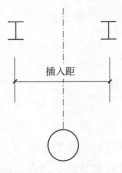

图9-51 柱的插入距

脊两侧各布置一道檩条,使得屋面板的外伸宽度不要太长(一般小于200mm),在天沟附近应布置一道檩条,以便于天沟的固定。确定檩条间距时,应综合考虑天窗、通风屋脊、采光带、屋面材料和檩条规格等因素按计算确定。

侧墙墙梁的布置,应考虑设置门窗、挑檐、遮雨篷等构件和围护材料的要求。当采用压型钢板作围护面时,墙梁宜布置在刚架柱的外侧,其间距由墙板板型和规格确定,且不大于由计算确定的数值。外墙除可以采用轻型钢板墙外,在抗震设防烈度不高于6度时,还可采用砌体;当为7度或8度时,还可采用非嵌砌砌体;9度时还可采用与柱柔性连接的轻质墙板。

(3)支撑布置

在每个温度区段或者分期建设的区段中,应分别设置能独立构成空间稳定结构的支撑体系。在设置柱间支撑的开间应同时设置屋盖横向支撑以组成几何不变体系。

柱间支撑的间距应根据房屋纵向柱距、受力情况及安装条件确定。当无吊车时宜设在温度区段端部,间距可取30~45m;当有吊车时宜设在温度区段的中部,或当温度区段较长时设置在三分点处,间距不大于60m。当房屋高度较大时,柱间支撑应分层设置。

屋盖支撑宜设在温度区段端部的第一个或第二个开间。当设在第二个开间时,在第一开间的相应位置宜设置刚性系杆。在刚架转折处(如柱顶和屋脊)应沿房屋全长设置刚性系杆。

由支撑斜杆等组成的水平桁架,其直腹杆宜按刚性系杆考虑,可由檩条兼作,此时应满足对压弯构件刚度和承载力的要求。当不满足时,可在刚架斜梁间加设钢管、H型钢或其他截面的杆件。

门式刚架轻型房屋钢结构的支撑,宜采用带张紧装置的十字交叉圆钢组成,圆钢与构件的夹角宜接近45°,在30°~60°范围。当设有不小于5t的桥式吊车时,柱间支撑宜采用型钢形式。当房屋中不允许设置柱间支撑时,应设置纵向刚架。

3. 节点构造

门式刚架斜梁与柱的连接可采用端板竖放[图 9-52(a)]、端板平放[图 9-52(b)]和端板斜放[图 9-52(c)]三种形式。斜梁拼接时宜使端板与构件边缘垂直[图 9-52(d)]。

端板连接[图 9-52(d)]应按所受最大内力设计。当内力较小时,应按能承受不小于较小被连接截面承载力的一半设计。主刚架构件的连接应采用高强度螺栓,吊车梁与制动梁的连接宜采用摩擦型高强度螺栓,通常选用 M16～M24。吊车梁与刚架连接处宜设长圆孔。檩条与刚架斜梁以及墙梁与柱的连接常采用 M12 普通螺栓。

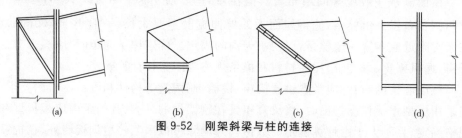

图 9-52　刚架斜梁与柱的连接
(a)端板竖放;(b)端板平放;(c)端板斜放;(d)斜梁拼接

端板连接的螺栓应成对地对称布置,在受拉翼缘和受压翼缘的内外两侧均应设置并使每个翼缘的螺栓群中心与翼缘的中心重合或接近。螺栓中心至翼缘板表面的距离应满足拧紧螺栓时的施工要求,不宜小于 35mm。螺栓端距不应小于 2 倍螺栓孔径。门式刚架受压翼缘的螺栓不宜少于两排。当受拉翼缘两侧各设一排螺栓尚不能满足承载力要求时,可在翼缘内侧增设螺栓(图 9-53),其间距可取 75mm,且不小于 3 倍孔径。与斜梁端板连接的柱翼缘部分应与端板等厚度(图 9-53)。当端板上两对螺栓间的最大距离大于 400mm 时,应在端板的中部增设一对螺栓。

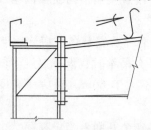

图 9-53　端板竖放的螺栓连接

同时受拉和受剪的螺栓,应验算螺栓在拉和剪共同作用下的强度。

端板的厚度 t 应根据支承条件计算(方法见《钢结构设计规范》),但不宜小于 12mm。在刚架斜梁与柱相交的节点域,按《钢结构设计规范》的公式验算剪应力不满足要求时,应加厚腹板或设置斜加劲肋。刚架构件的翼缘和腹板与端板的螺栓连接处,构件腹板强度不满足《钢结构设计规范》公式计算值时,可设置腹板加劲肋或局部加厚腹板。

带斜卷边 Z 形檩条的搭接长度 $2a$(图 9-54)及其连接螺栓直径,应根据连续梁中间支座处的弯矩值确定。

隅撑宜采用单角钢制作。可连接在刚架下(内)翼缘附近的腹板上,也可连接于下(内)翼缘上(图9-55)。通常以单个螺栓连接,计算时应考虑承载力折减系数。

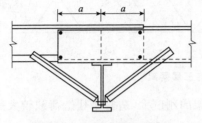

图 9-54　斜卷边檩条的搭接

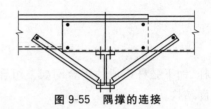

图 9-55　隅撑的连接

圆钢支撑与刚架构件的连接,一般不设连接板,可直接在刚架构件腹板上靠外侧设孔连接(图9-56)。

屋面板之间的连接及面板与檩条或墙梁的连接,宜采用带橡皮垫圈的自钻自攻螺丝。螺丝的间距不应大于300mm。

门式刚架轻型房屋钢结构的柱脚,宜采用平板式铰接柱脚,当有必要时,也可采用刚接柱脚。变截面柱下端的宽度应根据具体情况确定,但不宜小于200mm。

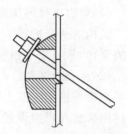

图 9-56　圆钢支撑与刚架构件的连接

二、网架结构形式与选择

1. 网架结构的形式

网架结构的形式很多,按结构组成可分为以下几种。

(1) 双层网架结构

由上弦杆、下弦杆及弦杆间的腹杆组成[图9-57(a)]。一般网架结构多采用双层。

(2) 三层网架结构

由上弦杆、下弦杆、中弦杆及弦杆之间的腹杆组成[图9-57(b)]。其特点是增加网架高度,减小弦杆内力,减小网格尺寸和腹杆长度。当网架跨度较大时,三层网架用钢量比双层网架用钢量省;但由于节点和杆件数量增多,尤其是中层节点所连杆件较多,使构造复杂,造价有所提高。

(3) 组合网架结构

用钢筋混凝土板取代网架结构的上弦杆,从而形成了由钢筋混凝土板和钢

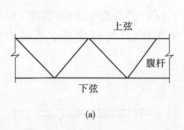 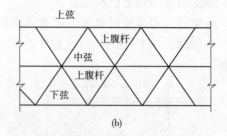

图 9-57　双层与三层网架

腹杆、钢下弦杆组成的组合网架。组合网架的刚度大,适宜于建造荷载较大的大跨度结构。

按支撑情况可分为以下几种。

(1)周边支撑网架网架

结构的所有边界节点都搁置在柱或梁上[图 9-58(a)]。此时网架受力均匀,传力直接,是目前采用较多的一种形式。

(2)点支撑网架

点支撑网架有四点支撑网架[图 9-58(b)]和多点支撑网架[图 9-58(c)]。点支撑网架宜在周边设置适当悬挑[图 9-58(b)],以减小网架跨中杆件的内力和挠度。

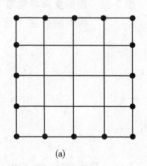 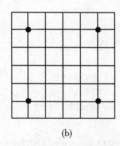 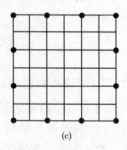

图 9-58　网架的支撑种类

(3)周边支撑与点支撑相结合的网架

有边和点混合支撑[图 9-59(a)],三边支撑一边开口[图 9-59(b)]和两边支撑两边开口等情况。

2. 双层网架的形式

双层网架的常用形式有平面桁架系网架、四角锥体系网架和三角锥体系网架等。

(1)平面桁架系网架

此类网架上下弦杆长度相等,上下弦杆与腹杆位于同一垂直平面内。一般

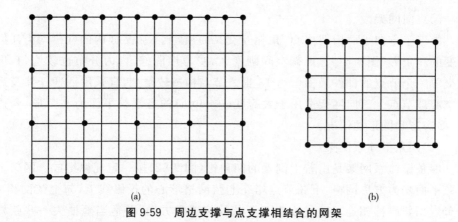

(a)　　　　　　　　　　(b)

图 9-59　周边支撑与点支撑相结合的网架

情况下竖杆受压,斜杆受拉。斜腹杆与弦杆夹角宜在 40°～60°之间。

①两向正交正放网架

在矩形建筑平面中,网架的弦杆垂直于及平行于边界,故称正放。两个方向网格数宜布置成偶数。如为奇数,桁架中部节间应做成交叉腹杆。两向正交正放网架的受力性能类似于两向交叉梁。对周边支撑者,平面尺寸越接近正方形,两个方向桁架杆件内力越接近,空间作用越显著。随着建筑平面边长比的增大,短向传力作用明显增大。

②两向正交斜放网架

两向正交斜放网架为两个方向的平面桁架垂直相交。用于矩形建筑平面时,两向桁架与边界夹角为 45°;当有可靠边界时,体系是几何不变的。各榀桁架的跨度长短不等,靠近角部的桁架跨度小,对与它垂直的长桁架起支撑作用,减小了长桁架跨中弯矩,长桁架两端要产生负弯矩和支座拉力。周边支撑时,有长桁架通过角支点[图 9-60(a)]和避开角支点[图 9-60(b)]两种布置,前者对四角支座产生较大的拉力,后者角部拉力可由两个支座分担。

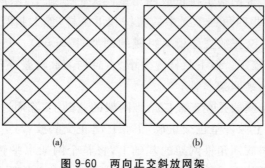

(a)　　　　(b)

图 9-60　两向正交斜放网架

(a)有角支撑;(b)无角支撑

③三向网架

由三个方向平面桁架按60°角相互交叉而成,上下弦平面内的网格均为几何不变的三角形(图9-61)。网架空间刚度大,受力性能好,内力分布也较均匀,但汇交于一个节点的杆件最多可达13根。节点构造较复杂,宜采用钢管杆件及焊接空心球节点。三向网架适用于大跨度($l>60$m)的且建筑平面为三角形、六边形、多边形和圆形的情况。

(2)四角锥体系网架

四角锥体系网架是由若干倒置的四角锥(图9-62)按一定规律组成。网架上下弦平面均为方形网格,下弦节点均在上弦网格形心的投影线上,与上弦网格4个节点用斜腹杆相连。通过改变上下弦的位置和方向,并适当地抽去一些弦杆和腹杆,可得到各种形式的四角锥网架。

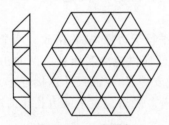

图9-61 三向网架

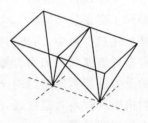

图9-62 四角锥体系基本单元

①正放四角锥网架

建筑平面为矩形时,正放四角锥网架的上下弦杆均与边界平行或垂直,上下弦节点各连接8根杆件,构造较统一(如图9-63,虚线表示下弦杆)。正放四角锥网架杆件受力较均匀,空间刚度比其他类型的四角锥网架及两向网架好。同时,屋面板规格单一,便于起拱。但杆件数量较多,用钢量略高些。

②正放抽空四角锥网架

正放抽空四角锥网架是在正放四角锥网架的基础上,除周边网格锥体不动外,跳格地抽掉一些四角锥单元中的腹杆和下弦杆,使下弦网格尺寸扩大一倍,也可看作为两向正交正放立体桁架组成的网架(图9-64)。其杆件数目较少,构造简单,经济效果较好。但下弦杆内力增大,且均匀性较差、刚度有所下降。

③棋盘形四角锥网架

棋盘形四角锥网架是在正放四角锥网架的基础上,除周边四角锥不变,中间四角锥间格抽空,上弦杆呈正交正放,下弦杆呈正交斜放,与边界成45°角而形成的。也可看作在斜放四角锥网架的基础上,将整个网架水平转动45°,并加设平行于边界的周边下弦而成的(图9-65)。这种网架具有斜放四角锥网架的全部优点,且空间刚度比斜放四角锥网架好,屋面构造简单。棋盘形四角锥网架适用于中小跨度周边支撑方形或接近方形平面的网架。

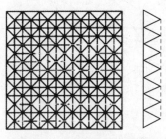

图 9-63　正放四角锥网架

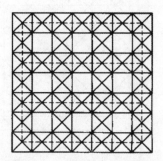

图 9-64　正放抽空四角锥网架

④斜放四角锥网架

将正放四角锥上弦杆相对于边界转动 45°放置,则得到斜放四角锥网架(图 9-66)。上弦网格呈正交斜放,下弦网格为正交正放。适用于中小跨度周边支撑,或周边支撑与点支撑相结合的矩形平面。

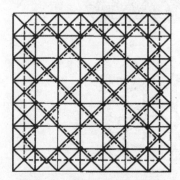

图 9-65　棋盘形四角锥网架

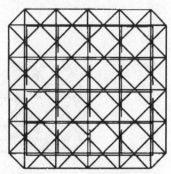

图 9-66　斜放四角锥网架

⑤星形四角锥网架

星形四角锥网架的组成单元形似一星体(图 9-67)。将四角锥底面的四根杆用位于对角线上的十字交叉杆代替,并在中心加设竖杆,即组成星形四角锥。十字交叉杆与边界成 45°角,构成网架上弦,呈正交斜放。下弦杆呈正交正放。腹杆与上弦杆在同一竖向平面内。星形网架上弦杆比下弦杆短,受力合理。竖杆受压,内力等于节点荷载。当网架高度等于上弦杆长度时,上弦杆与竖杆等长,斜腹杆与下弦杆等长。星形网架一般用于中小跨度周边支撑情况。

(3)三角锥体系网架

三角锥体系网架的基本单元是锥底为正三角形的倒置三角锥。锥底三条边为网架上弦杆,棱边为网架的腹杆,连接锥顶的杆件为网架下弦杆。三角锥网架主要有三角锥网架、抽空三角锥网架和蜂窝三角锥网架三种形式(图 9-68)。

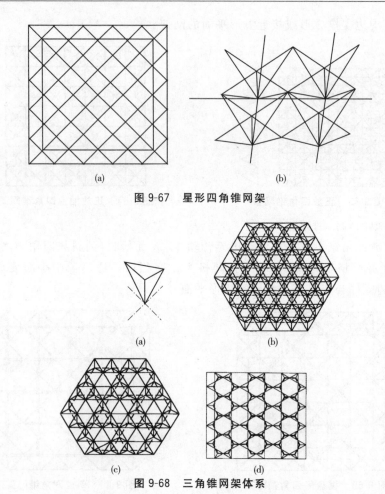

图 9-67 星形四角锥网架

图 9-68 三角锥网架体系
(a)三角锥网架体系基本单元;(b)三角锥网架;(c)抽空三角锥网架;(d)蜂窝三角锥网架

3. 节点构造

网架结构节点交汇的杆件多,且呈立体几何关系,因此,节点的型式和构造对结构的受力性能、制作安装、用钢量及工程造价有较大影响。节点设计应安全可靠、构造简单、节约钢材,并使各杆件的形心线同时交汇于节点,以避免在杆件内引起附加的偏心力矩。目前网架结构中常用的节点形式有焊接钢板节点、焊接空心球节点、螺栓球节点。

(1)焊接钢板节点

焊接钢板节点由十字节点板和盖板所组成[图 9-69(a)、(b)]。有时为增强节点的强度和刚度,也可在节点中心加设一段圆钢管,将十字节点板直接焊于中心钢管,从而形成一个有中心钢管加强的焊接钢板节点[图 9-69(c)]。这种节点型式特别适用于连接型钢杆件,可用于交叉桁架体系的网架,也可用于由四角锥体组成的网架(图 9-70)。必要时也可用于钢管杆件的四角锥网架(图 9-71)。这种节点具有刚度大、用钢量少、造价低的优点,同时构造简单,制作时不需大量机械加工,便于就地制作。其缺点是现场焊接工作量大,在连接焊缝中仰焊、立焊占有一定比例,需要采取相应的技术措施才能保证焊接质量。且难以适应建筑构件工厂化生产、商品化销售的要求。

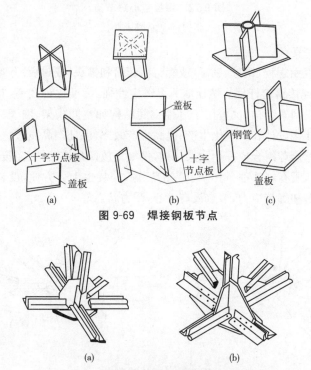

图 9-69 焊接钢板节点

图 9-70 用于型钢杆件的焊接钢板节点

(2) 焊接空心球节点

焊接空心球节点由两个半球对焊而成,分为不加肋和加肋(图 9-72)两种。加肋的空心球可提高球体承载力 10%～40%。肋板厚度可取球体壁厚,肋板本身中部挖去直径的 1/3～1/2 以减轻自重并节省钢材。焊接空心球节点构造简单、受力明确、连接方便。对于圆管只要切割面垂直于杆轴线,

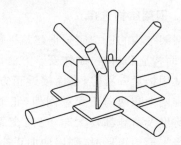

图 9-71 用于钢管杆件的焊接钢板节点

杆件就能在空心球上自然对中而不产生节点偏心。因此,这种节点形式特别适用于连接钢管杆件。同时,因球体无方向性,可与任意方向的杆件连接。

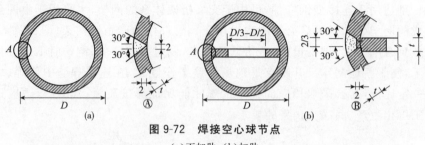

图 9-72 焊接空心球节点

(a)不加肋;(b)加肋

(3)螺栓球节点

螺栓球节点由螺栓、钢球、销子(或螺钉)、套筒和锥头(或封板)等零件所组成(图 9-73)。适用于连接钢管杆件。螺栓球节点适应性强,标准化程度高,安装运输方便。它既可用于一般网架结构,也可用于其他空间结构如空间桁架、网壳、塔架等。它有利于网架的标准化设计和工厂化生产,提高生产效率,保证产品质量。甚至可以用一种杆件和一种螺栓球组合成一个网架结构,例如正放四角锥网架,当腹杆与下弦杆平面夹角为 45°时,所有杆件都一样长。它的运输、安装也十分方便,没有现场焊接,不会产生焊接变形和焊接应力,节点没有偏心,受力状态好。

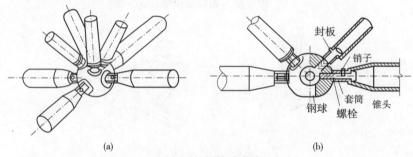

图 9-73 螺栓球节点

4. 网架结构选择

网架结构的选型应根据建筑平面形状和跨度大小,网架的支撑方式、荷载大小、屋面构造和材料、制作安装方法以及材料供应等因素综合考虑。

从用钢量来看,当平面接近正方形时,斜放四角锥网架最经济,其次是正放四角锥网架和两向正交系网架(正放或斜放),最费工的是三向交叉梁系网架。但当跨度及荷载都较大时,三向交叉梁系网架就显得经济合理些,且刚度也较大。当平面为矩形时,则以两向正交斜放网架和斜放四角锥网架较为经济。

从网架制作和施工来说,交叉平面桁架体系较角锥体系简便,两向比三向简便。而对安装来说,特别是采用分条或分块吊装的方法施工时,选用正放类网架比斜放类网架有利。

三、屋盖结构

1. 屋盖结构与分类

钢屋盖结构主要由屋面、屋架、天窗架、檩条、支撑等构件组成。根据屋面结构布置情况的不同,可分为无檩体系屋盖[图9-74(a)]和有檩体系屋盖[图9-74(b)]。

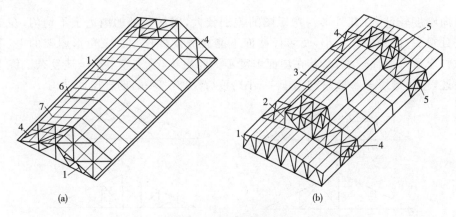

图9-74 屋盖结构体系
(a)无檩体系屋盖;(b)有檩体系屋盖
1-屋架;2-天窗架;3-大型屋面板;4-上弦横向水平支撑;5-垂直支撑;6-檩条;7-拉条

(1)无檩体系屋盖

无檩体系屋盖中屋面板常采用钢筋混凝土大型屋面板。屋架间距为大型屋面板的跨度,一般为6m或6m的倍数,当柱距较大时,可在柱间设置托架或中间屋架。屋面一般采用卷材防水。通常适用于较小屋面坡度,常用坡度为1∶12～1∶8。

无檩体系屋盖屋面构件的种类和数量少,构造简单,安装方便,施工速度快,且屋盖刚度大,整体性能好;但屋面自重大,常需增大屋架杆件和下部结构的截面,对抗震不利。

(2)有檩体系屋盖

有檩体系屋盖的屋面材料常用压型钢板、压型铝合金板、石棉瓦、瓦楞铁皮等轻型材料。屋架的经济间距为一般适用于较陡的屋面坡度,以便排水,常用坡度为1∶3～1∶2。

有檩体系屋盖重量轻、用料省、运输安装方便,但构件数量多、构造复杂、吊装次数多、屋盖整体刚度差。

在选择屋盖结构体系时,应全面考虑房屋的使用要求、受力特点、材料供应情况以及施工和运输条件等,以确定最佳方案。

2. 钢屋架的形式

普通钢屋架按其外形可分为三角形屋架、梯形屋架、拱形屋架和平行弦屋架四种。

(1) 三角形屋架

三角形屋架适用于屋面坡度较陡的有檩体系屋盖(图 9-75)。根据屋面材料的排水要求,一般屋面坡度 $i=\frac{1}{3}\sim\frac{1}{2}$。三角形屋架端部只能与柱铰接,故房屋横向刚度较低,且其外形与弯矩图的差别较大,因而弦杆的内力很不均匀,在支座处很大,而跨中却较小,使弦杆截面不能充分发挥作用。三角形屋架的上、下弦杆交角一般都较小,尤其在屋面坡度不大时更小,使支座节点构造复杂。综上所述,三角形屋架一般只宜用于中、小跨度($l\leqslant 18\sim 24\text{m}$)的轻屋面结构。

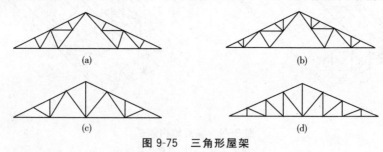

图 9-75 三角形屋架

(2) 梯形屋架

梯形屋架适用于屋面坡度平缓的无檩体系屋盖以及采用长尺压型钢板和夹芯保温板的有檩体系屋盖(图 9-76)。其屋面坡度一般为 $i=1/16\sim 1/8$,跨度 $l\geqslant 18\sim 36\text{m}$。由于梯形屋架外形与均布荷载的弯矩图比较接近,因而弦杆内力比较均匀。梯形屋架与柱连接可做成刚接,也可做成铰接。由于刚接可提高房屋横向刚度,因此在全钢结构厂房中广泛采用。当屋架支承在钢筋混凝土柱或砖柱上时,只能做成铰接。

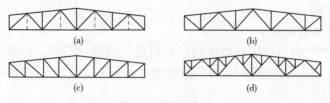

图 9-76 梯形屋架

(3) 拱形屋架

拱形屋架适用于有檩体系屋盖。由于屋架外形与弯矩图(通常为抛物线形)接近,故弦杆内力较均匀,腹杆内力亦较小,受力合理。

拱形屋架的上弦可做成圆弧形[图 9-77(a)]或较易加工的折线形[图 9-77(b)]。腹杆多采用人字式,也可采用单斜式。

拱形屋架由于制造费工,故应用较少,仅在大跨度重型屋盖(多做成落地拱式桁架)有所采用。一些大型农贸市场,利用其美观的造型,再配合新品种轻型屋面材料,也有一定应用。

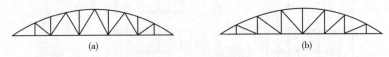

图 9-77 拱形屋架

(4)平行弦屋架和人字形屋架

平行弦屋架的上、下弦杆平行,且可做成不同坡度。与柱连接亦可做成刚接或铰接。平行弦屋架多用于单坡屋盖[图 9-78(a)]或用作托架,支撑桁架亦属此类。用两个平行弦屋架做成人字形屋架的双坡屋盖[图 9-78(b)],可以增加建筑净空,减少压顶感觉。另外,为改善屋架受力,屋架的上、下弦杆也可做成不同坡度或下弦中部做一水平段[图 9-78(c)]。平行弦屋架的腹杆多采用人字式[图 9-78(a)、(b)],用作支撑时常采用交叉式[图 9-78(c)]。我国近年来在一些大型工厂中采用了坡度 $i=2/100\sim5/100$ 的人字形屋架,由于腹杆长度一致,节点类型统一,且在制造时不必起拱,符合标准化、工厂化制造的要求,故效果较好。

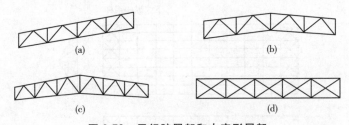

图 9-78 平行弦屋架和人字形屋架

3. 支撑布置

(1)概述

钢屋盖和柱组成的结构体系是一平面排架结构,纵向刚度很差。无论是有檩屋盖还是无檩屋盖,仅仅将简支在柱顶的钢屋架用大型屋面板或檩条联系起来,它仍是一种几何可变体系,存在着所有屋架同向倾覆的危险,如图 9-79(a)所示。此外,由于在这样的体系中,檩条和屋面板不能作为上弦杆的侧向支承点,故上弦杆在受压时极易发生侧向失稳现象,如图中虚线所示,其承载力极低。

在屋盖两端相邻的两榀屋架之间布置上弦横向支撑和垂直支撑[图 9-79(b)],将平面屋架连成一空间结构体系,形成屋架与支撑桁架组成的空间稳定体,其余屋架用檩条或大型屋面板以及系杆与之相连,从而保证了整个屋盖结构的空间几何不变和稳定性。同时,由于支撑节点可以阻止上弦的侧移,使其自由长度大大减小,如图 9-79(b)中虚线所示,故上弦的承载力也可大大提高。

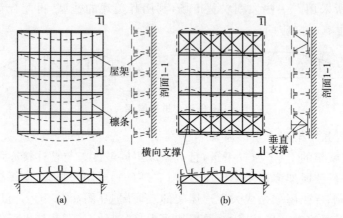

图 9-79 屋盖结构受力简图
(a)屋架没有支撑时整体丧失稳定的情况;(b)布置支撑后屋盖稳定、屋架上弦自由长度减小

支撑(包括屋架支撑和天窗架支撑)是屋盖结构的必要组成部分。图 9-80 和图 9-81 分别为有檩屋盖和无檩屋盖的支撑布置示例。

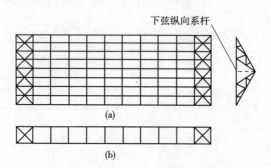

图 9-80 支撑布置示例(有檩屋盖)
(a)上弦横向支撑;(b)垂直支撑

(2)支撑的种类、作用和布置原则

根据支撑布置的位置可分为上弦横向支撑、下弦支撑、垂直支撑和系杆等四种。

① 上弦横向支撑

上弦横向支撑是以斜杆或檩条为腹杆,两榀屋架的上弦作为弦杆组成的水平桁架将两榀屋架在水平方向联系起来,以保证屋架上弦杆在屋架平面外的稳定,减少该方向上弦杆的计算长度,提高它的临界力。在没有横向支撑的柱间,

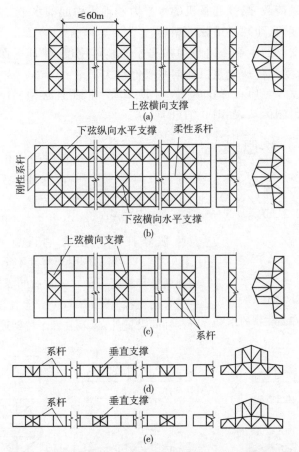

图 9-81 设有天窗的梯形屋架支撑布置示例(无檩屋盖)
(a)屋架上弦横向支撑;(b)屋架下弦水平支撑;(c)天窗上弦横向支撑;
(d)屋架跨中及支座处的垂直支撑;(e)天窗架侧柱垂直支撑

则通过系杆、屋面板或檩条的约束作用来达到上述目的。

上弦横向支撑一般布置在房屋两端(或温度区段两端)的第一柱间(图 9-80)或第二柱间内(图 9-81)。当房屋较长时,需沿长度方向每隔 50～60m 再布置一道上弦横向支撑,以保证上弦支撑的有效作用,提高屋盖的纵向刚度。

②下弦支撑

下弦支撑包括下弦横向支撑和纵向支撑。

上、下弦横向支撑一般布置在同一柱间内,和相邻的两榀屋架组成一个空间桁架体系。但当支撑布置在第二柱间内时,必须用刚性系杆将端屋架与横向支撑的节点连接,以保证端屋架的稳定和风荷载的传递。如图 9-81 所示。

下弦横向支撑的主要作用是作为山墙抗风柱的上支点,以承受并传递由山墙传来的纵向风荷载、悬挂起重机的水平力和地震引起的水平力,减小下弦在平面外的计算长度,从而减小下弦的振动。

下弦纵向支撑的主要作用是加强房屋的整体刚度,保证平面排架结构的空间工作,并可承受和传递起重机横向水平制动力。

下弦纵向支撑一般布置在屋架左右两端节间,而且必须和屋架下弦横向支撑相连以形成封闭体系,如图9-81(b)所示。

③垂直支撑

垂直支撑的主要作用是使相邻两榀屋架形成空间几何不变体系,以保证屋架在使用和安装的正确位置,如图9-82所示。

当梯形屋架跨度小于30m时,应在屋架跨中及两端竖杆平面内分别设置一道垂直支撑[图9-83(b)];当梯形屋架跨度不小于30m时,应在屋架两端和跨度三分之一左右的竖杆平面内各设置一道竖向支撑[图9-83(d)]。除在上下弦横向支撑所在柱间设置外,每隔五六个屋架还宜增设。

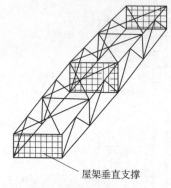

图9-82 屋架垂直支撑的作用

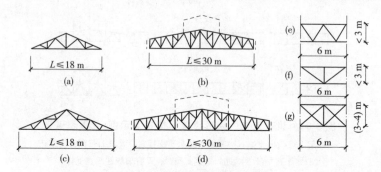

图9-83 屋架垂直支撑的布置

当三角形屋架跨度不大于18m时,应在屋架中间布置一道垂直支撑[图9-84(a)];当屋架跨度大于18m时,布置两道垂直支撑[图9-84(c)]。

④系杆

系杆分为刚性系杆和柔性系杆。能承受压力的称刚性系杆,只能承受拉力的称柔性系杆。系杆的主要作用是保证无横向支撑的所有屋架的侧向稳定,减少弦杆在屋架平面外的计算长度以及传递纵向水平荷载。

在屋架支座节点处和上弦屋脊节点处应设置通长的刚性系杆;一般情况下,垂直支撑平面内的屋架上、下弦节点处应设置通长的柔性系杆;当屋架横向支撑设在厂房两端或温度缝区段的第二柱间内时,则在支撑点与第一榀屋架中间设置刚性系杆。

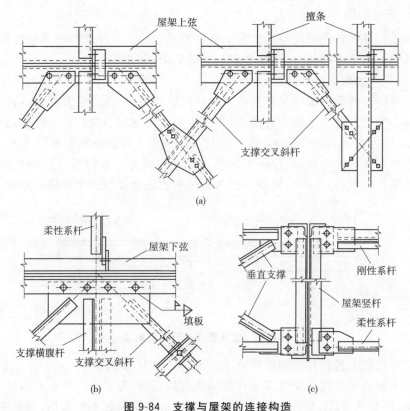

图 9-84　支撑与屋架的连接构造
(a)上弦支撑的连接；(b)下弦支撑的连接；(c)垂直支撑的连接

(3)支撑的形式和连接构造

横向支撑和纵向支撑常采用交叉斜杆和直杆形式，垂直支撑一般采用平行弦桁架形式，其腹杆体系应根据高和长的尺寸比例确定。当高和长的尺寸相差不大时，采用交叉式[图 9-83(g)]，相差较大时，则采用 W 式或 V 式[图 9-83(e)、(f)]。

支撑与屋架的连接应构造简单，安装方便，可参见图 9-84。上弦横向支撑角钢的肢尖应朝下，以免影响大型屋面板或檩条的安放。因此，对交叉斜杆应在交叉点切断一根另用连接板连接。下弦横向支撑角钢的肢尖允许朝上，故交叉斜杆可肢背靠肢背交叉放置，采用填板连接。支撑与屋架或天窗架的连接通常采用连接板和 M16～M20 的 C 级螺栓，且每端不少于两个。在 A6～A8 工作级别的起重机或有其他较大设备的房屋中，屋架下弦支撑和系杆宜采用高强度螺栓连接，或用 C 级螺栓再加焊缝将节点板固定[图 9-84(b)]；若不加焊缝，则应采用双螺母或将栓杆螺纹打毛，或与螺母焊死，以防止松动。

4. 节点构造

屋架上各个杆件通过节点上的节点板相互连接。各杆件的内力通过各杆件与节点板上的角焊缝传力,并在节点上取得平衡。

(1)节点的构造要求

①各杆件的形心线应尽量与屋架的几何轴线重合,并交于节点中心,以避免杆件偏心受力。但为了制造方便,通常将角钢肢背至形心线的距离取为5mm的倍数,以作为角钢的定位尺寸(图 9-88 中 $z_1 \sim z_2$)。当弦杆截面有改变时,为方便拼接和安装屋面构件,应使角钢的肢背齐平。此时应取两形心线的中线作为弦杆的共同轴线(图 9-85),以减少因两角钢形心线错开而产生的偏心影响。

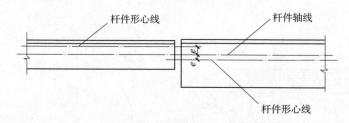

图 9-85　弦杆截面改变时的轴线

②节点板上各杆件之间的焊缝净距不宜小于 10mm。

③角钢的截断宜采用垂直于杆件轴线直切,有时为了减小节点板的尺寸,也可斜切,但要适宜[图 9-86(b)、(c)]。图 9-86(d)所示形式不宜采用,因其不能采用机械切割。

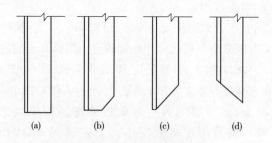

图 9-86　角钢端部切割形式

④节点板的形状应力求简单而规整,没有凹角,一般至少有两边平行,如矩形、平行四边形和直角梯形等(图 9-87)。

(2)节点构造

1)一般节点

一般节点是无集中荷载和无弦杆拼接的节点,其构造形式如图 9-88 所示。

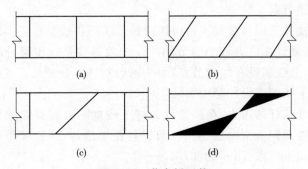

图 9-87　节点板形状
(a)、(b)、(c)正确；(d)不正确

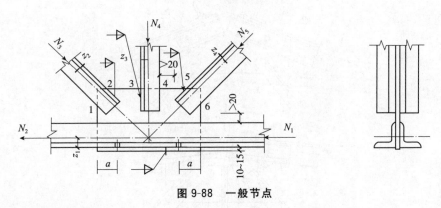

图 9-88　一般节点

2) 有集中荷载节点

屋架上弦节点(图 9-89)一般受有檩条或大型屋面板传来的集中荷载 Q 的作用。为了放置上部构件，节点板须缩入上弦角钢肢背约 $2/3t$(t 为节点板厚度)深度用塞焊缝连接。

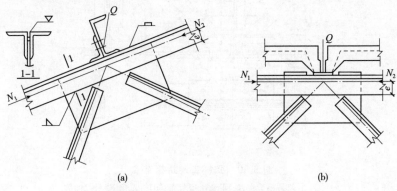

图 9-89　有集中荷载的(上弦)节点

3）弦杆拼接节点

弦杆的拼接分工厂拼接和工地拼接两种。工厂拼接是角钢供应长度不足时的制造接头，通常设在内力较小的节间内。工地拼接是在屋架分段制造和运输时的安装接头，上弦多设在屋脊节点[图9-90(a)、(b)，分别属芬克式三角形屋架和梯形屋架]，下弦则多设在跨中央[图9-90(c)]。

为传递断开弦杆的内力，在拼接处弦杆上应加一对和被连弦杆截面相同的拼角钢。使拼接角钢能紧贴被连弦杆角钢且便于施焊，将拼接角钢的棱角削去并把竖向肢边切去一段[图9-90(d)]。

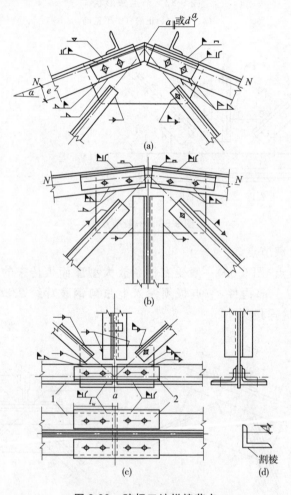

图 9-90 弦杆工地拼接节点

(a)、(b)上弦拼接节点；(c)下弦拼接节点；(d)拼接角钢割棱、切肢

1-屋架下弦；2-拼接角钢

4) 支座节点

图 9-91 所示为三角形屋架和梯形屋架的铰接支座节点。支座节点由节点板、加劲肋、支座底板和锚栓等组成。它的设计类似于轴心受压柱的柱脚。

为了便于下弦角钢肢背施焊,下弦角钢水平肢的底面与支座底板间的净距 h 值(图 9-91)应不小于下弦角钢的水平肢的宽度,且不小于 130mm。锚栓直径 d 一般取 20~25mm。安装时,为便于调整,底板上锚栓孔的直径一般取($2 \sim 2.5$)d,并开成开口的椭圆孔。

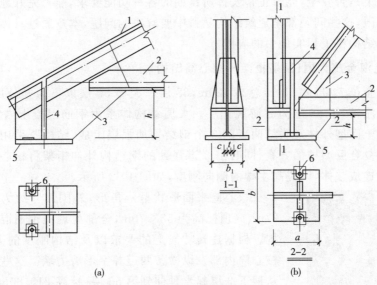

图 9-91 支座节点
(a)三角形屋架支座节点;(b)梯形屋架支座节点
1-上弦;2-下弦;3-节点板;4-加劲肋;5-底板;6-垫板

第十章 建筑结构工程实例

建筑物是供人们生产、生活和进行其他活动的房屋或场所。建筑物在各种作用影响下是否安全,能否正常发挥所预期的各种功能要求,能否完好地使用到规定的年限,这些问题都是建筑结构学科中要解决的问题,本章通过具体的案例介绍建筑结构在工程实例中的应用。

1. 上海金茂大厦(巨型框架—核心筒结构)

上海金茂大厦(图 10-1)总高 420m,88 层。大楼 50 层以下为办公用房,53 层以上为旅馆,第 88 层为旅游观光层。大厦结构体系由钢筋混凝土内筒、8 个劲性混凝土巨型外柱及联结两者的 3 个钢结构加强层组成,结构既采用了核心筒加外圈复合巨型柱的方案,同时由 3 道强劲的钢结构外伸桁架将核心筒和复合巨型柱连成整体,以提高主楼的侧向刚度,如图 10-2 所示。

图 10-1　上海金茂大厦

核心筒平面形状呈八角形,外围尺寸约为 27m×27m,筒顶标高为 333.70m,全部为现浇钢筋混凝土结构。根据建筑功能上的要求以及结构刚度的需要,在核心筒内部设纵横各两道井字形剪力墙。这些剪力墙从地下 3 层起直延伸到第 53 层(标高 213.80m。在核心筒外周四个立面处,成对规则地布置了 8 根复合巨型柱。它们是由 H 形钢、钢筋以及高强混凝土复合而成。复合巨型柱内的 H 形钢相隔一定高度与外伸桁架的钢梁和斜撑相连接,因而既能承受重力,又能抵抗横向风荷载和地震作用。同时在建筑周边的角部,成对规则地布置了 8 根钢柱,这些钢柱在设计中仅承受重力荷载。钢柱的截面为 H 形钢和钢板所组成的强劲箱体,截面几何图形成"日"字状,且带有大量的节点板。

沿主楼全高设计了三道刚度极大的钢结构外伸桁架,第一道外伸桁架位于 24~25 层;第二道外伸桁架位于 51~52 层;第三道外伸桁架位于 85~86 层。每一道外伸桁架的高度有两个楼层高,由大截面的钢柱、水平钢梁、垂直斜撑以及连接板所组成。桁架杆件包裹了混凝土,桁架所在层的楼板为现浇钢筋混凝土并作加强加厚处理,使外伸桁架与所在楼层形成了一个空间刚度极大的箱型

第十章 建筑结构工程实例

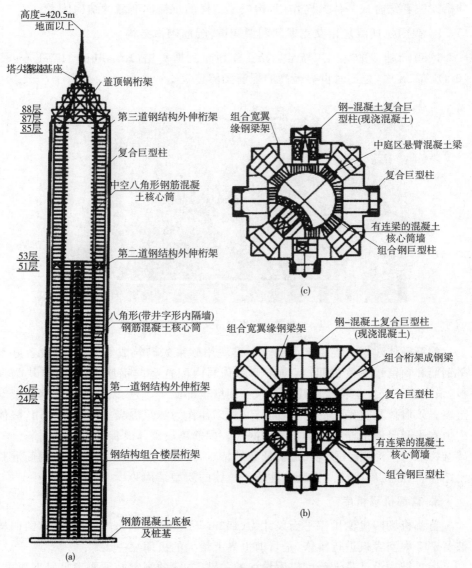

图 10-2 金茂大厦主楼结构体系
(a)结构剖面图;(b)办公室标准层结构平面图;(c)酒店标准层结构平面

体系。外伸桁架的两端各伸入相对的 2 根复合巨型柱内,并与柱中埋设的钢结构牢固连接,这样就形成东西和南北两垂直方向各两榀巨型桁架,把复合巨型柱和核心筒连接起来,在外伸桁架高度范围内形成刚性层,保证了钢构件上的轴力能通过剪力的形式传递到钢筋混凝土核心筒内。另外,复合巨型柱内的钢结构还能承受由于与外伸桁架连接而产生的局部弯曲。复合巨型柱和核心筒通过外伸桁架三者结合成一体共同作用,构成了主楼的抗侧向荷载的结构体系。

2. 美国拉斯维加斯艾克斯凯利博宾馆(配筋砌体结构)

1989年建成的美国拉斯维加斯艾克斯凯利博宾馆(Excalibur Hotel)(见图10-3),高28层,是当时世界最高的配筋砌体建筑。

图10-3 美国拉斯维加斯艾克斯凯利博宾馆

配筋砌体建筑将混凝土小型空心砌块用砂浆先砌筑成墙体,同时设置好水平钢筋和预留水平条带凹槽,再在竖向孔洞内配置竖向钢筋,最后以砌块为模板,采用灌芯混凝土将竖向孔洞和水平凹槽全部灌实,形成装配整体式钢筋混凝土墙。该墙体具有砌体的特征,同时又将砌体作为浇筑混凝土的模板使用,墙体内由水平和竖向钢筋组成单排钢筋网片。配筋砌块砌体既保留了传统材料——砖结构取材广泛、施工方便、造价低廉的特点,又具有强度高、延性好的钢筋混凝土结构特性,是融砌体和混凝土性能于一体的新型结构

3. 首都机场机库

首都机场四机位机库平面尺寸为(153m+153m)×90m,它能同时容纳四架波音747大型客机进行维修,是目前世界上最大的机库之一。

屋盖结构设计是大跨度机库设计的关键,方案的制定必须要满足以下要求:根据机场空域高度的限制,机库屋顶最高点不得超过40m;屋顶结构的布置和尺寸应满足工艺使用和设置悬挂吊车的要求,屋盖结构的变形不影响悬挂吊车和机库大门的正常运行;机库能满足8度地震的抗震设防要求;同时还要考虑到屋盖结构制作、运输、吊装合理可靠,加快施工周期。根据以上原则,在经过多种方案比较以后,选用了多层四角锥网架和栓焊钢桥相结合的空间结构体系。网架屋盖平面如图10-4所示,剖面如图10-5所示。机库大门处网架边梁设计成一箱形的空间桁架两跨连续钢梁。其剖面如图10-6所示。

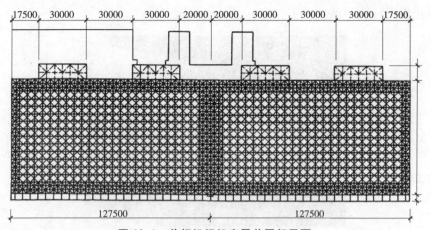

图 10-4　首都机场机库屋盖网架平面

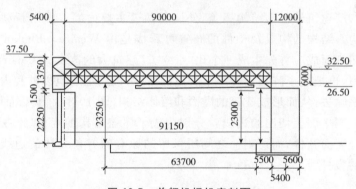

图 10-5　首都机场机库剖面

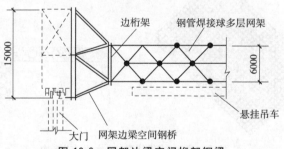

图 10-6　网架边梁空间桁架钢梁

4."水立方"(多面体空间刚架结构)

国家游泳中心"水立方"(图 10-7)为 177m×177m×30m 的立方体,赛时座位 17000 座,赛后永久座位 6000 座。根据使用功能,采用一道东西向和一道南北向内墙将方形平面分割为比赛大厅、热身区和嬉水大厅三个相对独立的空间,其中比赛大厅为净跨 126m×117m 的大空间。

图 10-7　北京水立方

"水立方"建筑外包钢结构屋盖、外墙和两道主要内墙。采用新型多面体空间刚架结构。结构的构成及构件的布置可看成是由 Weaire－Phelan 多面体三维空间经切割而成。首先生成一个比"水立方"建筑大的改良的 Weaire－Phelan 多面体阵列，再把这个阵列旋转一个合适的角度，最后把建筑以外和内部空间的多面体切割除去，从而形成建筑的屋面和墙体结构（图 10-8）。十二面体、十四面体在两个切割平面上切出的边线就分别构成了屋盖结构的上弦、下弦杆件和墙体结构内外表面弦杆，而切割面之间所保留的原有的各单元体的边线则构成了结构内部的腹杆。

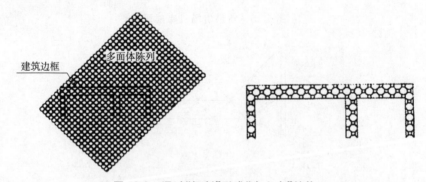

图 10-8　通过"切割"形成"水立方"结构

第十一章 建筑结构抗震知识

第一节 概 述

地震是由于某种原因引起的地面强烈运动,是一种自然现象,依其成因,可分为三种类型:火山地震、塌陷地震、构造地震。由于火山爆发,地下岩浆迅猛冲出地面时引起的地面运动,称为火山地震;此类地震释放能量小,相对而言,影响范围和造成的破坏程度均比较小。由于石灰岩层地下溶洞或古旧矿坑的大规模崩塌引起的地面震动,称为塌陷地震;此类地震不仅能量小,数量也小,震源极浅,影响范围和造成的破坏程度均较小。由于地壳构造运动推挤岩层,使某处地下岩层的薄弱部位突然发生断裂、错动而引起地面运动,称为构造地震;构造地震的破坏性大,影响面广,而且频繁发生,约占破坏性地震总量度的95%以上。因此,在建筑抗震设计中,仅限于讨论在构造地震作用下建筑的设防问题。

地壳深处发生岩层断裂、错动的部位称为震源。这个部位不是一个点,而是有一定深度和范围的体。震源正上方的地面位置叫震中。震中附近地面震动最厉害,也是破坏最严重的地区,称为震中区。地面某处至震中的水平距离称为震中距。把地面上破坏程度相似的点连成的曲线叫做等震线。震中至震源的垂直距离称为震源深度(图11-1)。

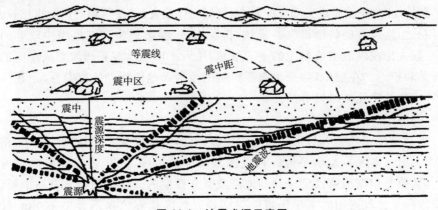

图11-1 地震术语示意图

根据震源深度不同,可将构造地震分为浅源地震(震源深度不大于60km),中源地震(震源深度60～300km),深源地震(震源深度大于300km)三种。我国发生的绝大部分地震都属于浅源地震(一般深度为5～40km)。浅源地震造成的危害最大。如唐山大地震的断裂岩层深约11km,属于浅源地震,发震构造裂缝带总长超过8km,展布范围30m,穿过唐山市区东南部,这里就是震中,市内铁路两侧47km的区域属于极震区。

(1)地震波

当地球的岩层突然断裂时,岩层积累的变形能突然释放,这种地震能量一部分转化为热能,一部分以波的形式向四周传播。这种传播地震能量的波就是地震波。

地震波按其在地壳传播的位置不同,分为体波和面波。

①体波。在地球内部传播的波称为体波。体波又分为纵波和横波。

纵波是由震源向四周传播的压缩波,又称P波。这种波质点振动的方向与波的前进方向一致,其特点是周期短,振幅小,波速快,在地壳内一般以500～1000m/s的速度传播。纵波能引起地面上下颠簸(竖向振动)。

横波是由震源向四周传播的剪切波,又称S波。这种波质点震动的方向与波的前进方向垂直。其特点是周期长,振幅大,能引起地面摇晃(水平振动),传播速度比纵波慢一些,在地壳内一般以300～400m/s的速度传播。

利用纵波与横波传播速度的差异,可从地震记录上得到纵波与横波到达的时间差,从而可以推算出震源的位置。

②面波。在地球表面传播的波称为面波,又称L波。它是体波经地层界面多次反射、折射形成的次生波。其特点是周期长,振幅大,能引起建筑物的水平振动。其传播速度为横波传播速度的90%,所以,它在体波之后到达地面。面波的传播是平面的,波的介质质点振动方向复杂,振幅比体波大,对建筑物的影响也比较大。

总之,地震波的传播以纵波最快,横波次之,面波最慢。在离震中较远的地方,一般先出现纵波造成房屋的上下颠簸,然后才出现横波和面波造成房屋的左右摇晃和扭动。在震中区,由于震源机制的原因和地面扰动的复杂性,上述三种波的波列,几乎是难以区分的。

(2)震级

震级是按照地震本身强度而定的等级标度,用以衡量某次地震的大小,用符号M表示。震级的大小是地震释放能量多少的尺度,也是表示地震规模的指标,其数值是根据地震仪记录到的地震波图来确定的。一次地震只有一个震级。目前国际上比较通用的是里氏震级。它是以标准地震仪在距震中100km处记录下来的最大水平地动位移(即振幅A,以"μm"计)的常用对数值来表示该次地震的震级，其表达式如下：

$$M = \lg A \tag{11-1}$$

例如，在距震中 100km 处，用标准地震仪记录到的地震曲线图的最大振幅 $A=10$mm（即 $10^4 \mu$m），于是该次地震震级为：

$$M = \lg 10^4 = 4$$

一般说来，$M<2$ 的地震，人是感觉不到的，称为无感地震或微震；$M=2\sim 5$ 的地震称为有感地震；$M>5$ 的地震，对建筑物要引起不同程度的破坏，统称为破坏性地震；$M>7$ 的地震称为强烈地震或大地震；$M>8$ 的地震称为特大地震。

(3) 烈度

①地震烈度

地震烈度是指某一地区的地面及建筑物遭受到一次地震影响的强弱程度，用符号 I 表示。

对于一次地震，表示地震大小的震级只有一个，但它对不同地点的影响是不一样的。一般说，距震中愈远，地震影响愈小，烈度就愈低；反之，距震中愈近，烈度就愈高。此外，地震烈度还与地震大小、震源深度、地震传播介质、表土性质、建筑物动力特性、施工质量等许多因素有关。

为评定地震烈度，需要建立一个标准，这个标准就称为地震烈度表。它是以描述震害宏观现象为主并参考地面运动参数，即根据建筑物的损坏程度、地貌变化特征，地震时人的感觉，家具动作反应和地面运动加速度峰值、速度峰值等方面进行区分。

②多遇烈度、基本烈度、罕遇烈度

近年来，根据我国华北、西北和西南地区地震发生概率的统计分析，同时，为了工程设计需要作了如下定义：

50 年内超越概率为 63.2% 的地震烈度为多遇烈度，重现期为 50 年，并称这种地震影响为多遇地震或小震；对 50 年超越概率为 10% 的烈度即 1990 年中国地震烈度区划图规定的地震基本烈度或新修订的中国地震动参数区划图规定的峰值加速度所对应的烈度为基本烈度，重现期为 475 年，并称这种地震影响为设防烈度地震或基本地震；对 50 年超越概率为 2%～3% 的烈度为罕遇烈度，重现期平均约 2000 年，其地震影响为罕遇地震或大震。如图 11-2 的烈度概率密度曲线可见，

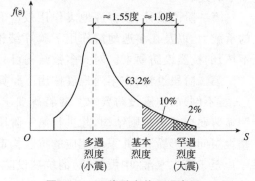

图 11-2 三种烈度关系示意图

多遇烈度比基本烈度大约低 1.55 度,而罕遇烈度比基本烈度大约高 1 度。

③抗震设防烈度、设计地震分组

为了进行建筑结构的抗震设防,按国家规定的权限批准审定作为一个地区抗震设防依据的地震烈度,称为抗震设防烈度。一般情况下,抗震设防烈度可采用中国地震动参数区划图的地震基本烈度。

第二节　建筑物抗震基本规定

一、抗震设防目标、分类与标准

1. 抗震设防的一般目标

抗震设防是指对房屋进行抗震设计和采取抗震措施,来达到抗震的效果。抗震设防的依据是抗震设防烈度。

结合我国的具体的情况,《抗震规范》提出了"三水准"的抗震设防目标。

第一水准——小震不坏。

当遭受低于本地区抗震设防烈度的多遇地震影响时,建筑物一般不受损坏或损坏极小不需修理仍可继续使用。

第二水准——中震可修。

当遭受到相当于本地区抗震设防烈度的地震影响时,建筑物可能损坏,经一般修理仍可继续使用。

第三水准——大震不倒。

当遭受到高于本地区抗震设防烈度预估的罕遇地震影响时,建筑物不致倒塌或发生危及生命的严重破坏。

为达到上述三水准抗震设防目标的要求,《抗震规范》采取了二阶段设计法,如下所述。

第一阶段设计:按多遇地震作用效应和其他荷载效应的基本组合验算构件的承载力,以及在多遇地震作用下验算结构的弹性变形,以满足第一水准(小震不坏)的抗震设防要求。对大多数结构可只进行第一阶段设计。

第二阶段设计:在罕遇地震作用下验算结构的弹塑性变形,以满足第三水准(大震不倒)的抗震设防要求。对特殊要求的建筑,地震时易倒塌的结构以及有明显薄弱层的不规则结构,除进行第一阶段设计外,还要进行结构薄弱部位的弹塑性层间变形验算,并采取相应的抗震构造措施。

至于第二水准(中震可修)的抗震设防要求,只要结构按第一阶段设计,并采取相应的抗震措施,即可得到满足。

2. 建筑抗震设防分类

在进行建筑设计时，应根据使用功能的重要性不同，采取不同的抗震设防标准。《抗震规范》将建筑按其重要程度不同，分为以下四类：

甲类建筑——重大建筑工程和地震时可能发生严重次生灾害的建筑（如放射性物质的污染、剧毒气体的扩散和爆炸等）。

乙类建筑——地震时使用功能不能中断或需尽快恢复的建筑，即生命线工程的建筑（如消防、急救、供水、供电等或其他重要建筑）。

丙类建筑——甲、乙、丁类以外的一般建筑。如一般工业与民用建筑（公共建筑、住宅、旅馆、厂房等）。

丁类建筑——抗震次要建筑，如遇地震破坏不易造成人员伤亡和较大经济损失的建筑（如一般仓库、人员较少的辅助性建筑）。

甲类建筑应按国家规定的批准权限批准执行；乙类建筑应按城市抗震救灾规划或有关部门批准执行。

3. 建筑抗震设防标准

《抗震规范》规定，对各类建筑地震作用和抗震措施，应按下列要求考虑。

甲类建筑，地震作用应高于本地区抗震设防烈度的要求，其值应按批准的地震安全性评价结果确定；抗震措施，当抗震设防烈度为 6~8 度时，应符合本地区抗震设防烈度提高一度的要求，当为 9 度时，应符合比 9 度抗震设防更高的要求。

乙类建筑，地震作用应符合本地区抗震设防烈度的要求；抗震措施，一般情况下，当抗震设防烈度为 6~8 度时，应符合本地区抗震设防烈度提高一度的要求，当为 9 度时，应符合比 9 度抗震设防更高的要求；地基基础的抗震措施，应符合有关规定。

对较小的乙类建筑（如工矿企业的变电所、空压站、水泵房及城市供水水源的泵房等），当其结构改用抗震性能较好的结构类型时，应允许仍按本地区抗震设防烈度的要求采取抗震措施。

丙类建筑，地震作用仍应符合本地区抗震设防烈度的要求。

丁类建筑，一般情况下，地震作用仍应符合本地区抗震设防烈度的要求；抗震措施应允许比本地区抗震设防烈度的要求适当降低，但抗震设防烈度为 6 度时不应降低。

抗震设防烈度为 6 度时，除《抗震规范》有具体规定外，对乙、丙、丁类建筑可不进行地震作用计算。

二、建筑结构抗震概念设计基本要求

概念设计考虑地震及其影响的不确定性，依据历次震害总结出的规律性，既着眼于结构的总体地震反应,合理选择建筑体型和结构体系,又顾及结构关键部位细节问题,正确处理细部构造和材料选用,灵活运用抗震设计思想,综合解决抗震设计的基本问题,概念设计包括以下内容。

1. 建筑形状选择

建筑形状关系到结构的体型,其对建筑物抗震性能有明显影响。震害表明,形状比较简单的建筑在遭遇地震时一般破坏较轻,这是因为形状简单的建筑受力性能明确,传力途径简捷,设计时容易分析建筑的实际地震反应和结构内力分布,结构的构造措施也易于处理。因此,建筑形状应力求简单规则,注意遵循如下要求:

(1)建筑平面布置应简单规整

建筑平面的简单和复杂可通过平面形状的凸凹来区别。简单的平面图形多为凸形的,即在图形内任意闪点间的连线不与边界相交,如方形、矩形、圆形、椭圆形、正多边形等[图 11-3(a)]。复杂图形常有凹角,即在图形内任意两点间的边线可能同边界相交,如 L 形,T 形,U 形,十字形和其他带有伸出翼缘的形状[图 11-3(b)]。有凹角的结构容易应力集中或应变集中,形成抗震薄弱环节。

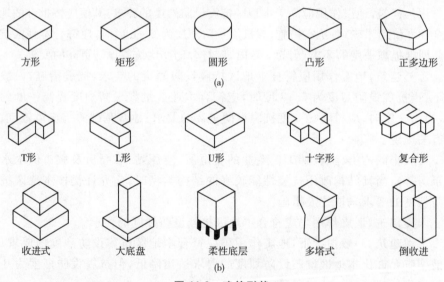

图 11-3 建筑形状
(a)简单图形;(b)复杂图形

(2)建筑物竖向布置均匀和连续

建筑体型复杂会导致结构体系沿竖向强度与刚度分布不均匀,在地震作用下某一层间或某一部位率先屈服而出现较大的弹塑性变形。例如,立面突然收进的建筑或局部突出的建筑,会在凹角处产生应力集中;大底盘建筑,低层裙房与高层主楼相连,体型突变引起刚度突变,在裙房与主楼交接处塑性变形集中;柔性底层建筑,建筑上因底层需要开放大空间,上部的墙、柱不能全部落地,形成柔弱底层。

(3)刚度中心和质量中心应一致

房屋中抗侧力构件合力作用点的位置称为质量中心。地震时,如果刚度中心和质量中心不重合,会产生扭转效应使远离刚度中心的构件产生较大应力而严重破坏。例如,具有伸出翼缘的复杂平面形状的建筑,伸出端往往破坏较重,又如,刚度偏心的建筑,有的建筑虽然外形规则对称,但抗侧力系统不对称,如将抗侧刚度很大的钢筋混凝土芯筒或钢筋混凝土墙偏设,造成刚心偏离质心,产生扭转效应。

(4)复杂体型建筑物的处理

房屋体型常常受到使用功能和建筑美观的限制,不易布置成简单规则的形式,对于体型复杂的建筑物可采取下面两种处理方法:设置建筑防震缝,将建筑物分隔成规则的单元,但设缝会影响建筑立面效果,引起相邻单元之间碰撞。不设防震缝,但应对建筑物进行细致的抗震分析,估计其局部应力,变形集中及扭转影响,判明易损部位,采取加强措施提高结构变形能力。

2. 抗震结构体系

抗震结构体系的主要功能为承担侧向地震作用,合理选用抗震结构体系是抗震设计中的关键问题,直接影响着房屋的安全性和经济性。在结构方案决策时,应从以下几方面加以考虑。

(1)结构屈服机制

结构屈服机制可以根据地震中构件出现屈服的位置和次序划分为两种基本类型:层间屈服机制和总体屈服机制。层间屈服机制是指结构的竖向构件先于水平构件屈服,塑性铰首先出现在柱上,只要某一层柱上下端出现塑性铰,该楼层就会整体侧向屈服,发生层间破坏,如弱柱型框架、强梁型联肢剪力墙等。总体屈服机制是指结构的水平构件先于竖向构件屈服,塑性铰首先出现在梁上,即使大部分梁甚至全部梁上出现塑性铰,结构也不会形成破坏机构,如强柱型框架、弱梁型联肢剪力墙等。总体屈服机制有较强的耗能能力,在水平构件屈服的情况下,仍能维持相对稳定的竖向承载力,可以继续经历变形而不倒塌,其抗震性能优于层间屈服机制。

(2)多道抗震防线

结构的抗震能力依赖于组成结构的各部分的吸能和耗能能力,在抗震体系中,吸收和消耗地震输入能量的各部分称为抗震防线。一个良好的抗震结构体系应尽量设置多道防线,当某部分结构出现破坏,降低或丧失抗震能力,其余部分能继续抵抗地震作用。具有多道防线的结构,一是要求结构具有良好的延性和耗能能力,二是要求结构具有尽可能多的抗震赘余度。结构的吸能和耗能能力,主要依靠结构或构件在预定部位产生塑性铰,若结构没有足够的赘余度,一旦某部位形成塑性铰后,会使结构变成可变体系而丧失整体稳定。另外,应控制塑性铰出现在恰当位置,塑性铰的形成不应危及整体结构的安全。

(3)结构构件

结构体系是由各类构件连接而成,抗震结构的构件应具备必要的强度、适当的刚度、良好的延性和可靠的连接,并注意强度、刚度和延性之间的合理均衡。

结构构件要有足够的强度,其抗剪、抗弯、抗压、抗扭等强度均应满足抗震承载力要求。要合理选择截面,合理配筋,在满足强度要求同时,还要做到经济可行。在构件强度计算和构造处理上要避免剪切破坏先于弯曲破坏,混凝土压溃先于钢筋屈服,钢筋锚固失效先于构件破坏,以便更好发挥构件的耗能能力。

结构构件的刚度要适当。构件刚度太小,地震作用下结构变形过大,会导致非结构构件的损坏甚至结构构件的破坏;构件刚度太大,会降低构件延性,增大地震作用,还要多消耗大量材料。抗震结构要在刚柔之间寻找合理的方案。

结构构件应具有良好的延性,即具有良好的变形能力和耗能能力,从某种意义上说,结构抗震的本质就是延性。提高延性可以增加结构抗震潜力,增强结构抗倒塌能力。采取措施可以提高和改善构件延性,如砌体结构,具有较大的刚度和一定的强度,但延性较差,若在砌体中设置圈梁和构造柱,将墙体横竖相箍,可以大大提高变形能力。又如钢筋混凝土抗震墙,刚度大强度高,但延性不足,若在抗震墙中用竖缝把墙体划分成若干并列墙段,可以改善墙体的变形能力,做到强度、刚度和延性的合理匹配。

构件之间要有可靠连接,保证结构空间整体性,构件的连接应具有必备的强度和一定的延性,使之能满足传递地震力的强度要求和适应地震对大变形的延性要求。

(4)非结构构件

非结构构件一般指附属于主体结构的构件,如围护墙、内隔墙、女儿墙、装饰贴面、玻璃幕墙、吊顶等。这些构件若构造不当,处理不妥,地震时往往发生局部倒塌或装饰物脱落,砸伤人员,砸坏设备,影响主体结构的安全。非结构构件按其是否参与主体结构工作,大致分成两类:

一类为非结构的墙体,如围护墙、内隔墙、框架填充墙等,在地震作用下,这些构件或多或少地参与了主体结构工作,改变了整个结构的强度、刚度和延性,直接影响了结构抗震性能。设置上要考虑其对结构抗震的有利和不利影响,采取妥善措施。例如,框架填充墙的设置增大了结构的质量和刚度,从而增大了地震作用,但由于墙体参与抗震,分担了一部分水平地震力,减小了整个结构的侧移。因此在构造上应当加强框架与填充墙的联系,使非结构构件的填充墙成为主体抗震结构的一部分。

另一类为附属构件或装饰物,这些构件不参与主体结构工作。对于附属构件,如女儿墙、雨篷等,应采取措施加强本身的整体性,并与主体结构加强连接和锚固,避免地震时倒塌伤人。对于装饰物,如建筑贴面、玻璃幕墙、吊顶等,应增强与主体结构的连接,必要时采用柔性连接,使主体结构变形不会导致贴面和装饰的破坏。